Organische Chemie in Einzeldarstellungen
Herausgegeben von
Hellmut Bredereck, Klaus Hafner und Eugen Müller

10

Jürgen Falbe

Synthesen mit Kohlenmonoxyd

Mit 20 Abbildungen

Springer-Verlag · Berlin · Heidelberg · New York 1967

Dr. rer. nat. JÜRGEN FALBE, Dipl.-Chemiker

Ruhrchemie AG, Oberhausen-Holten

ISBN-13: 978-3-642-95009-4   e-ISBN-13: 978-3-642-95008-7
DOI: 10.1007/978-3-642-95008-7

Alle Rechte, insbesondere das der Übersetzung in fremde Sprachen, vorbehalten. Ohne ausdrückliche Genehmigung des Verlages ist es auch nicht gestattet, dieses Buch oder Teile daraus auf photomechanischem Wege (Photokopie, Mikrokopie) oder auf andere Art zu vervielfältigen. © by Springer-Verlag Berlin Heidelberg 1967.
Softcover reprint of the hardcover 1st edition 1967
Library of Congress Catalog Card Number 67-24322.

Die Wiedergabe von Gebrauchsnamen, Handelsnamen, Warenbezeichnungen usw. in diesem Buche berechtigt auch ohne besondere Kennzeichnung nicht zu der Annahme, daß solche Namen im Sinne der Warenzeichen- und Markenschutz-Gesetzgebung als frei zu betrachten wären und daher von jedermann benutzt werden dürften

Titel-Nr. 4292

Vorwort

Die Kohlenmonoxyd-Chemie hat sich infolge der technischen Bedeutung einiger ihrer Produkte im letzten Jahrzehnt kräftig entwickelt.

Eine Reihe ausgezeichneter Darstellungen über Einzelgebiete liegen bereits mehrere Jahre zurück [1–10], und so scheint es an der Zeit, die Ergebnisse von Forschung und Entwicklung zusammenzufassen. Ich habe deshalb die an mich herangetragene Anregung des Springer Verlages zur Abfassung einer Monographie über die wichtigsten Synthesen mit Kohlenmonoxyd in der organischen Chemie gern aufgegriffen.

Es kann und soll nicht Zweck dieses Buches sein, einen erschöpfenden Überblick über alle Reaktionen des Kohlenmonoxyds zu geben. Bewußt werden seine der anorganischen Chemie zuzurechnenden Reaktionen ausgeklammert, sofern sie nicht zum Verständnis der Mechanismen oder der Katalysatorwirkungen notwendig sind. Auch sollen schon ausführlich behandelte Gebiete wie die Fischer-Tropsch-Synthese [11, 12] und die Reaktionen von Kohlenmonoxyd mit Derivaten des Ammoniaks ausgelassen werden [13]. Auf diese Arbeiten sei hiermit verwiesen. Anregungen für spätere Auflagen sind willkommen.

Ich möchte an dieser Stelle nicht versäumen, einer Reihe von Kollegen, die sehr wesentliche Beiträge zu dem vorliegenden Buch geliefert haben, herzlich zu danken.

Zu besonderem Dank bin ich den Herren Dr. H. Kröper, Dr. N. v. Kutepow, Dr. H. J. Nienburg, Dr. W. Himmele und Dr. D. Neubauer aus der BASF verpflichtet, ohne deren Mithilfe einige Kapitel dieses Buches weniger umfassend geblieben wären. Die genannten Herren haben die Durchsicht der Kapitel über die Roelen-, Reppe- und Koch-Reaktionen übernommen und dabei wertvolle Ergänzungen angebracht und Anregungen gegeben. In selbstloser Weise haben sie ferner eine Reihe bisher nicht veröffentlichter Arbeiten aus der BASF zur Verfügung gestellt und damit wesentlich zur Abrundung, speziell der Kapitel über die Reppe- und Koch-Synthesen, beigetragen.

Die Kollegen Dr. R. F. Heck (HerculesPowder, Wilmington, Delaware, USA), Dr. L. Marko (Ungarisches Erdöl- und Erdgas-Forschungsinstitut, Veszprem) und Dr. W. Kniese (BASF), Ludwigshafen, haben während der Abfassung des Manuskripts in Diskussionen zur weiteren Klärung der einzelnen Reaktionsmechanismen beigetragen.

Wertvolle Hinweise erhielt ich ferner von Herrn Dr. W. HAAF vom Max-Planck-Institut für Kohlenforschung, Mülheim/Ruhr sowie den Herren Dr. F. NOLTE, Dr. W. DIMMLING, Dr. H. KOLLING, Dr. F. SCHNUR, und Dr. H. TUMMES (Ruhrchemie A. G.).

Herr Dr. J. M. J. TETTEROO (Union Kraftstoff, Wesseling) war mir beim Zusammenstellen der Literatur behilflich.

Frl. I. FÖRSTER, Frl. ZIMMERMANN und die Herren A. HACK, W. KEHN und L. MANDELARTZ, Ruhrchemie AG, waren mir in nie ermüdendem Eifer bei der Sichtung des Materials und der Abfassung des Manuskripts behilflich.

Allen meinen ungenannt bleibenden Mitarbeitern, die beim Zusammentragen der Literatur geholfen haben, sei an dieser Stelle ebenfalls herzlich gedankt.

Dem Vorstand der Ruhrchemie A. G. bin ich für die großzügige Unterstützung meiner Arbeit zu besonderem Dank verpflichtet.

Oberhausen-Holten, Juni 1967   JÜRGEN FALBE

Inhaltsverzeichnis

Einleitung 1

I. *Hydroformylierungen (Roelen-Reaktion)*

  1. Allgemeines zur Reaktion 3
  2. Reaktionsmechanismus 4
  3. Katalysatoren 13
    3.1. Allgemeines 13
    3.2. Kobalt-Katalysatoren 13
    3.3. Einfluß der Katalysatorkonzentration 15
    3.4. Katalysatorgifte 15
    3.5. Modifikation des Katalysators durch Komplexbildner . . . 19
    3.6. Abtrennung und Rückgewinnung des Katalysators 19
    3.7. Andere Katalysatoren 21
  4. Einfluß des Druckes und der Temperatur 22
  5. Lösungsmittel der Hydroformylierungsreaktion 26
  6. Hydroformylierung spezieller Verbindungen 28
    6.1. Olefine 28
    6.2. Diene und Polyene 34
    6.3. Ungesättigte Aldehyde und ungesättigte Ketone 38
    6.4. Ungesättigte Ester 41
    6.5. Ungesättigte Nitrile 45
    6.6. Ungesättigte Alkohole 46
    6.7. Ungesättigte Äther und ungesättigte Acetale 47
    6.8. Ungesättigte Halogenverbindungen 49
    6.9. Acetylene 50
    6.10. Aromaten und Heterocyclen 50
    6.11. Epoxyde 51
    6.12. Gesättigte Alkohole (Homologisierung) 52
  7. Aldolkondensation während der Hydroformylierung 56
  8. Ketonbildung unter Hydroformylierungsbedingungen 58
  9. Homogene Hydrierung der Aldehydgruppen unter Hydroformylierungsbedingungen 61
  10. Die technische Hydroformylierung 63
  11. Wirtschaftliche Bedeutung der Reaktionsprodukte 68

II. *Carbonylierungen mit Metallcarbonylkatalysatoren (Reppe-Reaktionen)*

  1. Allgemeines zur Reaktion 73
  2. Reaktionsmechanismus 74
  3. Katalysatoren 78

Inhaltsverzeichnis

4. Einfluß des Druckes und der Temperatur 81
5. Lösungsmittel der Carbonylierungsreaktionen 82
6. Carbonylierungen spezieller Verbindungen 83
   6.1. Acetylene und Substitutionsprodukte in Gegenwart von Wasser . . 83
   6.2. Acetylene und Substitutionsprodukte in Gegenwart von Alkoholen 91
   6.3. Acetylene und Substitutionsprodukte in Gegenwart von Carbonsäuren, Halogenwasserstoffen, Thiolen oder Aminen 93
   6.4. Olefine und funktionelle Derivate in Gegenwart von Wasser 95
   6.5. Olefine und funktionelle Derivate in Gegenwart von Alkoholen . . 102
   6.6. Olefine und funktionelle Derivate in Gegenwart von Carbonsäuren, Thiolen, Aminen oder Chlorwasserstoff 109
   6.7. Alkohole, Äther und Carbonsäureester 110
   6.8. Gesättigte Aldehyde 114
   6.9. Halogenide 115
7. Technische Carbonylierungsreaktionen und wirtschaftliche Bedeutung der Reaktionsprodukte 117

III. *Carbonylierungen mit sauren Katalysatoren (Koch-Reaktion)*

1. Allgemeines zur Reaktion 120
2. Reaktionsmechanismus 121
3. Katalysatoren 123
4. Einfluß der Temperatur und des Druckes 125
5. Lösungs- oder Verdünnungsmittel 127
6. Carbonylierung spezieller Verbindungen 128
   6.1. Olefine und Diene 128
   6.2. Ungesättigte Carbonsäuren 132
   6.3. Paraffine 133
   6.4. Alkohole und Diole 135
   6.5. Halogenverbindungen 140
   6.6. Sonstige Ausgangsverbindungen 141
7. Technische Carbonylierungsreaktionen und wirtschaftliche Bedeutung der Reaktionsprodukte 144

IV. *Ringschlußreaktionen mit Kohlenmonoxyd*

1. Allgemeines zur Reaktion 146
2. Reaktionsmechanismus 147
3. Katalysatoren, Reaktionsbedingungen und Lösungsmittel 151
4. Spezielle Ringschlußreaktionen mit Kohlenmonoxyd 152
   4.1. Imide aus ungesättigten Amiden 152
   4.2. Lactame aus ungesättigten Aminen 154
   4.3. Lactone aus ungesättigten Alkoholen 156
   4.4. Phthalimidine aus Schiffschen Basen oder aus aromatischen Nitrilen 158
   4.5. Phthalimidine aus aromatischen Ketoximen, Phenylhydrazonen, Semicarbazonen oder Azinen 160
   4.6. Indazolone und 2,4-Dioxo-1,2,3,4-tetrahydrochinazoline aus Azobenzolen 164

4.7. Indone aus Cumulenen 166
4.8. Ketone aus Dienen 166
4.9. Phenole aus Allylhalogeniden, Acetylen und Kohlenoxyd 168
4.10. Grenzfälle mit ungeklärtem Reaktionsmechanismus 169

5. Wirtschaftliche Bedeutung der Ringschlußreaktionsprodukte 170

Ausführung von Synthesen mit Kohlenmonoxyd im Laboratoriumsmaßstab . . 171

Literatur 173

Sachverzeichnis 194

Einleitung

Auf dem Gebiet der anorganischen Chemie erlangte das Kohlenmonoxyd bereits im 19. Jahrhundert durch den Mond-Prozeß [*14*] großtechnische Anwendung. M. BERTHELOT entdeckte 1855 die Reaktion des Kohlenmonoxyds mit Kalilauge zu Kaliumformiat [*15*], und S. M. LOSANITSCH und H. Z. JOVITSCHITSCH erhielten aus Kohlenmonoxyd und Ammoniak Formamid [*16*]. Im kleineren Maßstab wurde Kohlenmonoxyd auch für eine Reihe weiterer anorganischer Prozesse verwendet.

Die Entwicklung der Hochdruckgefäße durch den russischen Artillerieoffizier V. N. IPATIEW im Jahre 1903 und die bahnbrechenden Arbeiten von C. BOSCH schafften die technischen Voraussetzungen zur Einführung des Kohlenmonoxyds in die organische Chemie. In rascher Folge wurde nun eine Vielzahl von Kohlenmonoxyd-Reaktionen entdeckt, die wegen der wirtschaftlichen Bedeutung der Reaktionsprodukte schnell Eingang in die Technik fanden und heute in vielen Staaten in großen Anlagen industriell genutzt werden.

Das benötigte Kohlenmonoxyd kann leicht durch Vergasung von Kohle, Methan oder höhersiedenden Kohlenwasserstoffen mit Luft, Sauerstoff, Wasser oder Kohlendioxyd hergestellt werden. Je nach dem Syntheseweg können auch anfallende Kohlenmonoxyd/Wasserstoff-Gemische verwendet werden. Die Herstellung des Kohlenoxyds ist ausführlich in Monographien von J. SCHMIDT [*17*] und W. FUCHS [*732*] behandelt worden, auf die hier verwiesen sei.

Die bisher bekannten organisch-chemischen Reaktionen des Kohlenmonoxyds lassen sich in Dreikomponentenreaktionen, in Zweikomponenten-Einschubreaktionen oder in Zweikomponentenreaktionen unter Ringschluß gliedern.

Obwohl die von O. ROELEN entdeckte Hydroformylierungsreaktion formal in die Reihe der von W. REPPE gefundenen Dreikomponenten-Carbonylierungsreaktionen eingegliedert werden kann, wurde sie doch unabhängig von W. REPPES Arbeiten gefunden und von O. ROELEN in der Ruhrchemie A. G., Oberhausen-Holten, entwickelt. Auch in den Werken Ludwigshafen und Leuna der I. G. Farben Industrie haben sich Forschungsgruppen mit der Entwicklung und technischen Durchführung dieser Reaktion beschäftigt. Die Hydroformylierung ist unter den Synthesen mit Kohlenmonoxyd in der organischen Chemie das industriell bedeutsamste Verfahren und von allen Kohlenmonoxyd-Reaktionen am ausführlichsten untersucht worden. Sie soll deshalb an den Anfang dieses Buches gestellt werden, da viele der im Laufe ihrer Untersuchung gewonnenen Erkenntnisse auch für die im folgenden behandelten Reaktionen von großer Wichtigkeit sind.

Die von O. ROELEN und Mitarbeitern erzielten Forschungsergebnisse sind ähnlich wie die von W. REPPE und Mitarbeitern bei der Carbonylierungsreaktion gewonnenen Erkenntnisse zu Ende des 2. Weltkrieges, bedingt durch die damaligen Verhältnisse, in Form von Fiat-, Cios- und Bios-Berichten [18–20] den Fachleuten der gesamten Welt zugänglich gemacht worden. Es geschah dies, bevor die eigentlichen Erfinder Gelegenheit hatten, ihre Arbeiten zu vervollständigen und zu veröffentlichen.

In der Folgezeit wurden bedauerlicherweise eine Reihe von „Nacharbeiten" publiziert, ohne dabei auf die tatsächlichen Erfinder Bezug zu nehmen.

I. Hydroformylierungen (Roelen-Reaktion)

1. Allgemeines zur Reaktion

Hydroformylierung nennt man die Umsetzung einer ungesättigten Verbindung (oder einer Substanz, die leicht eine ungesättigte Verbindung bilden kann) mit Kohlenmonoxyd und Wasserstoff zu einem Aldehyd. Die Reaktion ist 1938 von OTTO ROELEN in den Laboratorien der Ruhrchemie A. G. in Oberhausen-Holten entdeckt [21–23] worden.

O. ROELEN versuchte damals, die bei der Fischer-Tropsch-Synthese als Nebenprodukte anfallenden Olefine zu recyclisieren. Dabei isolierte er sauerstoffhaltige Verbindungen, die als Aldehyde und Ketone identifiziert wurden. Die Umsetzung wurde ausführlich zunächst am Äthylen studiert; als Hauptreaktionsprodukte wurden Propionaldehyd und Diäthylketon erhalten.

$$H_2C{=}CH_2 + CO/H_2 \longrightarrow H_3C{-}CH_2{-}CHO$$

$$2\,H_2C{=}CH_2 + CO/H_2 \longrightarrow H_3C{-}CH_2{-}\underset{\underset{O}{\|}}{C}{-}CH_2{-}CH_3$$

Für diese Reaktion bürgerte sich im technischen Sprachgebrauch die Bezeichnung „Oxo-Reaktion" ein. Wie sich jedoch in der Folgezeit herausstellte, ist die Ketonbildung auf Äthylen und wenige andere Olefine beschränkt. H. ADKINS [24] schlug deshalb den wissenschaftlichen Namen Hydroformylierung für die Reaktion vor. Bis heute haben sich beide Bezeichnungen nebeneinander behauptet.

Die Reaktion verläuft nur in Gegenwart von Katalysatoren. Sie ist stark exotherm und liefert im Falle des Propylens 30 kcal/Mol, bei anderen Olefinen je nach Molekulargewicht 28–35 kcal/Mol [777]. Je nach Reaktionsbedingungen können durch den katalytisch angeregten Wasserstoff Anteile der gebildeten Aldehyde bereits zu Alkoholen hydriert werden. Diese Tatsache wurde auch schon bald nach Entdeckung der Hydroformylierungsreaktion benutzt, um primäre Alkohole im Einstufenverfahren herzustellen. Diese sog. Oxo-Alkohole haben von allen Hydroformylierungsprodukten die bisher größte technische Bedeutung erlangt. In der Folgezeit wurden neben den einfachen Olefinen auch andere ungesättigte Ausgangsprodukte der Hydroformylierungsreaktion unterworfen.

2. Reaktionsmechanismus

Die technische Bedeutung der Hydroformylierungsprodukte trieb die Verfahrensentwicklung schnell voran. Dadurch konnte eine Vielzahl experimenteller Daten gesammelt werden, aus denen dann rein empirisch Gesetze für die Hydroformylierungsreaktion aufgestellt wurden. So galten die Regeln von A. J. M. KEULEMANS [25] lange Zeit als fundamentelle Grundsätze der Hydroformylierungsreaktion. Eine systematische Untersuchung des Reaktionsmechanismus unterblieb zunächst. Es wurde angenommen, daß die Hydroformylierung heterogen katalysiert wird – eine Annahme, die auch heute noch vereinzelt Anhänger findet [26–27]. Siehe hierzu die kritischen Auseinandersetzungen von V. MACHO et al. [28]. Erst längere Zeit nach ihrer Entdeckung erkannte man den homogen-katalytischen Charakter der Reaktion [1, 2, 6, 29]. Die weitere Aufklärung des Mechanismus kam jedoch nur langsam voran, vor allem weil sich teilweise widersprechende Auffassungen gegenüberstanden.

Nach ersten Interpretationen durch O. ROELEN sowie W. REPPE et al., H. KRÖPER, A. R. MARTIN und G. NATTA* et al. wurden in jüngster Zeit vor allem durch die Arbeiten von M. ORCHIN et al. [30–33], I. WENDER et al. [34], R. F. HECK und D. S. BRESLOW [35, 36, 759] und L. MARKO et al. [37] die Voraussetzungen für das Verständnis des Reaktionsmechanismus geschaffen. Vor allem die Isolierung *metallorganischer Zwischenstufen* bei Arbeiten unter Normalbedingungen erbrachten neue Erkenntnisse.

Auch heute sind noch nicht alle Fragen geklärt; einige Annahmen konnten experimentell bisher nicht belegt werden und müssen, wie im folgenden ausgeführt wird, weiterhin Hypothese bleiben; andere Schritte sind nach wie vor umstritten. Immerhin wurden die wesentlichsten Reaktionsstufen geklärt. Faßt man die gewonnenen Ergebnisse zusammen, so ergibt sich – aufgezeichnet am Beispiel des Äthylens in Gegenwart von Kobaltkatalysatoren – der auf der nebenstehenden Seite wiedergegebene Reaktionsablauf**.

Die Vermutung, daß Hydrocarbonyle die Katalysatoren der Hydroformylierungsreaktion sind, hat bereits O. ROELEN [2] ausgesprochen. M. ORCHIN und Mitarbeiter und M. ALMASI und L. SZABO [760] zeigten dann [30], daß Kobaltverbindungen unter den Standardbedingungen der Hydroformylierungsreaktion in Kobalthydrocarbonyl übergehen. Der Beweis, daß Kobalthydrocarbonyl unter Normalbedingungen mit Olefinen zu den gleichen Aldehyden reagiert, wie sie bei der technischen Hydroformylierungsreaktion erhalten werden, wurde schon zuvor erbracht [34].

---

* Zur Kinetik der Oxoreaktion siehe G. NATTA et al. [38, 257, 261].

** Auch andere Metallcarbonyle können die Hydroformylierungsreaktion katalysieren. Der Reaktionsablauf ist dem für Kobalt angeführten Mechanismus analog. Da Kobalt der bei weitem gebräuchlichste Katalysator ist, werden alle weiteren Ausführungen zunächst auf Kobalt bezogen.

Reaktionsmechanismus

$$HCo(CO)_4 \rightleftharpoons HCo(CO)_3 + CO \qquad (1)$$

$$H_2C=CH_2 + HCo(CO)_3 \rightleftharpoons \underset{HCo(CO)_3}{H_2C{=}CH_2\downarrow} \qquad (2)$$

$$\underset{HCo(CO)_3}{H_2C{=}CH_2\downarrow} \rightleftharpoons CH_3-CH_2-Co(CO)_3 \overset{CO}{\rightleftharpoons} CH_3-CH_2-Co(CO)_4 \qquad (3)$$

$$CH_3-CH_2-Co(CO)_4 \rightleftharpoons CH_3-CH_2-\underset{\underset{O}{\|}}{C}-Co(CO)_3 \qquad (4)$$

$$CH_3-CH_2-\underset{\underset{O}{\|}}{C}-Co(CO)_3 + CO \rightleftharpoons CH_3-CH_2-\underset{\underset{O}{\|}}{C}-Co(CO)_4 \qquad (4a)$$

$$CH_3-CH_2-\underset{\underset{O}{\|}}{C}-Co(CO)_3 \begin{array}{c} \overset{H_2}{\longrightarrow} CH_3-CH_2-CHO + HCo(CO)_3 \\ \underset{HCo(CO)_4}{\longrightarrow} CH_3-CH_2-CHO + Co_2(CO)_7 \end{array} \qquad (5)$$

$$CH_3-CH_2-\underset{\underset{O}{\|}}{C}-Co(CO)_4 \begin{array}{c} \overset{H_2}{\longrightarrow} CH_3-CH_2-CHO + HCo(CO)_4 \\ \underset{HCo(CO)_4}{\longrightarrow} CH_3-CH_2-CHO + Co_2(CO)_8 \end{array} \qquad (5a)$$

$$Co_2(CO)_7 + CO \rightleftharpoons Co_2(CO)_8 \overset{H_2}{\longrightarrow} 2\,HCo(CO)_4 \qquad (6)$$

Wahrscheinlich verliert das $HCo(CO)_4$ in einer Reaktion 1. Ordnung nach (1) zunächst ein Molekül CO (diese Reaktion wird durch hohen CO-Partialdruck behindert; eine Hemmung der Hydroformylierungsreaktion durch hohen CO-Partialdruck wurde in der Praxis beobachtet [39–40]).

Das nach (1) entstandene Tricarbonyl bildet dann gemäß Gleichung (2) mit dem Olefin einen π-Komplex. Auch die Bildung eines Komplexes wurde schon frühzeitig postuliert [38, 40, 41–43] und von R. F. HECK und D. S. BRESLOW erneut aufgegriffen [35]. Wenn auch viele Beobachtungen für die Existenz des π-Komplexes sprechen, muß seine Bildung jedoch ebenso wie die Bildung von Alkylkobaltcarbonyl-Verbindungen durch Reaktion des π-Komplexes mit Kohlenmonoxyd, gemäß Gleichung (3), noch Hypothese bleiben, da für das Entstehen beider Verbindungen unter den Bedingungen der Oxo-Synthese ein direkter experimenteller Beweis bisher nicht erbracht werden konnte [37].

Dagegen konnte experimentell wahrscheinlich gemacht werden, daß Alkylkobalttetracarbonyle, gemäß (4), mit Acylkobalttricarbonylen [36] und letztere wiederum nach (4a) mit den entspr. Acylkobalttetracarbonylen im Gleichgewicht stehen [*759* und darin zitierte Literatur]. Die Reduktion der Acyl-Verbindungen nach (5) liefert dann den Aldehyd. Diese Reduktion kann – wie experimentell gezeigt wurde – sowohl durch Wasserstoff [*36*] als auch durch Kobalthydrocarbonyl geschehen [*32, 33, 36, 759*].

Unter den Bedingungen der technischen Oxo-Synthese (hohe Temperatur, hoher Druck, geringe Katalysatorkonzentration) dürfte die Reduktion weitgehend durch Wasserstoff erfolgen, da einmal die Konzentration an Hydrocarbonyl während der Hauptreaktion äußerst gering ist [*37*] und zum anderen, wie M. NIWA und M. YAMAGUCHI [*44*] zeigen konnten, die Geschwindigkeit der in (6) formulierten Reaktion geringer ist als die der Oxo-Reaktion. Bei niederen CO-Partialdrucken kann dagegen die Hydrocarbonyl-Bildung schneller als die Hydroformylierung sein (siehe dazu A. BRENMAN et al. [*45*]).

Gegen Ende der Reaktion, wenn kein Ausgangsolefin mehr, sondern nur noch Endprodukt und Acylkobaltcarbonyl vorliegen, ist eine Reduktion auch durch Hydrocarbonyl zu erwarten, da das Hydrocarbonyl nicht mehr durch Ausgangsolefin abgefangen wird und für die Reaktion mit der Acylkobalt-Verbindung zur Verfügung steht. Für diese Annahme sprechen auch die Untersuchungen von MARKO et al. [*37*], denen es nicht gelang, unter den Bedingungen der technischen Oxo-Synthese Acylkobaltcarbonyl und Kobalthydrocarbonyl gleichzeitig nachzuweisen. Dagegen wurde $Co_2(CO)_8$, dessen Bildung nach (5a) und (5) + (6) zu erwarten ist, im Reaktionsgemisch gefunden.

R. F. HECK und D. S. BRESLOW nehmen an, daß die Bildung der Aldehyde bevorzugt nach (5) und nicht nach (5a) abläuft, da experimentell festgestellt wurde, daß bei tiefen Temperaturen und geringem Überdruck die Reduktion der Acylkobaltcarbonyle durch Kohlenmonoxyd behindert wird [*31, 35, 36*] und formulieren diese Reaktion ausführlicher nach (5b) bzw. (5c) [*759*].

$$CH_3-CH_2-\underset{\underset{O}{\|}}{C}-Co(CO)_3 + H_2 \longrightarrow CH_3-CH_2-\underset{\underset{O}{\|}}{\overset{\overset{H}{|}}{C}}-Co(CO)_3 \longrightarrow$$
$$CH_3-CH_2-CHO + HCo(CO)_3 \quad (5b)$$

$$CH_3-CH_2-\underset{\underset{O}{\|}}{C}-Co(CO)_3 + HCo(CO)_4 \longrightarrow$$
$$CH_3-CH_2-\underset{\underset{O}{\|}}{\overset{\overset{H}{|}}{C}}-\underset{Co(CO)_4}{Co(CO)_3} \longrightarrow CH_3-CH_2-CHO + Co_2(CO)_7 \quad (5c)$$

Die Behinderung durch CO tritt allerdings schon bei etwas höheren Temperaturen nicht mehr auf [*31, 35, 36*]. Ferner konnten MARKO et al. zeigen, daß bei der Hydroformylierung unter Standardbedingungen der technischen Durchführung im Reaktionsgemisch Acylkobalttetracarbonyle enthalten sind, die im weiteren Verlauf quantitativ abreagieren. Diese Abreaktion kann theoretisch zwar als Rückreaktion nach (4a) über die Acyltricarbonyle geschehen; nach den zur Zeit vorliegenden Ergebnissen kann aber nicht mit Sicherheit ausgeschlossen werden, daß die Reaktion auch über (5a) abläuft.

Wie eingangs angedeutet und später noch näher erläutert wird, kommt es bei der Hydroformylierung der meisten olefinischen Ausgangsprodukte (soweit sie nicht symmetrisch und durch Doppelbindungswanderung nicht isomerisierbar sind wie z. B. Äthylen, Cyclopenten etc.) zur Bildung von *isomeren Aldehyd-Gemischen*. Aus endständigen Olefinen erhält man gradkettige neben verzweigten Aldehyden. Das Verhältnis der isomeren Aldehyde hängt von der Struktur der Ausgangsverbindung, vom verwendeten Katalysator und den Reaktionsbedingungen ab. Einzelheiten werden in den folgenden Kapiteln beschrieben. Einige Grundlagen seien jedoch vorweggenommen, weil sie für das Verständnis des Reaktionsmechanismus nötig sind.

Die Ausbildung der Kobalt-Kohlenstoff-Bindung gemäß Gleichung (3) ist rein theoretisch bei jeder ungesättigten Verbindung zunächst an beiden der Kohlenstoffdoppelbindung angehörenden C-Atomen möglich. Es hängt von der Struktur des Katalysators und des Olefins ab, welches C-Atom bevorzugt wird. Kobalthydrocarbonyl reagiert zwar in wäßrigem Milieu als starke Säure [*46–51*], hat in unpolaren Lösungsmitteln und im gasförmigen Zustand jedoch überwiegend Hydrid-Charakter [*37, 52–57*]. Die valenzfähigen Elektronen des Kobalts sind weitgehend von den CO-Liganden und dem H-Atom übernommen worden. Es muß infolgedessen in unpolaren Lösungsmitteln bevorzugt zur Ausbildung einer Bindung des Kobalts mit jenem C-Atom der olefinischen Bindung kommen, das die höchste negative Ladung trägt. Im Fall endständiger Olefine ist es das endständige C-Atom, im Fall ungesättigter Ester das α-C-Atom. Diese Hypothese wird durch die experimentellen Resultate voll bestätigt.

$$H_2C=CH-R \longrightarrow H_2C-CH_2-R \xrightarrow{CO} H_2C-CH_2-R$$
$$\downarrow \qquad\qquad\qquad |\qquad\qquad\qquad\qquad |$$
$$HCo(CO)_3 \qquad\qquad Co(CO)_3 \qquad\qquad\qquad Co(CO)_4$$

$$H_2C=CH-COOR \longrightarrow H_3C-CH-COOR \xrightarrow{CO} H_3C-CH-COOR$$
$$\downarrow \qquad\qquad\qquad\qquad |\qquad\qquad\qquad\qquad\qquad |$$
$$HCo(CO)_3 \qquad\qquad\quad Co(CO)_3 \qquad\qquad\qquad\quad Co(CO)_4$$

$$R = Alkyl$$

Die Additionsrichtung des Kobalthydrocarbonyls läßt sich durch äußere Bedingungen beeinflussen, z. B. durch die Reaktionstemperatur, durch Lösungsmittel und durch Ersatz von komplex gebundenen CO-Molekülen durch andere Liganden. Wie R. F. HECK und D. S. BRESLOW [35, 759] sowie Y. TAKEGAMI et al. [58] zeigten, kann auch die ungesättigte Verbindung einen erheblichen Einfluß ausüben. Unter bestimmten Bedingungen kann das Hydrocarbonyl sogar „umgepolt" und zu einer Reaktion aus der Säureform gezwungen werden. So reagiert Kobalthydrocarbonyl mit Isobutylen bei tiefen Temperaturen fast ausschließlich zum Trimethylacetyl-kobaltcarbonyl [35, 759]. Die Acyl-Verbindung konnte als Triphenylphosphin-Addukt gefaßt werden und reagierte mit Methanol zu Trimethylessigsäuremethylester.

$$(CH_3)_2C=CH_2 + HCo(CO)_4 \xrightarrow{P(C_6H_5)_3} CH_3-\underset{\underset{CH_3}{|}}{\overset{\overset{CH_3}{|}}{C}}-CO-Co(CO)_3P(C_6H_5)_3$$

$$\xrightarrow{J_2/MeOH} (CH_3)_3C-COOCH_3$$

Bei höheren Temperaturen dagegen wird aus Isobutylen fast ausschließlich 3-Methylbuttersäure-methylester erhalten. Eine Parallele zu diesen Resultaten findet sich bei der Hydroformylierung von Acrylsäureestern; hier werden bei niederen Temperaturen bevorzugt α-Formyl- und bei höheren Temperaturen bevorzugt β-Formyl-Produkte erhalten [35, 59–61, 759]. Die Umkehrung der Additionsrichtung durch die Temperaturen wird von R. F. HECK und D. S. BRESLOW auf die relative Stabilität der Addukte bei verschiedenen Temperaturen zurückgeführt [35]. Es ist bekannt, daß Trimethylacetyl-kobalttetracarbonyl thermisch weniger beständig ist als z. B. n-Hexanoyl-kobalttetracarbonyl oder Isobutyrylkobalttetracarbonyl [35, 759]. Ebenso ist das 2-Carbmethoxypropionyl-kobalttricarbonyl-triphenylphosphin thermisch instabiler als das 3-Isomere [35].

Noch keine experimentell gesicherte Erklärung gibt es dafür, daß höhere CO-Partialdrucke unter sonst gleichen Reaktionsbedingungen zu höheren Anteilen an gradkettigen Aldehyden führen [197] [198] (s. a. das folgende Kapitel über den Einfluß von Druck und Temperatur). Es ist diskutiert worden, daß die Bildung von Acylkobaltcarbonyl-Verbindungen alternativ zu Gleichung (4) etwa nach Gleichung (7) oder (8) abläuft, also durch Einschub von im Reaktionsmedium gelöstem Kohlenmonoxyd in die Kohlenstoff-Kobalt-Bindung:

$$CH_3-CH_2-Co(CO)_3 \xrightarrow{CO} CH_3-CH_2-\underset{\underset{O}{\|}}{C}-Co(CO)_3 \qquad (7)$$

$$CH_3-CH_2-Co(CO)_4 \xrightarrow{CO} CH_3-CH_2-\underset{\underset{O}{\|}}{C}-Co(CO)_4 \qquad (8)$$

Dieser Mechanismus würde eine plausible Erklärung für die bevorzugte Bildung von gradkettigen Produkten liefern: ein höherer CO-Druck würde die Bildung von Alkyltetracarbonyl im Primärschritt gegenüber der Bildung von Alkyltricarbonyl Gl. (3) S. 5 und somit einen Verlauf nach (8) gegenüber (7) begünstigen; da das Kobalt im Tetracarbonyl stärker positiv geladen ist als im Tricarbonyl, muß es auch eine stärkere Tendenz zur Ausbildung einer Bindung mit dem endständigen C-Atom der Kohlenstoffkette haben und höhere Ausbeuten an n-Aldehyden bewirken.

Einem Verlauf nach (7) und (8) stehen allerdings die Ergebnisse von T. H. COFFIELD et al. [64] entgegen, die in Versuchen mit ^{14}C-markiertem Kohlenmonoxyd zeigen konnten, daß bei der Umwandlung von Methylmanganpentacarbonyl in Acylmanganpentacarbonyl kein Kohlenmonoxyd aus der Gasphase als Acylcarbonyl auftaucht; das ^{14}C-Kohlenmonoxyd wird vielmehr ausschließlich komplex an Mangan gebunden. Es muß allerdings offenbleiben, ob die beim Mangan erzielten Resultate ohne weiteres auch auf Kobalt übertragen werden können.

$$CH_3-Mn(CO)_4 + {}^{14}CO \longrightarrow CH_3-\underset{\underset{O}{\|}}{C}-Mn(CO)_3{}^{14}CO$$

Auch ein gleichzeitiger Ablauf von Umlagerung und Kohlenmonoxyd-Aufnahme, etwa nach folgendem Schema, ist denkbar [*64–67*].

$$CH_3-CH_2 \underset{\underset{CO}{}}{\overset{CO}{\diagup}} Co(CO)_x \longrightarrow CH_3-CH_2-\underset{\underset{O}{\|}}{\overset{\overset{C=O}{|}}{C}}-Co(CO)_x$$

x = 2, 3

Er würde ebenfalls eine gute Erklärung für die Entstehung verschiedener Isomerengemische bei unterschiedlichen Kohlenmonoxyd-Drucken liefern. Aber auch dieser Vorschlag ist (jedenfalls mit Kobaltverbindungen) durch Experimente bisher nicht belegt worden.

Bei stärker *polarisierten Doppelbindungen*, wie sie in konjugiert-ungesättigten Estern und konjugiert-ungesättigten Äthern vorliegen, scheinen überwiegend elektronische Effekte für die Verhältnisse von n- und iso-Verbindung ausschlaggebend zu sein. Dagegen dürfen bei schwach polarisierten Doppelbindungen, wie sie in Olefinen vorliegen, die sterischen Faktoren nicht unberücksichtigt bleiben [*62, 63*].

Daß derartige sterische Effekte eine Rolle spielen, geht daraus hervor, daß monoalkyl-substituierte Olefine vom Typ (A) sehr viel rascher reagieren als asymmetrisch disubstituierte Olefine vom Typ (B) [*199*].

$$R-CH\overset{\delta\ominus}{=}CH_2 \qquad \underset{R}{\overset{R}{\diagdown}}C\overset{\delta\delta\ominus}{=}CH_2$$

(A) \qquad\qquad (B)

Wollte man nur elektronische Effekte zur Deutung heranziehen, so müßten im Gegenteil zwei Alkylreste die Reaktion beschleunigen. Die beobachtete Selektivität läßt sich in diesen Fällen rein räumlich zwanglos ableiten.

Bei der Umwandlung des π-Komplexes (C) in die σ-Komplexe (D) oder (E)

(C)   (D)   (E)

wird die räumliche Abstoßung mit zunehmender Alkylsubstituentenzahl größer, und es erscheint einleuchtend, daß (D) leichter gebildet wird als (E). Das Vorliegen sterischer Hinderung geht auch aus den unterschiedlichen Dissoziationsgeschwindigkeiten verschiedener Acylkobalttetracarbonyle hervor. So nimmt die relative Dissoziationsgeschwindigkeit in der Reihe Acetyl- < Isobutyryl < Trimethylacetyl von 1 über 2,1 auf 86 zu. Durch den Verlust eines CO-Moleküls wird die Hinderung stark vermindert [759].

Die Abnahme an n-Aldehyden mit steigender Temperatur (Seite 24) erklärt sich so, daß der einzelne Reaktionspartner bei höherer Temperatur höhere Energie besitzt, wodurch sein Auswahlvermögen eingeschränkt wird, was ein Absinken der Bildung von n-Aldehyd bedingt. Auch die Druckabhängigkeit des n : iso-Verhältnisses (Seite 24) kann durch räumlich bedingte Auswahl erklärt werden: Bei hohem Druck werden vorzugsweise Alkylkobalttetracarbonyle vorliegen. Da die Bildung von (G) sterisch noch stärker behindert ist als die von (E), wird über (F) hauptsächlich n-Aldehyd entstehen.

(F)   (G)

Die im folgenden beschriebenen, mit Rhodium-Katalysatoren erhaltenen Ergebnisse passen ebenfalls zur Vorstellung einer sterisch kontrollierten Hydroformylierung bei Olefinen: Da Rhodium als Zentralatom voluminöser als Kobalt ist, scheint es plausibel, daß in seinem Ligandenfeld ein „Gedränge" wie beim Kobalt nicht auftritt. Somit können höhere Anteile an iso-Aldehyd gebildet werden. Im übrigen dürfte auch die wesentlich höhere Reaktionsgeschwindigkeit der durch Rhodium katalysierten Hydroformylierung auf diesen Effekt zurückzuführen sein (Seite 21).

Der Ersatz eines CO-Moleküls im Hydrocarbonyl durch ein Phosphin bewirkt neben einer Herabsetzung der Elektronendichte am Kobaltatom auch eine Veränderung des Katalysatoraufbaus: er wird voluminöser und damit anspruchsvoller gegenüber dem Partner Olefin. Hier dürfte also neben dem elektronischen Effekt in gewissem Maße auch sterische Hinderung maßgebend für die beobachtete Selektivität sein.

Bei der Hydroformylierung treten noch weitere *Isomerisierungen* auf: So werden Produkte erhalten, bei denen die Formylgruppe nicht an eines der beiden C-Atome der ursprünglichen Doppelbindung gebunden ist. Das ist insbesondere dann der Fall, wenn weder die Addition des Kobalthydrocarbonyls an das eine noch an das andere C-Atom der Doppelbindung zu der energetisch günstigsten Kobalt-Kohlenstoffbindung führt. Ein Beispiel hierfür sind Olefine mit innenständiger Kohlenstoffdoppelbindung, bei deren Hydroformylierung nahezu die gleiche Aldehydisomerenzusammensetzung erhalten wird wie beim Umsatz der isomeren endständigen Olefine [*25*]. Entsprechend wird bei der Hydroformylierung von Vinylessigsäureestern etwa die gleiche Produktzusammensetzung wie bei Crotonsäureestern beobachtet [*59, 60*].

Nach der Addition des Kobalthydrotricarbonyls kommt es offensichtlich zu einer Wanderung des Kobalts – im Falle der Olefine z. B. in Richtung auf das Kettenende hin. Die Olefine trachten nämlich danach, ihre negative Teilladung soweit wie möglich auf das Metallatom zu übertragen [*68*], und die höchstmögliche Übertragung geschieht aus der Form des endständigen Olefins. Der π-Komplex eines endständigen Olefins ist stets stabiler als der eines isomeren innenständigen Olefins [*69*]. HECK und BRESLOW [*35*] schlagen den Mechanismus des Schemas 1 für diese Art von Isomerisierungen vor:

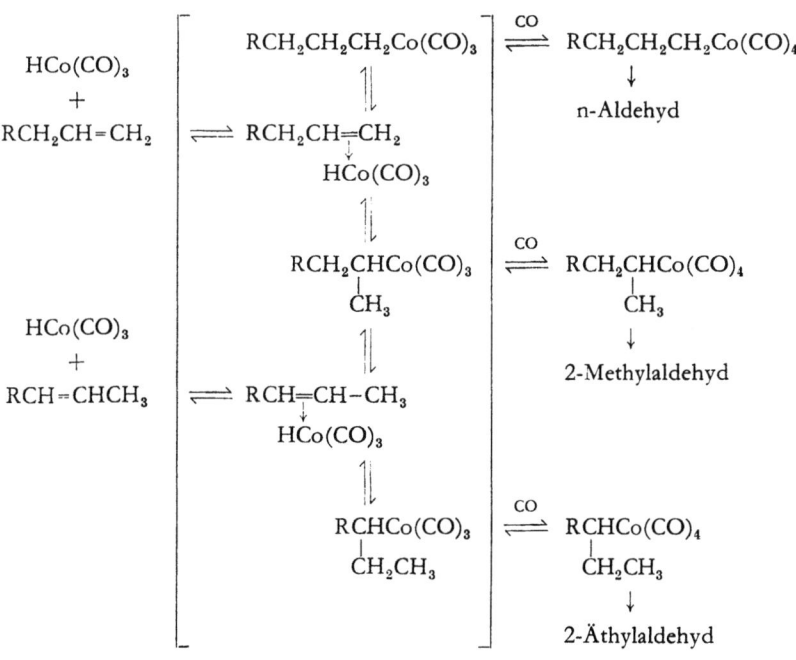

Schema 1

Wie TAKEGAMI et al. [70] zeigen konnten, können auch bereits gebildete Acylkobaltcarbonyl-Verbindungen isomerisieren. Bei gegebenen Reaktionsbedingungen stellt sich dabei ein Gleichgewicht zwischen den einzelnen stellungsisomeren Acylkobaltcarbonylen ein.

$$\begin{array}{c} \text{C-C-C} \\ | \\ \text{O=C-Co(CO)}_{3,4} \end{array} \rightleftharpoons \begin{array}{c} \text{C-C-C-C-Co(CO)}_{3,4} \\ \| \\ \text{O} \end{array}$$

Eine Parallele zu diesen Isomerisierungen kann in dem ähnlichen Verhalten von Bor-Kohlenstoff- [71–76], Silicium-Kohlenstoff- [77–79] und Aluminium-Kohlenstoffverbindungen [80] gefunden werden. In geringem Maße kann auch vor der Ausbildung einer echten Kohlenstoff-Metallbindung eine Doppelbindungswanderung in der olefinischen Komponente eintreten [81, 82]. Daß eine der Hydroformylierung vorangehende Isomerisierung der Ausgangsolefine maßgeblich für die Isomerenverteilung verantwortlich ist, konnte ausgeschlossen werden [35, 83], da diese Isomerisierung wesentlich langsamer ist als die Hydroformylierung.

Für den *Wasserstoff-Transport* bei der vorstehend erwähnten Isomerisierung wurden verschiedene Mechanismen vorgeschlagen [31, 81, 84–96]. Es scheint ausreichend gesichert, daß Isomerisierung und Wasserstoff-Transport intramolekular in einem Olefin-Metallcarbonyladdukt ablaufen [97, 98]. Ein Mechanismus, der mit den experimentellen Resultaten gut in Einklang steht, wurde von G. L. KARAPINKA und M. ORCHIN [86] formuliert:

$$\begin{array}{c} (\text{CO})_3 \\ | \\ \text{HCo} \\ \uparrow \\ \text{H}_2\text{C=CH–CH}_2\text{R} \end{array} \longrightarrow \begin{array}{c} (\text{CO})_3 \\ | \\ \text{Co} \\ \text{H} \swarrow \searrow \text{H} \\ \text{H}_2\text{C} \dot{=} \text{CH} \dot{-} \text{CH–R} \end{array} \longrightarrow \begin{array}{c} (\text{CO})_3 \\ | \\ \text{CoH} \\ \uparrow \\ \text{CH}_3\text{–CH=CH–R} \end{array}$$

Dabei tritt gemäß obigem Schema eine Allylwasserstoff-Verschiebung auf.

Kohlenstoffgerüst-Isomerisierungen der Ausgangsprodukte gibt es bei der Hydroformylierungsreaktion im Gegensatz zu anderen Kohlenoxydreaktionen nicht.

Als *Nebenreaktion* der Hydroformylierung wird besonders bei der Reaktion von Verbindungen mit stark konjugierten Doppelbindungen und bei Olefinen mit Verzweigungen an der Doppelbindung [99] Hydrierung des Ausgangsproduktes beobachtet. Für diese Hydrierung schlägt MARKO den folgenden Mechanismus vor (1) (2).

$$\text{RCH}_2\text{–CH}_2\text{Co(CO)}_4 \rightleftharpoons \text{RCH}_2\text{–CH}_2\text{Co(CO)}_3 + \text{CO} \qquad (1)$$

$$\text{RCH}_2\text{–CH}_2\text{Co(CO)}_3 + \text{H}_2 \rightleftharpoons \text{RCH}_2\text{–CH}_2\text{CoH}_2(\text{CO})_3 \longrightarrow$$
$$\text{RCH}_2\text{–CH}_3 + \text{HCo(CO)}_3 \quad (2)$$

Die Reaktion nach Gleichung (2) läuft in Konkurrenz zu Gleichung (4) auf Seite 5 ab [99].

3. Katalysatoren
3.1. Allgemeines

Der erste für die Oxo-Reaktion verwendete Katalysator war der aus 66% Kieselgur, 30% Kobalt, 2% Thoriumoxyd und 2% Magnesiumoxyd bestehende Standardkatalysator des Fischer-Tropsch-Verfahrens. Erst lange Zeit nach der Entdeckung der Hydroformylierungsreaktion wurde die homogene Natur ihrer Katalyse erkannt [1, 2, 6] und später auch von WENDER, ORCHIN und STORCH [100] bewiesen.

In der Folgezeit wurden zahlreiche Metalle und Metallverbindungen im Hinblick auf ihre Wirksamkeit als Katalysatoren untersucht. Bisher wurde berichtet, daß Kobalt, Rhodium, Chrom, Iridium, Eisen, Mangan, Natrium, Magnesium, Calcium, Platin, Rhenium, Osmium und Ruthenium wirksam seien. Die einzelnen Katalysatoren führen häufig zu verschiedenen Reaktionsprodukten.

Technisch sind bisher nur Kobaltkatalysatoren wichtig. Sie sollen deshalb an den Anfang unserer Betrachtung gestellt werden. Mit Rhodium wurden in den letzten Jahren hervorragende Ergebnisse erzielt, so daß seine technische Verwendung als Hydroformylierungskatalysator in naher Zukunft wahrscheinlich ist *.

3.2. Kobalt-Katalysatoren

Kobalt kann z. B. als Metall, als Raney-Kobalt [101, 102] als Hydroxyd, als Carbonat [102], als Sulfat [103, 104], als Acetylacetonat, als Kobaltseife [105, 106] oder auch in Form wasserhaltiger Kobaltsalz-Lösungen [107] eingesetzt werden. Alle diese Verbindungen bilden bei der Hydroformylierung Kobaltcarbonyle, aus denen dann leicht Kobalthydrocarbonyl, der eigentliche Katalysator der Hydroformylierung, entsteht [108, 109, 30, 760]. Besonders leicht läßt sich $Co_2(CO)_8$ in Kobalthydrocarbonyl überführen. Es wird deshalb häufig als Promotor benutzt, wenn andere Kobaltverbindungen Verwendung finden. Auch Zink [110, 337], Magnesium [111], Aluminium [111], Wismut [112], Blei [112], Gold [112], Quecksilbersalze [112], Palladiumzeolith [113] und Aktivkohle [45] werden als Promotoren empfohlen. Die Hydroformylierungsreaktion soll durch sie beschleunigt und gleichzeitig die als Nebenreaktion verlaufende Hydrierung des Aldehyds zum Alkohol unterdrückt werden [114–116].

Häufig wird im sog. Maischeverfahren dem zu hydroformylierenden Produkt der Katalysator in Form von metallischem Kobalt oder Kobaltsalzen zugemischt und dann dem Reaktor zugeführt. Da die Hydroformylierungsreaktion erst nach Bildung des Kobalthydrocarbonyls einsetzt, muß seine Bildungsgeschwindigkeit so hoch wie möglich gestaltet werden,

---
* siehe Kapitel über andere Katalysatoren, Seite 21.

um die Induktionsperiode, während der andere Reaktionen ablaufen können, kurz zu halten. Dazu müssen geeignete Druck- und Temperaturbedingungen eingehalten werden. Die Mindesttemperatur zur Bildung von $Co_2(CO)_8$ aus feinverteiltem Kobalt beträgt etwa 50 °C bei einem CO-Druck von 7,4 at [117–119]. Rasch verläuft die Umsetzung jedoch erst bei 30 bis 40 at CO-Druck und Temperaturen um 150 °C.

$$2\,Co + 8\,CO \longrightarrow Co_2(CO)_8$$

Sie ist exotherm und liefert 110 Kcal pro gebildetem Mol Dikobaltoctacarbonyl.

Die Bildung des Kobalthydrocarbonyls aus $Co_2(CO)_8$ setzt schon bei milden Bedingungen ein [107, 120], und zwar selbst bei Abwesenheit von molekularem Wasserstoff, wenn andere Wasserstoff-liefernde Verbindungen zugegen sind. Sogar Aminen und den sonst recht beständigen Cycloparaffinen kann durch $Co_2(CO)_8$ Wasserstoff entrissen werden [121,124]. Um Kobalthydrocarbonyl stabil zu halten, sind bei jeder Temperatur Mindest-Kohlenoxydpartialdrucke erforderlich, die während der Reaktion nicht unterschritten werden dürfen (siehe Abb. 1) [761].

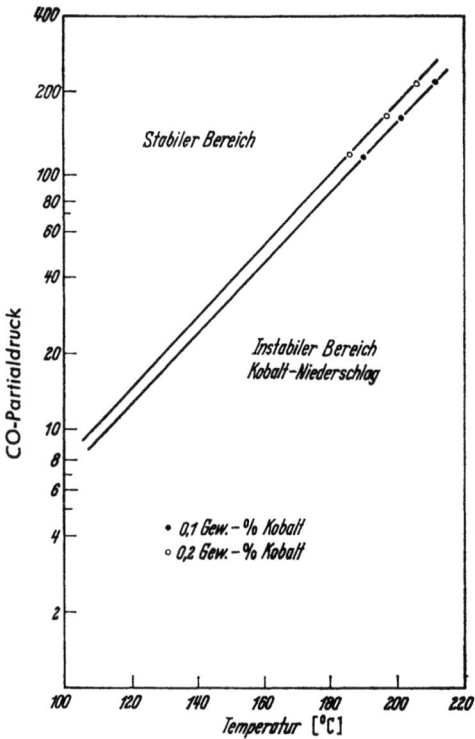

Abb. 1. Stabilität von Kobaltcarbonyl als Funktion der Reaktionstemperatur und des CO-Partialdruckes [761]

3.3. Einfluß der Katalysator-Konzentration

Wie Natta und Mitarbeiter mit Kobaltkatalysatoren zeigen konnten, ist die Hydroformylierungsgeschwindigkeit von 1. Ordnung bezüglich des eingesetzten Kobalt-Katalysators, vorausgesetzt, daß die Temperatur und die CO- und H_2-Partialdrucke eine völlige Umwandlung der eingesetzten Kobaltverbindung in das Hydrocarbonyl gewährleisten [38]. Liegt nicht alles Kobalt als Hydrocarbonyl vor, weil z. B. die CO- oder H_2-Partialdrucke oder die Temperatur zu niedrig sind, so ist diese Gesetzmäßigkeit nicht mehr gegeben. Dann kann die Bildungsgeschwindigkeit des Hydrocarbonyls geschwindigkeitsbestimmend für die Gesamtreaktion werden [120]. Ist die Temperatur bei geringem CO/H_2-Druck so hoch, daß bereits Katalysatorzersetzung eintritt, so ist die Reaktionsgeschwindigkeit bezüglich des eingesetzten Kobalts ebenfalls nicht mehr von 1. Ordnung. In diesem Fall kann es zu beträchtlichen Störungen kommen, da abgeschiedenes metallisches Kobalt als heterogener Katalysator wirkt und Nebenreaktionen fördert.

Die Katalysatorkonzentration beträgt bei technischen Oxo-Prozessen etwa 0,5–5,0 Mol-% [125]. Sie hat bei sonst unveränderten Reaktionsbedingungen nach Versuchen von V. L. Hughes und I. Kirshenbaum einen deutlichen Einfluß auf die Isomerenverteilung der gebildeten Aldehyde [126].

Tabelle 1 [126]. *Einfluß der Katalysator-Konzentration auf die Hydroformylierung*

	Hepten-1, Druck 246 atm			
Temp. (°C)	70		85	
Gew.-% Kobalt, bez. auf Hepten-1	0,5	2,0	0,5	2,0
H_2/CO Mol-Verhältnis	3/1		1/1	
% gradkett. Alkohol	80	68	75	48
% verzweigter Alkohol	20	32	25	52

Erhöhung der Katalysatorkonzentration fördert häufig die Bildung von höhersiedenden Nebenprodukten und vermindert damit die Ausbeute an Wertprodukten.

3.4. Katalysatorgifte

Es sind verschiedene Katalysatorgifte für die Hydroformylierungsreaktion bekannt. Die Vergiftung kann darauf beruhen, daß die Hydrocarbonyl-Bildung verhindert wird oder daß das Hydrocarbonyl mit diesen Giften unlösliche oder inaktive Verbindungen bildet.

Oxydierende Gase wie O_2, CO_2 und Wasser [127, 128] hemmen die Bildung des Kobaltcarbonyls aus Kobaltmetall. Sie passivieren einmal das Kobaltmetall [119] und reagieren zum anderen mit schon gebildeten Kobaltcarbonylen [108].

Abb. 1a zeigt, daß schon geringe Mengen (unter 1 Vol.-%) Sauerstoff im Synthesegas die Umsetzung hemmen können.

Ammoniak und Amine sollen nach älteren Zusammenfassungen die Hydroformylierungsreaktion ebenfalls stören. Diese Feststellung bedarf einer gewissen Korrektur. Nach neueren Arbeiten [7, *130, 131*] wird die Hydroformylierungsreaktion nämlich durch Zusätze bestimmter Amine sogar stark beschleunigt. Wirksam sind Amine mit einer Ionisationskonstante von $\leq 10^{-8}$, [*130*], wie z. B. Pyridine, Chinoline, Pikoline, Lutidine, Aniline, Toluidine, Xylidine, N-Methylaniline sowie aliphatische und aromatische Amide wie etwa N,N-Dimethylformamid, N-Methyl-2-pyrrolidon und Acetanilid. Diese Reaktionsbeschleunigung gilt jedoch nur für geringe Amin-Zusätze. Je größer der Überschuß des Amins über das $HCo(CO)_4$ wird, um so weniger ausgeprägt wird der Effekt, um schließlich in eine Hemmung überzugehen.

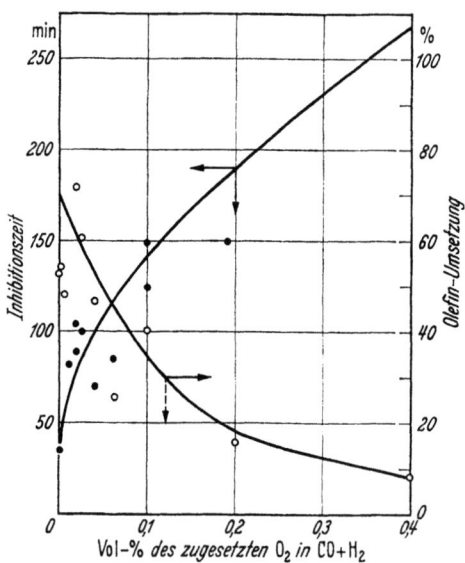

Abb. 1a [*129*]. Einfluß des Sauerstoffs auf die Inhibitionszeit und die Umsetzung bei der Hydroformylierung der C_6–C_8-Olefine

• • Inhibitionszeit   ○ ○ Umsetzung

Diese Ergebnisse decken sich mit Beobachtungen von I. WENDER et al. [*34*], die berichteten, daß keine Hydroformylierungsreaktion eintritt, wenn Pyridin als Lösungsmittel dient.

Stickstoffbasen mit einer Ionisationskonstante von $>10^{-8}$ wie N-Butylamin, Diäthylamin, Piperidin und Triäthylamin verhindern die Hydroformylierungsreaktion oft vollständig [*130*].

Tabelle 2 [*130*]. *Einfluß der Pyridin-Konzentration auf die Hydroformylierungsreaktion von Äthylen*
Lösungsmittel: Toluol, Druck 90 at, Temperatur 130 °C

Pyridin (Millimol)	$Co_2(CO)_8$ (Millimol)	Reaktionszeit (Min)
0	30	36,0
30	30	9,2
60	30	5,8
120	30	7,0
250	30	8,3
1000	30	10,4
2000	30	unvollständige Reaktion

Nach V. MACHO und M. CIHA [*132*] fördert wäßriger Ammoniak in Mengen von 2 bis 50 Gew.-%, berechnet auf den Kobaltkatalysator, die Hydroformylierungsreaktion dadurch, daß die Bildungsgeschwindigkeit der Kobaltcarbonyle beschleunigt wird. Die gleiche Erklärung wird von R. IWANAGA für die Beschleunigung durch Amine angeführt [*133*]; höhere Ammoniak-Konzentrationen hemmen dagegen die Hydroformylierung (siehe Abb. 2) [*134*].

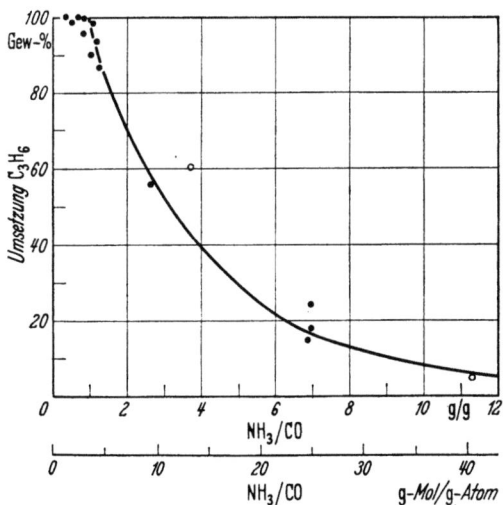

Abb. 2[*134*]. Propylenumsatz in Abhängigkeit vom Gewichts- und Molbruch NH_3/Co
•• 0,20 Gew.-% Co/C_3H_6 ∘∘ 0,126 und 0,40 Gew.-% Co/C_3H_6

Lange Zeit wurde die Hydroformylierung als gegen Schwefel und Schwefelverbindungen unempfindlich betrachtet. Es wurde sogar empfohlen, geringe Mengen Schwefelverbindungen als Acceleratoren zuzusetzen. Neuere Arbeiten von V. MACHO [*135, 136*] und L. MARKO et al.

[*137–144*] haben jedoch ergeben, daß diese Verallgemeinerungen nicht zutreffen. Sie zeigten, daß zwar einige Schwefelverbindungen (z. B. gesättigte Thioäther und Thiophen) praktisch ohne Einfluß auf die Hydroformylierung sind, die Reaktion aber von COS, H_2S, ungesättigten Thioäthern, Mercaptanen, Mercaptalen, Disulfiden, Schwefelkohlenstoff und elementarem S beträchtlich gehemmt wird. Diese Verbindungen bilden mit Kobaltcarbonylen über lösliche schwefelhaltige Kobaltkomplexe unlösliche Kobalt-Schwefel-Verbindungen, im Extremfall sogar Kobaltsulfid. Die Vergiftung beruht also auf einer stöchiometrischen Reaktion, womit sich zugleich auch eine Lösung dieses Problems ergibt: Durch entsprechenden Überschuß an Kobaltkatalysator kann der aktive Schwefel umgesetzt und niedergeschlagen werden. Das im Reaktionsgemisch noch verbleibende Kobaltcarbonyl kann dann katalytisch wirksam werden. Die ausgefallenen Kobalt-Schwefel-Verbindungen werden entfernt und wieder auf Kobalt aufgearbeitet. So können auch schwefelhaltige Crackolefine hydroformyliert werden.

Auch Acetylen kann die Hydroformylierung hemmen [*145*]. Es tritt eine Inhibition auf, die auf der Bildung von Acetylendikobalthexacarbonylen nach folgender Gleichung beruht:

$$R-C\equiv C-R' + Co_2(CO)_8 \rightleftharpoons RC_2R'Co_2(CO)_6 + 2\,CO$$

Bei niederen Temperaturen ist das Gleichgewicht ganz nach rechts verschoben, und die Inhibition kann selbst bei einmaligem Zusatz von Acetylen mehrere Stunden dauern, bis schließlich alles vergiftende Acetylen reduziert worden ist [*145*]. Bei höheren CO-Drucken und besonders bei höheren Temperaturen ist die Inhibitionswirkung des Acetylens geringer (s. Abb. 3).

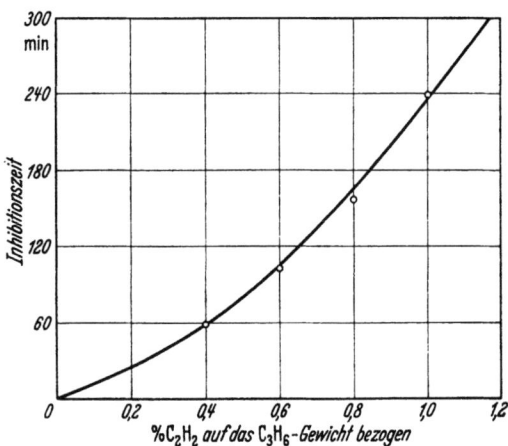

Abb. 3 [*145*]. Abhängigkeit der Inhibitionszeit bei der Hydroformylierung des Propylens bei 150 ± 2° von der Menge des zugesetzten Acetylens

Auch bestimmte Schwermetalle bzw. ihre Ionen hemmen in größeren Mengen die Hydroformylierung und die homogene Hydrierung der gebildeten Aldehyde. Beschrieben wird eine Hemmung durch Blei, Quecksilber, Wismut und Zink [27, 147]. Die Hemmung ist wahrscheinlich auf die Bildung von Mischcarbonylen zurückzuführen, durch die aktiver Katalysator verlorengeht [147].

3.5. Modifikation des Katalysators durch Komplexbildner

Eine Reihe von Verbindungen, die die Stelle des CO als Liganden im Kobaltcarbonyl einzunehmen vermögen, können die Wirksamkeit des Kobalthydrocarbonyls stark verändern. Wirksam sind insbes. Phosphine, Phosphite und bestimmte tert. Amine. So werden z. B. im Shell-Hydroformylierungsprozeß [148, 701–707, 743, 790, 791] dem Katalysator bestimmte Phosphine zugesetzt, die dann an Stelle eines CO-Moleküls im Kobalthydrocarbonylkomplex gebunden werden. Die resultierenden Phosphin-kobalthydrocarbonyle sind sehr stabil, so daß man selbst bei Reaktionstemperaturen von 180 bis 200 °C nur Gesamtdrucke von 1 bis 35 at benötigt, um die Stabilität des Katalysators zu gewährleisten. Geringe Zusätze an Carbonsäuren und Aminen stabilisieren dieses Katalysatorsystem noch weiter [704, 707]. Trotz dieser niederen Drucke werden bei der Hydroformylierung von Olefinen noch höhere Anteile an gradkettigem Produkt erhalten als mit Kobalthydrocarbonyl. Die Ursache ist leicht verständlich: Wie schon erwähnt, versucht das Olefin seine überschüssige negative Ladung an das Metallatom des Katalysators abzugeben. Da Kobalt nur schwach elektronegativ ist, versucht es selbst seine negative Ladung seinen Liganden zu übertragen. Die CO-Liganden nehmen die überschüssige Ladung leicht auf. Phosphine sind im allgemeinen jedoch noch besser dazu geeignet und positivieren das Metall noch stärker als die CO-Liganden. Mit Kobaltphosphin-Katalysatoren müssen nach dem eingangs erwähnten Reaktionsmechanismus also zwangsläufig höhere Anteile an endständigen Kobalt-Kohlenstoffverbindungen gebildet werden als mit reinem Kobalthydrocarbonyl. Die Phosphin-kobalthydrocarbonyle eignen sich auch gut zur Hydrierung von Aldehyden zu Alkoholen. So können mit diesem Katalysator bei 180 bis 200 °C in einer Stufe hohe Ausbeuten an gradkettigen Alkoholen aus Olefinen erhalten werden.

Triphenylphosphit als Ligand im Kobalthydrocarbonyl verhindert dagegen die Weiterreaktion der Aldehyde zu Alkoholen selbst bei hohen Temperaturen fast völlig [149] und bietet sich somit für die technische Produktion von alkoholfreien Aldehyden an.

3.6. Abtrennung und Rückgewinnung des Katalysators

Wichtig ist bei der technischen Anwendung der Hydroformylierung die Abtrennung und Rückgewinnung des Katalysators nach der Reaktion.

Vom Gelingen und der Einfachheit dieser Operation hängt oft die Wirtschaftlichkeit einer Produktionsanlage ab. Kobalthydrocarbonyl und Dikobaltoctacarbonyl sind nämlich nicht nur in organischen Lösungsmitteln gut löslich, sondern werden auch leicht durch die Gase abgeschleppt. Es kann dann zu Verkrustungen in der Anlage kommen. Kobaltkatalysatorreste im Reaktionsgut sind ferner häufig Ursache für Kondensations- und Oxydationsreaktionen bei der destillativen Aufarbeitung der Reaktionsprodukte und führen auch zu Färbungen der Produkte bei der Weiterverarbeitung. Es muß also auf möglichst quantitative Abtrennung und Rückgewinnung des Katalysators Wert gelegt werden. In der Praxis werden mehrere Methoden der Katalysatorabtrennung angewandt:

a) Trennung von Katalysator und Reaktionsprodukt *durch Flashdestillation* [*150*]: Bei dieser Methode werden die Reaktionsprodukte einer Flashdestillation, teilweise im Vakuum, unterworfen. Die Carbonyle zersetzen sich dabei, und die entsprechenden Metalle verbleiben im Sumpf. Das Verfahren ist jedoch nur anwendbar, wenn man mit schwer flüchtigen Carbonylen als Katalysatoren arbeitet. Kobaltcarbonyle und viele andere Carbonyle gehen leicht mit dem Destillat über und führen durch Zersetzung dann zu den schon erwähnten Verkrustungen in der Destillationsapparatur.

b) *Thermische Zersetzung der Carbonyle:* Verwendet man Katalysatoren in fester Form auf Trägermaterialien, so gestaltet sich die Rückgewinnung des Katalysators relativ einfach. Man verringert den Gasdruck nach Beendigung der Reaktion, z. B. im Autoklaven; die während der Reaktion in löslicher Form vorliegenden Kobaltverbindungen zersetzen sich und werden bei weiterem Erhitzen wieder auf dem Träger niedergeschlagen.

Ähnlich verfuhr man früher beim Zweiturmverfahren (Hydroformylierungs- und Dekobaltierungsturm), wo die Entspannung mit Niederschlag des Kobalts in einem zweiten Reaktor erfolgte. In periodischen Abständen wurde die Funktion der beiden Reaktoren gewechselt [*151, 152*].

Da sich bei einer thermischen Zersetzung durch Erhitzen des Reaktionsgefäßes häufig Kobaltspiegel an den Reaktorwänden bilden, führt man die zur Zersetzung notwendige Wärme häufig in anderer Weise, z. B. durch Rückführung von kobaltfreiem, heißem Reaktionsprodukt, Destillationsrückständen, durch heißes Wasser oder durch Wasserdampf zu [*101, 753, 755, 763, 764*].

Bei diesen beiden Arbeitsweisen scheidet sich das Kobalt in pulvriger Form ab, wenn die Wände des Reaktionsgefäßes kühler sind als die zur Erwärmung des Reaktionsproduktes eingeführten flüssigen Medien. Zur schnelleren Entfernung des Kobalts werden häufig Spülungen mit Inertgas empfohlen.

c) *Zersetzung der Carbonyle durch Hydrierung* [*101, 153*]: Dabei werden die Kobaltcarbonyle nach der Reaktion durch schonende Hydrierung in metallisches Kobalt überführt. Das Kobalt scheidet sich ebenfalls auf Trägern ab und kann aus dieser Form wieder in Carbonyle zurückverwandelt werden. Dieses Verfahren bietet sich besonders an, wenn nicht die Aldehyde, sondern die entsprechenden Alkohole produziert werden sollen.

d) *Chemische Behandlung der Reaktionsprodukte:* Bei diesem Verfahren werden die Kobaltcarbonyle nach Druckverminderung und gegebenenfalls nach Oxydation mit Luft oder Sauerstoff durch Reaktion mit Säuren aus den entstandenen Oxoprodukten extrahiert. Geeignete Säuren sind z. B. Schwefelsäure [*9, 765*], Kohlensäure [*154,155*] und organische Carbonsäuren wie Oxalsäure [*156, 766, 767*], Ameisensäure [*157, 158, 159, 160, 768, 769, 780*], Essigsäure [*160, 769, 770, 771, 772*], Propionsäure, Fumarsäure und Maleinsäure [*775, 776*]. Ein anderes Verfahren [*161, 162*] extrahiert das Kobalthydrocarbonyl zunächst mit Alkali und setzt es dann aus dem alkalischen Extrakt mit Mineralsäuren wieder in Freiheit, um es schließlich in Gasform wieder in den Prozeß zurückzuführen. Auch mit Ionenaustauschern läßt sich das Kobalt entfernen. G. NOYORI et al. beschreiben ferner die Entfernung von Kobaltcarbonylen durch Umsatz mit Chlor und Entfernung des dabei gebildeten Kobaltchlorids durch Filtration oder Extraktion mit Wasser [*762*].

Die Zersetzung der Metallcarbonyle kann durch IR-Analyse leicht überwacht und dadurch eine nahezu vollständige Rückgewinnung des Kobalts erreicht werden [*163*].

e) *Rückgewinnung von flüchtigen Carbonylen* aus den Gasen der Hydroformylierungsreaktion: Die Rückgewinnung der mit dem Kreisgas übergehenden Carbonyle geschieht durch Wäsche des Gases entweder mit frischem Ausgangsprodukt [*164*], mit organischen Lösungsmitteln oder mit Öl.

3.7. Andere Katalysatoren

Eisenhydrocarbonyl wird verschiedentlich als Hydroformylierungskatalysator erwähnt [*165, 166*]; es erreicht jedoch nicht die katalytische Aktivität des Kobalthydrocarbonyls, soll aber schon bei niederen Drucken wirksam sein [*23, 165, 166, 168–170*]. Hauptsächlich wird es in Kombination mit Kobalt als Promotor angewendet, dessen Aktivität dadurch stark gesteigert werden soll [*171*].

Mit Rhodium wurden in den letzten Jahren hervorragende experimentelle Ergebnisse erzielt [*105, 106, 172–179, 733–741*]. Die verglichen mit Kobalt wesentlich höheren Kosten des Rhodiums werden durch Vorteile, die Rhodium gegenüber Kobalt bietet, oft mehr als aufgewogen. So können mit Rhodium gegenüber Kobalt um den Faktor 10^2 bis 10^3 höhere Reaktionsgeschwindigkeiten erzielt werden, d. h. es kann mit einer gegenüber Kobalt um 10^{-3} niederen Katalysatormenge die gleiche Raumzeitausbeute erreicht werden. Zahl und Umfang der Nebenreaktionen wie Hydrierung des Ausgangsproduktes, Kondensationsreaktionen und Isomerisierungen treten stark zurück. Auch die Rückgewinnung des Rhodiums gestaltet sich einfacher als die des Kobalts.

Außer Kobalt, Eisen und Rhodium ist auch Ruthenium [179, 185-190, 743] wirksam. Es finden sich ferner Literaturstellen, die Chrom [101], Iridium [173, 178, 742], Mangan [180, 181], Kupfer [109, 182-183], Magnesium [191], Calcium [192], Natrium [193] sowie Platin und Rhenium [742] und Osmium [742] als wirksam beschreiben. Es muß jedoch bemerkt werden, daß viele dieser Arbeiten sich nicht reproduzieren lassen.

4. Einfluß des Druckes und der Temperatur

Wie bereits ausgeführt, ist die Hydroformylierungsreaktion mit stöchiometrischen Mengen Kobaltcarbonyl bei Normaltemperatur drucklos durchführbar; mit katalytischen Mengen an Kobaltverbindungen ist jedoch ein Mindest-CO-Partialdruck notwendig, um $Co_2(CO)_8$ bzw. $HCo(CO)_4$ stets neu zu bilden und ihre Stabilität zu gewährleisten (s. S. 14). Eine geringe Steigerung des CO-Partialdruckes über diesen Wert hinaus bringt zunächst eine Zunahme der Reaktionsgeschwindigkeit bis zu einem Maximum, dessen Lage von der Temperatur und vom Olefintyp abhängt. Ein weiter steigender CO-Partialdruck bewirkt jedoch eine Abnahme der Reaktionsgeschwindigkeit [38, 40, 120] (siehe das Kapitel über den Reaktionsmechanismus).

Eine Erhöhung des Wasserstoffpartialdruckes bewirkt stets eine Zunahme der Reaktionsgeschwindigkeit [38, 40, 120]. Bei sehr hohen Drucken wird dieser Effekt allerdings kleiner [194].

Für den normalen Druckbereich kann die von NATTA et al. [38] auf Grund kinetischer Messungen aufgestellte Gleichung

$$\frac{d(\text{Aldehyd})}{dt} = k \,(\text{Olefin})\,(\text{Co})\,(P_{H_2})\,(P_{CO})^{-1}$$

als gute Näherung benutzt werden.

Bei Anwendung von äquimolaren Teilen CO und H_2 erscheint die Hydroformylierungsreaktion wegen der Gegenläufigkeit der genannten beiden Effekte in weiten Bereichen druckunabhängig. Die in der Praxis bei kontinuierlichen Prozessen häufig beobachtete Abhängigkeit vom Gesamtdruck ist auf schlechte Durchmischung von Gas und Flüssigkeit zurückzuführen [195, 774]. Im allgemeinen werden bei Reaktionstemperaturen über 100 °C Drucke von 80 bis 300 at angewandt. Eine Ausnahme bildet das seit einigen Jahren mit Erfolg angewendete Shell-Hydroformylierungsverfahren [148]. Hier werden Kobaltcarbonyle mit Phosphin-Liganden als Katalysatoren verwendet. Diese Katalysatoren sind so temperaturstabil, daß selbst bei 180-200 °C noch bei 3 bis 35 at gearbeitet werden kann.

Ebenso wie ein Minimal-CO-Druck ist auch eine Minimaltemperatur erforderlich, wenn man mit katalytischen Mengen an Kobalt-Katalysator auskommen will. Die Temperatur hängt vom Typ der zu hydroformylierenden Verbindung und von der Durchmischung der Reaktionspartner ab [756]. Bei Olefinen liegt sie etwa im Bereich von 50 bis 80 °C. Eine schnelle Reaktion erfolgt meist bei Temperaturen zwischen 90 und 200 °C. Temperatursteigerung bewirkt im allgemeinen eine Zunahme der Reaktionsgeschwindigkeit, wenn dafür Sorge getragen wird, daß der Druck stets hoch genug ist, um die Stabilität des Katalysators zu gewährleisten. Die Reaktionsgeschwindigkeit nimmt z. B. bei der Hydroformylierung von Buten-1 bei einer Temperaturerhöhung von 90 auf 140 °C etwa um den Faktor 100 zu [126].

Tabelle 3 [126]. *Einfluß der Temperatur auf die Reaktionsgeschwindigkeit*
Buten-1, 0.05 Gew.-% Katalysator bez. auf Buten-1, 246 at CO/H_2 (1 : 1)

Reaktions-Temp. (°C)	Relat. Reaktionsgeschwindigkeit
90	0,01
100	0,04
120	0,20
140	1,00

Andererseits begünstigen höhere Temperaturen oft Nebenreaktionen, insbesondere die Hydrierung des zu hydroformylierenden Ausgangsproduktes und der durch die Hydroformylierung gebildeten CHO- zu CH_2OH-Gruppen.

Tabelle 4 [62]. *Hydroformylierung von Propylen in Gegenwart von Orthoameisensäure-äthylester*
$HC(OC_2H_5)_3$ = 90 g, C_2H_5OH = 80,5 g, $(Co(CO)_4)_2$ = 1 g, pH_2 = 80 at

Temp. (°C)	p CO	%-gradkett. Isomeres	Temp. (°C)	p CO	%-gradkett. Isomeres
108	4	45,4	90	12	60,3
108	6,5	49,7	90	25	64,8
108	9	51,4	90	70	69,5
108	10	53,8	90	113	70,0
108	12,5	60,6	90	174	70,2
108	21	63,5			
108	31	65,0	80	11	63,1
108	66	70,2	80	15	65,2
108	104	72,7	80	30	67,5
108	147	73,3	80	48	67,7
108	224	73,4	80	70	67,7

Druck und Temperatur üben einen deutlichen Einfluß auf das *Isomerenverhältnis* der Hydroformylierungsprodukte aus. So begünstigen im Falle der unverzweigten Olefine bei konstanter Reaktionstemperatur höhere CO-Partialdrucke die Bildung gradkettiger Aldehyde [*62*, *196*], siehe Tab. 4. Diese Zunahme ist zunächst stark, wird bei hohen CO-Drucken jedoch schwächer [*197*].

Bei sehr hohen Drucken nimmt nach Versuchen von S. Brewis der Anteil an gradkettigem Produkt wieder ab (siehe Abb. 4).

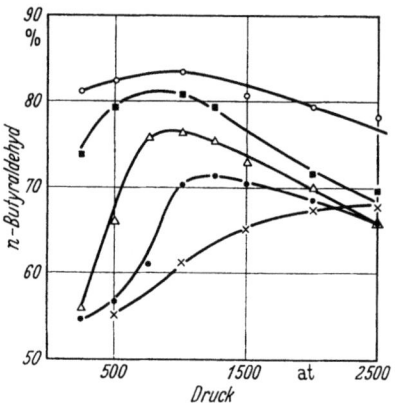

Abb. 4 [*198*]. Änderung des n-Butyraldehyd-Anteils im Reaktionsprodukt der Propylen-Hydroformylierung mit dem Gesamtdruck

○ = 100 °C, ■ = 130 °C, ▽ = 160 °C, ● = 200 °C, × = 250 °C

Den Einfluß der Temperatur zeigt Abb. 5.

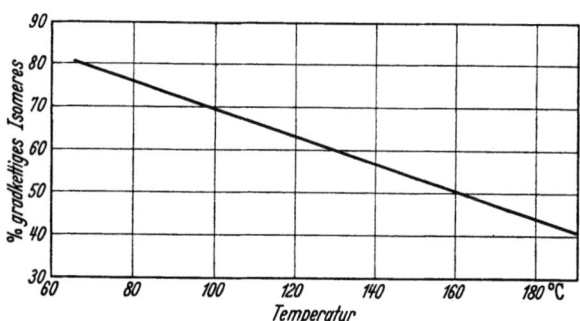

Abb. 5 [*126*]. Hydroformylierung von Hepten-1 bei verschiedenen Temperaturen
Olefin: Hepten-1 mit 8% Hepten-2; 0,5% Co/Olefin; $H_2/CO = 3/1$; Gesamtdruck 246 at.

Bei konstantem Druck gibt eine Senkung der Reaktionstemperatur also eine wesentlich höhere Ausbeute an gradkettigem Aldehyd.

Offensichtlich begünstigen hoher CO-Druck und niedere Temperatur die Bildung von endständigen Alkyl-kobalttetracarbonylen und führen so bevorzugt zu hohen Anteilen an gradkettigen Verbindungen. Dagegen wird bei niederem CO-Druck oder bei hohen Temperaturen mehr Alkylkobalttricarbonyl vorliegen und somit mehr verzweigter Aldehyd entstehen. Bei ungesättigten Ausgangsverbindungen, bei denen die Ladungsverteilung gegenüber dem Olefin umgekehrt ist, kehren sich natürlich auch die vorstehend geschilderten Effekte um. So werden bei Acrylestern bei hohen Temperaturen und niederen Drucken vorzugsweise unverzweigte Produkte erhalten. Näher wird auf diese Abhängigkeit in den speziellen Kapiteln eingegangen.

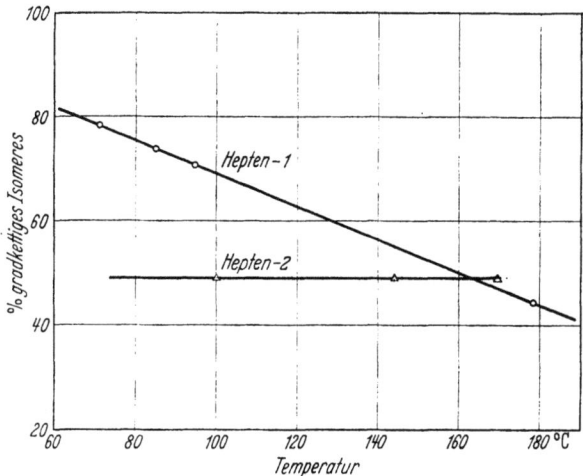

Abb. 6 [126]. Verhältnis der Reaktionsprodukte bei der Hydroformylierung end- und innenständiger Olefine bei verschiedenen Reaktionstemperaturen
$H_2/CO = 3/1$, Gesamtdruck 246 at

Mehrfach wurde berichtet, daß isomere Olefine mit innen- oder endständiger Doppelbindung stets die gleichen isomeren Aldehyd-Verhältnisse bei der Oxo-Reaktion liefern. Wie I. GOLDFARB und M. ORCHIN [131] und insbes. V. L. HUGHES und I. KIRSHENBAUM [126] zeigen konnten, trifft diese Verallgemeinerung nicht zu. Abbildung 6 zeigt die Hydroformylierung von Hepten-1 und Hepten-2 bei verschiedenen Temperaturen. Die Abbildung macht deutlich, daß in Abhängigkeit von der Temperatur aus den gleichen Ausgangsprodukten sehr verschiedene Produktzusammensetzungen erhalten werden können. Offensichtlich verlaufen die Isomerisierungen gemäß dem Schema auf Seite 11 bei tiefen Temperaturen bedeutend langsamer als die Hydroformylierung, so daß es bei diesen niederen Temperaturen nicht zur Gleichgewichtseinstellung kommt.

Die Behauptungen, gradkettige Olefine würden stets gleiche Anteile isomerer Aldehyde ergeben, gleichgültig, ob die Doppelbindung end- oder innenständig vorliegt, erklärt sich aus der Tatsache, daß die entspr. Versuche vorzugsweise zwischen 140 und 170 °C durchgeführt wurden. Hier werden, wie auch Abb. 6 zeigt, in der Tat nahezu die gleichen Isomerenverhältnisse erhalten.

5. Lösungsmittel der Hydroformylierungsreaktion

Als Lösungs- oder Verdünnungsmittel für die Hydroformylierungsreaktion werden benutzt: aliphatische, cycloaliphatische und aromatische Kohlenwasserstoffe, aliphatische, cyclische und aromatische Äther, aliphatische Alkohole, Nitrile, Carbonsäureanhydride, Ketone, Ester, Lactone, Lactame, Orthoester und Wasser. Häufig wird das Reaktionsprodukt selbst oder hochsiedende Rückstände recyclisiert und als Verdünnungsmittel verwendet. Technisch wird die Reaktion meist ohne Verdünnungsmittel ausgeführt. Allenfalls werden Lösungsmittel dann zum Katalysatortransport benutzt.

Der Lösungsmitteleinfluß auf die Geschwindigkeit der Hydroformylierungsreaktion wurde ausführlich untersucht [199–201]. Er ist je nach ungesättigter Ausgangsverbindung unterschiedlich. Während I. WENDER et al. [199] beim Cyclohexen nur Reaktionsgeschwindigkeitsunterschiede bis zum Faktor 1,5 bei den einzelnen Lösungsmitteln fanden, stellten IWANAGA et al. [200] und auch WAKAMATSU et al. [201] bei der Umsetzung von Acrylnitril in Methanol eine gegenüber der gleichen Umsetzung in Benzol um den Faktor 6 höhere Reaktionsgeschwindigkeit fest. Bei Acrylestern wurden zwischen den einzelnen Lösungsmitteln sogar Unterschiede um den Faktor 7 beobachtet (siehe Tab. 5).

Primäre und sekundäre Alkohole erlauben höhere Reaktionsgeschwindigkeiten als die anderen geprüften Lösungsmittel. Die Ursache scheint in der Beschleunigung der Hydrocarbonyl-Bildung aus den Metallcarbonylen durch die Alkohole zu liegen. Alkohole eignen sich jedoch nicht in allen Fällen als Lösungsmittel für die Hydroformylierung, speziell dann nicht, wenn man bei tiefen Temperaturen arbeitet. Es werden dann keine Aldehyde, sondern die entspr. Acetale erhalten [174, 202–204, 254]. Unter Umständen kann die Acetal-Bildung erwünscht sein, wenn empfindliche und wertvolle Aldehyde gleich in Form ihrer Acetale gewonnen werden sollen. In besonders hohen Ausbeuten erfolgt Acetal-Bildung während der Hydroformylierung bei Benutzung von Orthoestern als Lösungsmittel [205]. Es soll nach einem amerikanischen Patent [206] bei der Hydroformylierung von Olefinen in Orthoestern auch ein höheres Verhältnis von n:iso-Aldehyden erzielt werden. Dieser Effekt ist wahrscheinlich aber mehr auf die Unterdrückung von Kondensationsreaktionen des schon gebildeten n-Aldehyds durch dessen Abfangen als Acetal zurückzuführen. Bei Verwendung von Essigsäureanhydrid als Verdünnungsmittel sind die Aldehydacetate die Endprodukte [207].

Tabelle 5 [200]. *Reaktionsgeschwindigkeit der Hydroformylierung von Methylacrylat in Abhängigkeit vom Lösungsmittel bei 120 °C, 260 at $CO/H_2 = 1:1$*

Lösungsmittel	Reaktionsgeschwindigkeitskonstante ($k_a \cdot 10^3$ min^{-1})
Benzol	41,8
Toluol	43,4
Essigsäureäthylester	36,4
Äthyläther	41,2
Methanol	157,0
Äthanol	186,0
n-Butanol	167,0
Cyclohexanol	154,0
tert.-Butanol	66,2
Aceton	59,5
Äthylmethylketon	39,1
Tetrahydrofuran	57,1
Dioxan	27,4
Essigsäureanhydrid	30,2
Acetonitril	77,2

Wie schon erwähnt, kann auch Wasser [109, 208–211], gegebenenfalls in Gegenwart oberflächenaktiver Substanzen [212–213] als Verdünnungsmittel benutzt werden [199, 214]. Der Zusatz von Wasser zu organischen Lösungsmitteln bei der Hydroformylierung unterdrückt zwar unerwünschte Aldehydkondensationsreaktionen, bewirkt aber gleichzeitig eine Abnahme der Reaktionsgeschwindigkeit (Abb. 7).

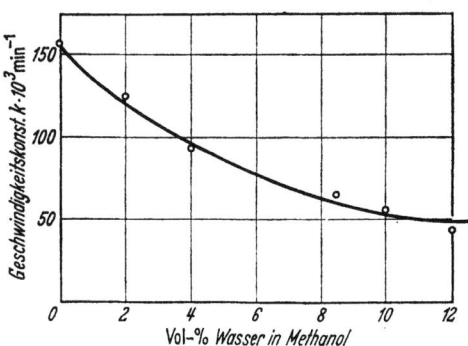

Abb. 7 [215]. Einfluß des Wassergehalts auf die Hydroformylierung von Acrylsäuremethylester bei Verwendung von Methanol als Lösungsmittel

6. Hydroformylierung spezieller Verbindungen
6.1. Olefine

Im Prinzip sind alle Olefine hydroformylierbar, ihre Reaktivität ist jedoch verschieden. I. WENDER et al. [199] untersuchten systematisch die

Tabelle 6 [199]. *Hydroformylierung von Olefinen bei 110 °C*
Reaktionsbedingungen: 0,50 Mol Olefin; 65 ml Methylcyclohexan als Lösungsmittel; 2,8 g (8,2·10^{-3} Mol) Dikobaltoctacarbonyl; CO/H$_2$ (1 : 1); Anfangsdruck bei Raumtemperatur 233 at.

	Spez. Reaktionsgeschwindigk. (10^3 k·min^{-1})*
A) *Gradkettige, endständ. Olefine*	
Penten-1	68,3
Hexen-1	66,2
Hepten-1	66,8
Octen-1	65,6
Decen-1	64,4
Tetradecen-1	63,0
B) *Gradkettige, innenständ. Olefine*	
Penten-2	21,3
Hexen-2	18,1
Hepten-2	19,3
Hepten-3	20,0
Octen-2	18,8
C) *Verzweigte, endständ. Olefine*	
4-Methyl-penten-1	64,3
2-Methyl-penten-1	7,32
2,4,4-Trimethyl-penten-1	4,79
2,3,3-Trimethyl-buten-1	4,26
Camphen	2,2
D) *Verzweigte, innenständ. Olefine*	
4-Methyl-penten-2	16,2
2-Methyl-penten-2	4,87
2,4,4-Trimethyl-penten-2	2,29
2,3-Dimethyl-buten-2	1,35
2,6-Dimethyl-hepten-3	6,23
E) *Cyclische Olefine*	
Cyclopenten	22,4
Cyclohexen	5,82
Cyclohepten	25,7
Cycloocten	10,8
4-Methyl-cyclohexen-1	4,87

* Außer bei Camphen und Cycloocten wurden die Werte durch Doppelbestimmung gesichert. Die Fehlergrenze, ermittelt durch statistische Analyse von 55 Versuchen, liegt bei + 1,5%

Reaktionsgeschwindigkeit in Abhängigkeit von der Olefinstruktur und beobachteten Reaktionsgeschwindigkeitsunterschiede um den Faktor 50 (s. Tab. 6).

Am schnellsten reagieren mit Kobaltkatalysatoren gradkettige, endständige Olefine. Ihre Reaktionsgeschwindigkeit nimmt mit zunehmendem Molekulargewicht langsam ab. Immerhin lassen sich jedoch noch Doppelbindungen in Hochpolymeren hydroformylieren [781].

Bei gradkettigen, innenständigen Olefinen geht die Reaktionsgeschwindigkeit gegenüber den endständigen Isomeren ungefähr auf ein Drittel zurück. Die Lage der Doppelbindung im Inneren der Kette spielt dabei keine große Rolle, so reagieren Hepten-2 und -3 etwa gleich schnell.

Tabelle 7. *Hydroformylierung symmetrischer und durch Doppelbindungswanderung nicht isomerisierbarer Olefine*

Ausgangsprodukt	Gasgemisch	Druck (atm)	Temp. (°C)	erhalten:	Ausb. (%)	Lit.
Äthylen	CO/H$_2$ 1:1	40–300	135	Propanal	99	[216]
Cyclopenten	CO/H$_2$ 1:1	200–300	120–125	Cyclopentanaldehyd Cyclopentylcarbinol	65	[217]
Cyclohexen	CO/H$_2$ 1:1	250	120	Cyclohexanaldehyd Cyclohexylalkohol	nahe 100	[105]
Cycloocten	CO/H$_2$ 1:1	200	120–180	Cyclooctylcarbinol		[217]
Camphen	CO/H$_2$ 1:1	210	125–150	Homoisocamphenilanaldehyd	65	[217]

Verzweigung des Olefins hat immer eine Abnahme der Reaktionsgeschwindigkeit zur Folge. Die stärkste Abnahme tritt ein, wenn das Olefin an einem C-Atom der Doppelbindung alkyl-substituiert ist. Verzweigungen an einem weiter entfernten C-Atom haben einen kleineren, aber doch merkbaren Einfluß.

Am langsamsten reagieren innenständige, an der Doppelbindung alkyl-substituierte Olefine.

WAKAMATSU [172] berichtet dagegen, daß in Gegenwart von Rhodium-Katalysatoren innenständige Olefine schneller reagieren als endständige. Cyclische Olefine zeigen unterschiedliches Verhalten. Sehr langsam setzt sich Cyclohexen um. Cyclopenten und Cyclohepten reagieren dagegen sogar schneller als innenständige, gradkettige Olefine. Die erhöhte Reaktionsgeschwindigkeit resultiert aus dem Bestreben dieser Olefine, unter Aufhebung der die Ringspannung verursachenden Doppelbindung abzureagieren.

Symmetrische und durch Doppelbindungswanderung nicht isomerisierbare Olefine ergeben einheitliche Reaktionsprodukte (Tab. 7).

In allen anderen Fällen entstehen Aldehyd-Isomerengemische. Die Zusammensetzung der einzelnen Isomerengemische hängt weitgehend von der Struktur des Ausgangsolefins und den Reaktionsbedingungen ab (siehe Kap. 3 und 4). Tabelle 8 gibt einige Beispiele für Reaktionsprodukte, die aus Olefinen verschiedener Struktur erhalten werden.

Tabelle 8. *Hydroformylierung von unsymmetrischen oder durch Doppelbindungswanderung isomerisierbaren Olefinen*

Ausgangsprodukt	Reaktionsprodukte	Ausb. (%)	Lit.
Propen	Butyraldehyd + Isobutyraldehyd	80	[*21, 105, 168, 218–228*]
Buten-1	n- und Isovaleraldehyd	96,8	[*105*]
Buten-2	Isovaleraldehyd	96	[*113*]
Isobuten	3-Methylbutan-1-ol + Neopentylalkohol	82	[*25, 229, 230, 237*]
Penten-1	Hexanol + 2-Methylpentanol + 2-Äthylbutanol (5 : 4 : 1)		[*25*]
	C_6-Aldehyde, C_6-Alkohole	92	[*743*]
Penten-2	C_6-Aldehyde	75	[*24, 29*]
2-Methyl-buten-1	4-Methylpentanol + 3-Methylpentanol + 2,3-Dimethylbutanol (11 : 9 : 1)		[*25*]
2-Methyl-buten-2	4-Methylpentanol + 3-Methylpentanol + 2,3-Dimethylbutanol		[*25*]
3-Methyl-buten-1	4-Methylpentanol + 3-Methylpentanol + 2,3-Dimethylbutanol		[*25*]
2,3-Dimethyl-buten-1 + 2,3-Dimethyl-buten-2	3,4-Dimethylpentanol		[*25*]
3,3-Dimethyl-buten-1	4,4-Dimethylpentanol		[*25*]
2-Äthyl-buten-1	3-Äthylvaleraldehyd	55	[*24*]
Hexen-1	n-Heptylaldehyd + 2-Methylhexylaldehyd	90	[*178*]
2-Methyl-penten-1	Aldehyde	77	
2-Methyl-penten-3	5-Methylhexanol + 3-Methylhexanol + 2,4-Dimethylpentanol (4 : 3 : 3)		[*25*]

Tabelle 8 (Fortsetzung)

Ausgangsprodukt	Reaktionsprodukte	Ausb. (%)	Lit.
(+) (S)-3-Methyl-penten-1	4-Methylhexanal	92,1	[89]
Isohepten	Isooctanole	74,6	[9]
Octen-1	Isononanole + n-Nonanole (75,6%)	85,3	[232]
cis-n-Octen-4	Isononanol + n-Nonanol (53,9%)	78,4	[232]
trans-n-Octen-4	Isononanole + n-Nonanol (57%)	85,5	[232]
Di-n-buten	3-Äthylheptanol	39	[233]
2-Äthyl-hexen-1	C_9-Aldehyde	23	[223]
Di-isobuten	3,5,5-Trimethylhexanol	90	[25, 234, 235, 733]
Styrol	Methylphenylacetaldehyd	30	[24, 29, 205, 226]
α-Methylstyrol	Aldehyd + Isopropylbenzol		[173]
α-Pinen	2- oder 3-Formyl-2,6,6-trimethyl-bicyclo-(3.1.1)-heptan		[205]
1-Vinylnaphthalin	Methyl-(1-naphthyl)-acetaldehyd	29	[24]
Octadecen	C_{19}-Aldehyde	54	[24, 756]

Die Hydroformylierung unverzweigter, endständiger Olefine führt unter den Standardbedingungen der technischen Oxo-Prozesse (90 bis 150 °C, 100 bis 300 at, Kobalt-Katalysatoren) bevorzugt zu gradkettigen Aldehyden (50–80%), daneben werden geringere Anteile an verzweigten Aldehyden erhalten (10–40%).

Isomere, unverzweigte innenständige Olefine ergeben bei hohen Temperaturen nahezu die gleiche Produktverteilung. Bei niederen Temperaturen werden jedoch aus den endständigen Olefinen bedeutend höhere Anteile an gradkettigen Aldehyden erhalten als aus innenständigen Olefinen (s. Abb. 6, S. 25).

Bei verzweigten Olefinen treten Besonderheiten auf. Wie schon NIENBURG et al. [236] und KEULEMANS et al. [25] frühzeitig erkannten, werden bei Olefinhydroformylierungen, zumindest unter den vorstehend genannten Standardbedingungen, kaum quarternäre Kohlenstoffatome gebildet, d. h. die Formylgruppe tritt nicht an das C-Atom, das die Verzweigung trägt. So bildet Isobutylen fast ausschließlich 3-Methylbutanal [237]; nur ca. 5% des isolierten Produktes ist Pivalaldehyd.

$$\begin{array}{c}\mathrm{H_3C}\\ \mathrm{H_3C}\end{array}\!\!\!\!\!>\!\!\mathrm{C\!=\!CH_2} + \mathrm{CO/H_2} \longrightarrow \begin{array}{c}\mathrm{H_3C}\\ \mathrm{H_3C}\end{array}\!\!\!\!\!>\!\!\mathrm{CH\!-\!CH_2\!-\!CHO} \quad 95\ \mathrm{Gew.\text{-}\%}$$

$$\mathrm{H_3C\!-\!\underset{\underset{\mathrm{CH_3}}{|}}{\overset{\overset{\mathrm{CH_3}}{|}}{C}}\!-\!CHO} \qquad 5\ \mathrm{Gew.\text{-}\%}$$

Tetramethyläthylen bildet fast ausschließlich 3,4-Dimethylpentanal. Auch eine Verzweigung in der Nähe eines C-Atoms der Doppelbindung behindert die Ausbildung der Formylgruppe an diesem C-Atom [25]. Im allgemeinen ist die Bildung von mehreren isomeren Aldehyden bei technischer Produktion unerwünscht. Es hat deshalb nicht an Versuchen gefehlt, durch Änderung der Reaktionsbedingungen zu einheitlichen Reaktionsprodukten zu gelangen. Insbesondere wurde versucht, die Ausbeute an gradkettigen Aldehyden – den Vorprodukten der wirtschaftlich bedeutenden Weichmacher- und Waschmittelalkohole – zu erhöhen. Diese Versuche hatten Erfolg. So können, wie schon erwähnt, die Anteile der

Tabelle 9 [*126*]. *Einfluß des Druckes auf die Isomerenverteilung*

Hepten-1, 0,5 Gew.-% Co/Olefin, 85 °C,
$CO/H_2 = 1:3$ (Molverhältnis)

Gesamtdruck (at)	42	247	352
% gradkett. Verbb.	45	75	75
% verzweigte Verbb.	55	25	25

Tabelle 10 [*126*]. *Einfluß der Temperatur auf die Isomerenverteilung bei der Hydroformylierung von Buten-1 und Hepten-1*

Druck 247 at

Ausgangs-produkt	Temp. (°C)	Verhältnis $CO:H_2$	% gradkett. Verb. (I)	% verzweigte Verb. (II)	I : II
Buten-1	70	1:3	73	27	2,7 : 1
	90	1:3	71	29	2,4 : 1
	140***	1:1	60	40	1,5 : 1
	180***	1:1	45	·55	0,8 : 1
Hepten-1*	70	1:3	80	20	4,0 : 1
	85	1:3	75	25	3,0 : 1
	100	1:3	72	28	2,6 : 1
	180**	1:3	43	57	0,75 : 1

* Das Hepten-1 enthielt 8% Hepten-2; 0,5 Gew.-% Co/Olefin.
** 0,05 Gew.-% Co/Olefin.
*** 0,08 Gew.-% Co/Olefin

einzelnen Isomeren durch Variation von Druck und Temperatur verändert werden. Höhere CO-Partialdrucke (s. Tab. 4, S. 23), gegebenenfalls auch höhere Gesamtdrucke (Tab. 9) und tiefere Temperaturen (Tab. 10) führen zu höheren Ausbeuten an gradkettigen Verbindungen.

Insbesondere haben sich auch Zusätze bestimmter Phosphine bewährt, wie sie z. B. im Shell-Verfahren benutzt werden (s. S. 19). Selbst unterhalb von 30 at Gesamtdruck bewirken sie das Entstehen von über 85% gradkettiger Produkte. Als Nachteil muß allerdings eine Zunahme der Paraffinbildung durch Hydrierung der Ausgangsolefine in Kauf genommen werden.

Sollen bevorzugt verzweigte Produkte gebildet werden, so geht man zweckmäßig von innenständigen Olefinen aus (s. Abb. 6, S. 25) und arbeitet bei niederen CO-Partialdrucken und höheren Temperaturen. Es empfiehlt sich auch, statt Kobalt-Katalysatoren dann Rhodium-Katalysatoren zu verwenden, die allgemein höhere Ausbeuten an verzweigten Aldehyden ergeben [*105, 106, 172–179*] oder mit Co/Rh-Gemischen zu arbeiten (Tab. 11).

Tabelle 11 [*106*]. *Einfluß von Rhodium-Katalysatoren auf die Isomerenverteilung*
Buten-1 als Olefineinsatz; 245 at CO/H$_2$ (1 : 1); Rhodium liegt als Sesquioxyd vor, Kobalt als vorgebildetes Carbonyl

Temp. (°C)	Mol-% Rh	Katalysator Co	% verzweigt. Isomeres	relat. Reakt.- geschw.
105	0,05	—	85	1,0
105	—	1,6	30	0,15
105	0,005	1,6	80	0,85

Höhere Katalysatorkonzentrationen steigern ebenfalls die Ausbeute an verzweigten Produkten [*126, 238*] (s. Tab. 1, S. 15).

Anstrengungen, Reaktionsbedingungen zu finden, unter denen die Formylgruppe mit besseren Ausbeuten an ein verzweigtes C-Atom tritt, hatten nur begrenzte Erfolge. So konnten mit Isobuten bei hohen Reaktionstemperaturen (220 °C) und dem zur Stabilität des Katalysators unter diesen Bedingungen notwendigen Druck (425 at) 8% d. Th. an Neopentylverbindungen neben 61,6% Isopentylverbindungen erhalten werden. 25% des Ausgangsproduktes wurden gleichzeitig hydriert [*237*]. Die Bildung von Neopentylstrukturen gelingt mit guten Ausbeuten nur bei Raumtemperatur mit stöchiometrischen Mengen an Hydrocarbonyl [*35*] (s. auch S. 8).

Eine der Olefinhydroformylierung eng verwandte Reaktion ist die Alkohol-Synthese nach REPPE [*239*]. Sie verläuft in alkalischem Milieu in Gegenwart von Fe(CO)$_5$ und unterscheidet sich von der Roelen-Reaktion dadurch, daß Wasserstoff-Lieferant hier Wasser ist und schon bei niederen Temperaturen direkt die Alkohole erhalten werden. Der aktive Katalysator dürfte das Salz des Eisenhydrocarbonyls sein.

Hydroformylierungen (Roelen-Reaktion)

$$R-CH=CH_2 + 3\,CO + 2\,H_2O \longrightarrow R-CH_2-CH_2-CH_2OH + 2\,CO_2$$

Die Reaktion wurde in der BASF zur technischen Reife entwickelt [240].

6.2. Diene und Polyene

Die Hydroformylierung konjugierter Diene ergibt stets Monoaldehyde (Tab. 12).

Tabelle 12. *Hydroformylierung konjugierter, acyclischer Diene*
(wenn nicht anders vermerkt, wurden Kobalt-Katalysatoren verwandt)

Ausgangsprodukt	Druck (at)	Temp. (°C)	Endprodukt	Ausb. (%)	Lit.
Butadien-1,3	212–282	145–175	n- und iso-Valer-aldehyd (1:1) Dibutylketon	29	[231, 192]
2-Methyl-butadien-1,3	212–282	150	Hexanal-Isomeren-Gemisch	16	[231]
1-Phenyl-butadien-1,3	212	145–150	1-Phenylbutan (keine Hydrof.)	gering	[231]
3-Methyl-pentadien-1,3			Heptanal-Isomeren-Gemisch	22	[231]
2,3-Dimethyl-butadien-1,3			3,4-Dimethyl-pentanal	45	[231]
Cyclopentadien	260	145–155	Cyclopentanaldehyd	37	[231]
2,3-Dimethyl-butadien-1,3	353	145–175	3,4-Dimethyl-pentanal 2,3-Dimethylbuten-1 2,3-Dimethylbuten-2	43	[231]
2,5-Dimethyl-hexadien-2,4			Nonylalkohol	hoch	[241]
dim-Isopren	200	120	acyclischer C_{11}-Aldehyd, C_{11}-Alkohol		[242]

Dialdehyde konnten bisher nicht nachgewiesen werden. Es ist vermutet worden, daß die Hydroformylierung primär α,β-ungesättigte Aldehyde ergibt, die dann hydriert werden [243]. Nach R. F. HECK und D. S. BRESLOW findet bei 0 °C eine 1,4-Addition des Kobalthydrocarbonyls an Butadien statt [244] (1). Spätere Versuche mit Kobaltdeuterocarbonyl und Butadien bestätigten, daß Deuterium ausschließlich am endständigen C-Atom nachzuweisen ist [245].

Bei höherer Temperatur bildet sich jedoch ein 2-Butenoyl-kobalttricarbonyl-Komplex (2) [244, 246–249]. Aus dieser Allenyl-Verbindung können offensichtlich keine Dialdehyde gebildet werden. Sie reagiert wahrscheinlich mit H_2 zu Buten, das dann normal hydroformyliert wird und Valeraldehyd liefert. Ob die Bildung von ungesättigtem Aldehyd auch durch Aufnahme von Kohlenmonoxyd und Wasserstoff durch die Allenylkobaltcarbonyl-Verbindung möglich ist, ist bisher experimentell nicht geklärt worden.

$$H_2C=CH-CH=CH_2 + HCo(CO)_4 \xrightarrow{CO} H_3C-CH=CH-CH_2-\underset{\underset{O}{\|}}{C}-Co(CO)_4 \quad (1)$$

$$H_2C=CH-CH=CH_2 + HCo(CO)_4 \longrightarrow \underset{\text{(Allyl-Komplex)}}{HC} Co(CO)_3 + CO \quad (2)$$

Aus Dienen mit isolierten Doppelbindungen können neben Monoaldehyden Dialdehyde erhalten werden. Je größer die Abstände der Doppelbindungen voneinander sind, um so besser sind die Ausbeuten an Dialdehyden (Tab. 13).

Tabelle 13. *Hydroformylierung nicht konjugierter, acyclischer Diene*
(wenn nicht anders vermerkt, wurde mit Kobalt-Katalysatoren gearbeitet)

Ausgangs-produkt	CO/H_2 Verh.	Druck (at)	Temp. (°C)	Endprodukte	Ausb. (%)	Lit.
Pentadien-1,4	1:1*	150	60–100	Heptandial-Isomere	19	[250]
Hexadien-1,5	1:1*	150	100	Octandial-Isomere		[250]
2,5-Dimethyl-hexadien-1,5				Nonanol, 3,6-Dimethyl-octandiol-1,8 (65:35)		[251]

* Rh-Katalysator.

Auch cyclische Diolefine mit isolierten Doppelbindungen ergeben Gemische von Mono- und Dialdehyden (s. Tab. 14). Ihre Hydroformylierung wurde gründlich untersucht. Bis-(hydroxymethyl)-cycloaliphaten sind äußerst wertvolle Grundmaterialien für Polyesterfasern und werden in mehreren tausend Jahrestonnen für diese Zwecke verbraucht [252]. Am Beispiel des aus Butadien leicht zugänglichen Cyclooctadiens läßt sich gut erkennen, wie komplex die Reaktionsweise derartiger Diene sein kann [253].

Hydroformylierungen (Roelen-Reaktion)

Führt man die Hydroformylierung in der üblichen Weise mit $Co_2(CO)_8$ als Katalysator durch, so erhält man bei Reaktionstemperaturen von 110 °C in der Hydroformylierungs-Stufe und 200 °C in der Hydrierungs-Stufe und 200 bis 300 at mit $CO/H_2 = 1:1$ ein Gemisch von 63% Hydroxymethyl-cyclooctan und 26% Bis-(hydroxymethyl)-cyclooctan.

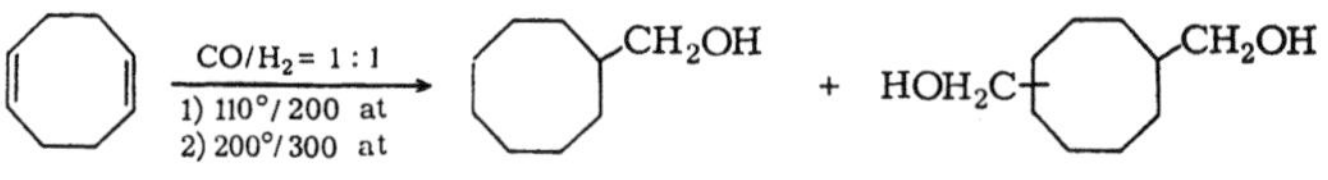

Die Diol-Ausbeute läßt sich mit $Co_2(CO)_8$ als Katalysator auch durch Variation der Reaktionsbedingungen nicht wesentlich steigern. Rhodium-Katalysatoren ergeben unter speziellen Reaktionsbedingungen höhere Diol-Ausbeuten. Es können jedoch auch ungesättigte Aldehyde, gesättigte Aldehyde oder Methyl-cyclooctan als Hauptprodukt erhalten werden, je nachdem, ob man die möglichen Isomerisierungen begünstigt oder unterdrückt:

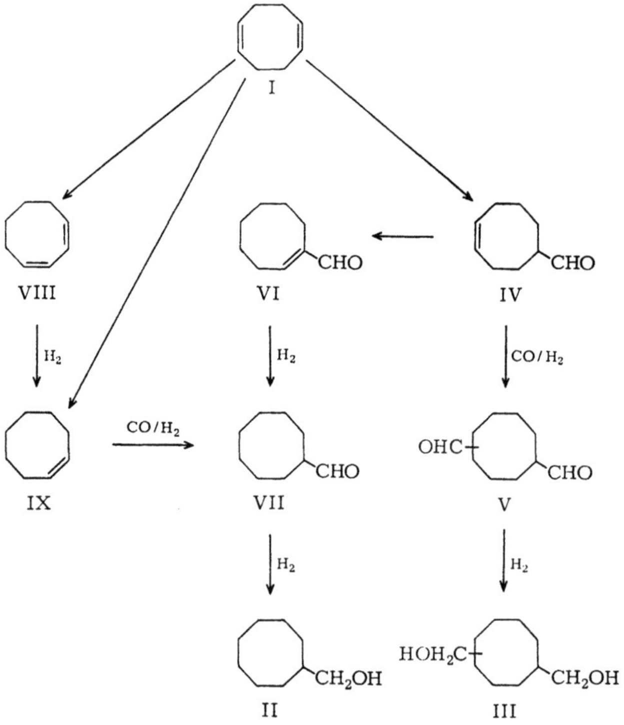

Die beiden Doppelbindungen in I sind gegenüber der Hydroformylierung unterschiedlich reaktiv. So wird bei 80 bis 100 °C und 100 at CO/H_2

(1 : 1) zunächst nur eine Doppelbindung hydroformyliert, und es entsteht Cyclooctenaldehyd (IV). Er kann auf zwei Wegen weiter reagieren: bei Synthesegasdrucken über 200 at wird die zweite Doppelbindung in ihrer ursprünglichen Lage zu einem Gemisch von Dialdehyden V hydroformyliert, aus dem bei weiterer Temperaturerhöhung das Diolgemisch III resultiert. Unterhalb 200 at wandert die Doppelbindung in Konjugation zur Aldehydgruppe. Der gebildete α,β-ungesättigte Aldehyd VI wird dann bei 100 °C langsam und bei 150 °C schnell zum gesättigten Aldehyd VII und bei weiterer Temperatursteigerung auf 210 °C zum Monool II hydriert.

Tabelle 14. *Hydroformylierung nicht konjugierter alicyclischer Diene*
(wenn nicht anders vermerkt, wurde mit Kobalt-Katalysatoren gearbeitet)

Ausgangsprodukt	Druck (at)	Temp. (°C)	Reaktionsprodukte	Ausb. (% d. Th.)	Lit.
Vinylcyclohexen	475–720	120–134	Gemisch von Mono- und Dialdehyden	65	[*182*]
Dicyclopentadien	180–195	155	Tricyclododecandialdehyd	87*	[*254, 255*]
Cyclooctadien-1,5	175	130	Hydroxymethylcyclooctan	70	[*256*]
			Bis-(hydroxymethyl)-cyclooctan	21,5	
Cyclooctadien-1,5*	1000–1200	90/210	Hydroxymethylcyclooctan	13	[*253*]
			Bis-(hydroxymethyl)-cyclooctan	81	
Cyclododecatrien	150–300	135–145	Hydroxymethylcyclododecan	36	[*258*]
Cycloheptatrien			Hydroxymethylcycloheptan	45	[*259*]

* Rh-Katalysator.

Cyclooctadien-1,5 isomerisiert während der Reaktion teilweise zum Cyclooctadien-1,3 (VIII). Aus VIII ist nur Monoaldehyd VII bzw. Monool II zu erwarten, da konjugierte Diene in Hydroformylierungsreaktionen zunächst zu Olefinen (IX) hydriert werden [*10, 251*]. Aus VIII entsteht analog über IX somit nahezu quantitativ VII.

Hydrierung beider Doppelbindungen tritt dagegen kaum auf. Cyclooctan ist nur in Spuren nachweisbar.

Dicyclopentadien, bei dem keine Doppelbindungsisomerisierung möglich ist, reagiert glatt zu Dialdehyden bzw. bei erhöhten Temperaturen zu Diolen [*254*]. Es entsteht ein Isomerengemisch im Verhältnis 1 : 3.

Führt man die Reaktion bei 115 °C in Alkoholen als Lösungsmittel durch, so können die Acetale der Dialdehyde als Reaktionsprodukte erhalten werden. Eine partielle Hydrierung des Dicyclopentadiens und dadurch bedingte Bildung von Monool wird kaum beobachtet.

Konjugierte, mehrfach ungesättigte Kohlenwasserstoffe führen zu Monoaldehyden; so reagiert Cyclooctatrien zu Cyclooctanaldehyd.

6.3. Ungesättigte Aldehyde und ungesättigte Ketone

Konjugiert ungesättigte Aldehyde werden bei der Hydroformylierung mit Kobalt-Katalysatoren quantitativ zu gesättigten Aldehyden hydriert.

Eine Reihe ungesättigter Aldehyde wurde von ORCHIN und Mitarbeitern [260] mit stöchiometrischen Mengen Kobalthydrocarbonyl unter Normalbedingungen umgesetzt (Tab. 15).

Tabelle 15. *Umsetzung konjugiert ungesättigter Aldehyde mit Kobalt-Katalysatoren* [260]

Ausgangsprodukt	Druck (at)	Temp. (°C)	Reaktionsprodukte	Ausb. (%)
Acrolein	1	25	Propionaldehyd	93
Crotonaldehyd	1	25	Butyraldehyd	80
α-Methylcrotonaldehyd	1	25	α-Methylbutyraldehyd	15
Zimtaldehyd	1	25	3-Phenylpropionaldehyd	97

Auch in diesen Fällen trat ausschließlich Hydrierung ein. Die Ursache für das Mißlingen der Hydroformylierung liegt nach M. ORCHIN et al. in der

Ausbildung eines intermediären π-Allyl-analogen Komplexes, der dann nach Schema 2 reagiert (siehe auch das Kapitel über Diene).

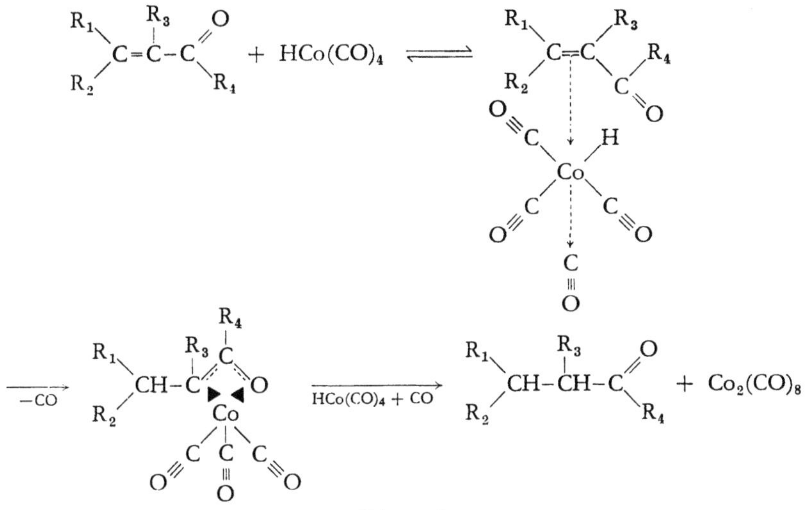

$$\begin{array}{c}R_1\\R_2\end{array}C=\overset{R_3}{\underset{|}{C}}-C\overset{O}{\underset{R_4}{\diagdown}} + HCo(CO)_4 \rightleftharpoons \begin{array}{c}R_1\\R_2\end{array}C=C\overset{R_3}{\underset{C}{\diagdown}}\overset{}{\underset{R_4}{}}$$

Schema 2

Ähnlich wie konjugiert ungesättigte Aldehyde führen auch konjugiert ungesättigte Ketone gemäß obigem Schema zu den gesättigten Ketonen [35] (Tab. 16).

Tabelle 16. *Hydroformylierung konjugiert ungesättigter Ketone*

Ausgangssubstanz	Keton:HCo(CO)$_4$	Reaktionsprodukte	Ausb. (%)	Lit.
$CH_2=CH-CO-CH_3$		$CH_3-CH_2-CO-CH_3$		[24]
$(CH_3)_2C=CH-CO-CH_3$		$(CH_3)_2CH-CH_2-CO-CH_3$		[24]
$CH_2=CH-CO-CH_3$	1 : 1	$CH_3-CH_2-CO-CH_3$	70	[260]
$C_6H_5CH=CH-CO-CH_3$	1 : 1	$C_6H_5-CH_2-CH_2-CO-CH_3$	56	[260]
$(CH_3)_2-C=CH-CO-CH_3$	1 : 1	$(CH_3)_2-CH-CH_2-COCH_3$	24	[260]

Die Hydroformylierung konjugiert ungesättigter Aldehyde und Ketone gelingt in guten Ausbeuten über ihre Acetale (siehe auch das Kapitel über ungesättigte Äther).

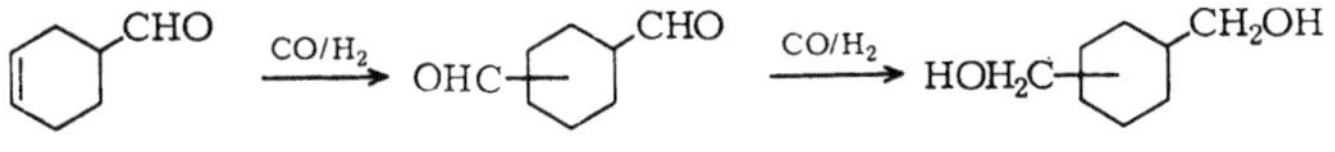

Steht die Doppelbindung jedoch nicht in Konjugation zum Carbonyl-Sauerstoff, so lassen sich gute Ausbeuten an Dialdehyd erhalten. So kann Tetrahydrobenzaldehyd in hohen Ausbeuten zum Dialdehyd bzw. bei höherer Temperatur zum Diol umgesetzt werden [174].

Interessanterweise übt die im Molekül schon vorhandene Formylgruppe trotz ihres Abstandes einen deutlichen Effekt auf die Additionsrichtung des Hydrocarbonyls aus. Es kommt bevorzugt zur Bildung des 1,3-Dialdehyds. Besonders hohe Ausbeuten und größere Anteile an 1,4-Dialdehyd bzw. dem entsprechenden Diol werden mit Rhodium-Katalysatoren erzielt [174].

Das nach DIELS-ALDER [262] aus Acrolein und Cyclopentadien im Verhältnis 6 : 4 entstehende Gemisch von endo- und exo-Bicycloheptenaldehyd [263] wurde in Gegenwart von Rhodium-Katalysatoren hydroformyliert [254].

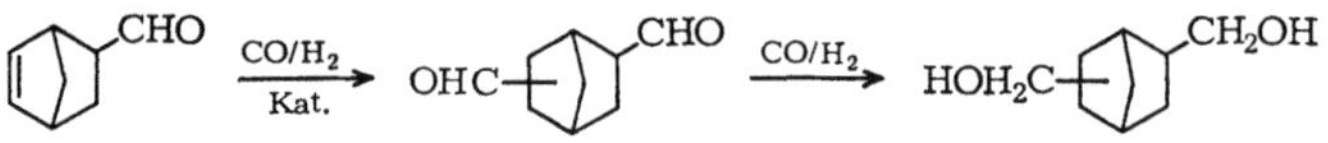

Theoretisch sind zunächst sechs isomere Dialdehyde bzw. bei höherer Temperatur Diole zu erwarten:

exo,exo-2,6-Bis-(hydroxymethyl)-bicyclo-2,2,1-heptan (a),
exo,exo-2,5-Bis-(hydroxymethyl)-bicyclo-2,2,1-heptan (b),
exo,endo-2,6-Bis-(hydroxymethyl)-bicyclo-2,2,1-heptan (c),
exo,endo-2,5-Bis-(hydroxymethyl)-bicyclo-2,2,1-heptan (d),
endo,endo-2,6-Bis-(hydroxymethyl)-bicyclo-2,2,1-heptan (e),
endo,endo-2,5-Bis-(hydroxymethyl)-bicyclo-2,2,1-heptan (f).

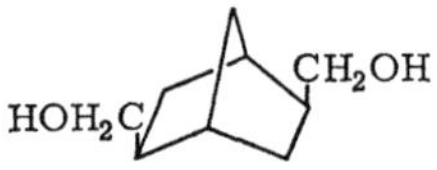

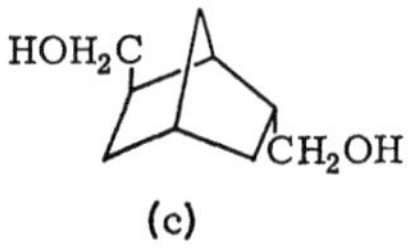

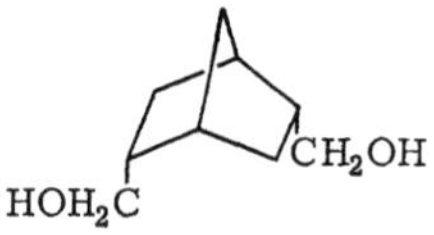

Wie F. STOCKHAUSEN [264] an analogen Beispielen zeigen konnte, tritt die Formylgruppe bei der Hydroformylierung derartiger bicyclischer Moleküle mit Methylen-Brücke nur in exo-Stellung ein. Dadurch fallen die Strukturen (e) und (f) aus, und die Zahl der zu erwartenden Isomeren erniedrigt sich auf vier. Diese Erwartungen wurden durch das Experiment voll bestätigt. Das erhaltene Diolgemisch ließ sich nach seiner Überführung in die Silyläther gaschromatographisch in vier Komponenten zerlegen, die zueinander im Verhältnis 21 : 27 : 34 : 18 stehen.

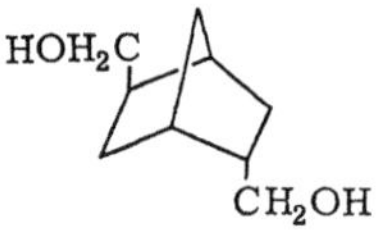

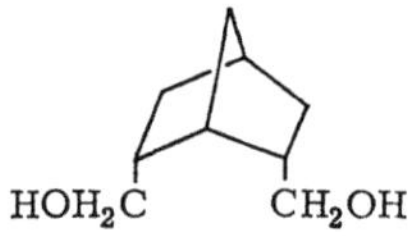

Trennt man die durch DIELS-ALDER erhaltenen Bicycloheptenaldehyde und setzt sie in reiner Form zur Hydroformylierung ein, so werden jeweils nur zwei Isomere erhalten.

6.4. Ungesättigte Ester

Ungesättigte Ester lassen sich meist mit guten Ausbeuten hydroformylieren (Tab. 17). Die Konjugation in α,β-ungesättigten Estern ist weit geringer als in ungesättigten Aldehyden (die Resonanzenergie von Crotonaldehyd ist z. B. um 2,4 Kcal größer als die von Crotonsäureäthylester [7]). So setzen sich auch konjugiert ungesättigte Ester wie Acryl- und Crotonsäureester, im Gegensatz zu Acrolein und Crotonaldehyd, mit Synthesegas zu Aldehydverbindungen um.

Tabelle 17. *Hydroformylierung ungesättigter Ester*

Ausgangsprodukt	Gasgem. CO/H_2	Druck (at)	Temp. (°C)	Reaktionsprodukte	Ausb. %	Lit.
Acrylsäure-methylester	1:1	200	120	β-Formylpropionsäuremethylester	85	[265]
Acrylsäure-äthylester	1:1	200—300	120—125	α- und β-Formylpropionsäure-äthylester	75	[24, 266]
Crotonsäure-äthylester	1:1	200—300	120—125	α-, β- und γ-Formyl-buttersäure-äthylester	71	[24, 266]
Crotonsäure-butylester	1:1	145—210	140	β-Formylbuttersäure-butylester	78	[267]
Undecylensäure-methylester	1:1	200—300	120—125	Formylundecan-säuremethylester	71	[24]
Fumarsäure-diäthylester	1:1	200—300	120—125	Formylbernstein-säurediäthylester	51	[268]
Maleinsäure-diäthylester	1:1	183—218	140—155	Formylbernstein-säurediäthylester	65	[267]
Itaconsäure-diäthylester	1:1	140—210	140	Formylmethyl-bernsteinsäure-diäthylester	56	[267]
Ölsäure-methylester	1:2	600—750	140—145	Mischung Aldehyd-Ester	72	[269-271]

Selbst ungesättigte Ester, in denen die Doppelbindung in Konjugation zu einem weiteren ungesättigten System steht, wie Malein-, Fumar- und Zimtsäureester lassen sich noch hydroformylieren (siehe Tab. 17). Rhodium-Katalysatoren ergeben dabei häufig bessere Ausbeuten als Kobalt-Katalysatoren [175]. Insbesondere bei Zimtsäureester, der mit katalytischen Mengen an Kobalt-Katalysator nur Ausbeuten von 8% an Hydroformylierungsprodukt neben 91% Hydrozimtester ergibt [60] und mit stöchiometrischen Mengen 34% Hydroformylierungsprodukt neben 49% Hydrozimtester liefert, läßt sich in Gegenwart katalytischer Mengen Rhodiumcarbonyl in 73% Ausbeute hydroformylieren [175].

Ebenso wie bei der Hydroformylierung von Olefinen erhält man auch bei unsymmetrischen, ungesättigten Estern Isomerengemische. Anders als bei Olefinen trägt bei α,β-ungesättigten Estern das α-Kohlenstoffatom die höchste negative Ladung. Bei tiefen Temperaturen und hohen Drucken kommt es daher zur Ausbildung von α-Formyl-Verbindungen und bei höheren Temperaturen und niederen Drucken entstehen β-Formylester [*59, 60*].

$$H_2C=CH-COOR + CO/H_2 \diagup^{H_3C-CH-COOR}_{CHO}$$
$$\diagdown OHC-CH_2-CH_2-COOR$$

Versuche mit stöchiometrischen Mengen Kobalthydrocarbonyl und Acrylsäureestern bei 0 °C erbrachten eine Produktverteilung von α : β-Formyl-Produkt = 5 : 1 [*35*].

Abb. 8 zeigt die starke Abhängigkeit der Isomerenverteilung von der Reaktionstemperatur [*60*].

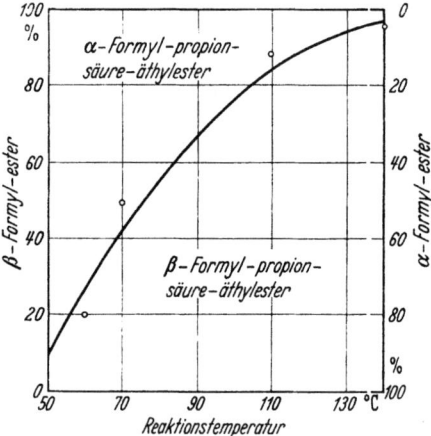

Abb. 8. Prozentuales Verhältnis von β- zu α-Formylpropionsäure-äthylester im Reaktionsgut bei der Hydroformylierung von Acrylester in Abhängigkeit von der Reaktionstemp. Druck 300 at CO/H$_2$ (1 : 1); Lösungsmittel Toluol

Bei längerkettigen, ungesättigten Estern kann es ebenso wie bei Olefinen zu Isomerisierungen nach dem auf Seite 11 beschriebenen Schema kommen. So entstehen aus Crotonsäureestern neben α- und β-Formylbuttersäureestern größere Anteile γ-Formyl-buttersäureester [*59, 60, 61, 266*]. Rhodium-Katalysatoren gestatten bei sonst unveränderten Reaktionsbedingungen höhere Ausbeuten an α-Formyl-Produkten [*175*]. So können z. B. aus Methacrylsäureestern, die bisher mit Kobalt-Katalysatoren bei höheren Temperaturen stets nur β-Formylprodukte lieferten, Ausbeuten von über 80% an α-Formyl-isobuttersäureestern gewonnen werden (s. Tab. 18).

$$H_2C=\underset{CH_3}{\overset{|}{C}}-COOR + CO/H_2 \xrightarrow{Rh-Kat.} \begin{array}{c} CH_3 \\ H_3C-\overset{|}{\underset{|}{C}}-COOR \\ CHO \\ OHC-CH_2-\underset{CH_3}{\overset{|}{CH}}-COOR \end{array}$$

Tabelle 18. *Hydroformylierung von Methacrylsäuremethylester in Gegenwart verschiedener Katalysatoren*

Katalysator	Druck (at)	Temp. (°C)	α-Formyl-Verb. (%)	β-Formyl-Verb. (%)	Isobutter-säureester (%)	Lit.
Kobalt	300	140	—	51	42	[60]
Rhodium	200	165	4	78	10	[175]
Rhodium/Tributyl-phosphin	600	110	94	Spur	Spur	[175]

In diesem Falle werden also, entgegen den Regeln von KEULEMANS, hohe Ausbeuten an Verbindungen mit quaternären C-Atomen gebildet.

Die Hydroformylierung von konjugiert ungesättigten Carbonsäureestern eignet sich ausgezeichnet zur Direktsynthese von Lactonen. Wählt man die Reaktionsbedingungen so, daß wenig α-Formyl-Produkte und viel β- und γ-Formyl-Verbindungen entstehen und die Formylgruppen anschließend zu Alkoholgruppen hydriert werden, so entstehen aus den resultierenden Hydroxyestern spontan γ- oder δ-Lactone in hohen Ausbeuten.

$$RCH_2-CH=CH-COOR \xrightarrow{CO/H_2} \begin{array}{c} RCH_2-\underset{CHO}{\overset{|}{CH}}-CH_2-COOR \xrightarrow{H_2} \\ R-\underset{CHO}{\overset{|}{CH}}-CH_2-CH_2-COOR \xrightarrow{H_2} \end{array}$$

$$RCH_2-\underset{CH_2OH}{\overset{|}{CH}}-CH_2-COOR \xrightarrow{-ROH} \begin{array}{c} RH_2C \\ \diagdown \\ \text{(γ-Lacton)} \end{array}$$

$$R-\underset{CH_2OH}{\overset{|}{CH}}-CH_2-CH_2-COOR \xrightarrow{-ROH} \begin{array}{c} R \\ \text{(δ-Lacton)} \end{array}$$

Analog zur Hydroformylierung von konjugierten Dienen werden auch aus dem zweifach ungesättigten Sorbinsäureester keine Diformyl-, sondern nur Monoformyl-Verbindungen gebildet [60], (s. a. S. 34).

Tabelle 19. *γ- und δ-Lactone aus ungesättigten Carbonsäureestern* [60, 175]
(wenn nicht anders vermerkt, wurde $Co_2(CO)_8$ als Katalysator benutzt)

Ausgangsprodukt	Endprodukt	Ausb. (%)
Acrylsäuremethylester	γ-Butyrolacton	69
Acrylsäureäthylester	γ-Butyrolacton	88
Methacrylsäuremethylester	α-Methyl-γ-butyrolacton	52
Methacrylsäuremethylester	α-Methyl-γ-butyrolacton	78*
Cyclohexencarbonsäure-äthylester	2-Hydroxymethylcyclohexan-carbonsäure-γ-lacton	23
Crotonsäuremethylester	δ-Valerolacton +	72
	β-Methyl-γ-butyrolacton	20
Crotonsäureäthylester	δ-Valerolacton	67
	β-Methyl-γ-butyrolacton	23
Tiglinsäureäthylester	α-Methyl-δ-valerolacton +	31
	α-Äthyl-γ-butyrolacton +	21
	α,β-Dimethyl-γ-butyrolacton	
Vinylessigsäureäthylester	δ-Valerolacton +	52
	β-Methyl-γ-butyrolacton	17
β,β-Dimethylacrylsäure-äthylester	β-Methyl-δ-valerolacton	88
	β,β-Dimethyl-γ-butyrolacton	1
α,β,β-Trimethylacrylsäure-äthylester	α,β-Dimethyl-δ-valerolacton	55
	α-Isopropyl-γ-butyrolacton	31
Dimethyl-vinylessigsäure-äthylester	α,α-Dimethyl-δ-valerolacton	93
	α,α,β-Trimethyl-γ-butyrolacton	1
Sorbinsäureäthylester	β-Propyl-γ-butyrolacton +	33
	γ-Äthyl-δ-valerolacton	49
Zimtsäureäthylester	β-Phenyl-γ-butyrolacton	8,5
Zimtsäureäthylester (stöchiometr. Mengen Kobalt-Katalysator)	β-Phenyl-γ-butyrolacton	34
Zimtsäureäthylester	β-Phenyl-γ-butyrolacton	73*
Fumarsäurediäthylester	β-Carbäthoxy-γ-butyrolacton	49
Maleinsäurediäthylester	β-Carbäthoxy-γ-butyrolacton	47

*Rh-Katalysator.

Ester mit ungesättigter Alkoholkomponente reagieren meist glatt mit Synthesegas: Vinylessigester ergibt 30% α-Acetoxypropionaldehyd neben 22% β-Acetoxypropionaldehyd [24], Allylacetat liefert 75% d. Th. γ-Acetoxybutyraldehyd [24]. Unter bestimmten Reaktionsbedingungen kann es zur Abspaltung der Carbonsäure aus der gebildeten Aldehydverbindung und somit zur Bildung ungesättigter Aldehyde kommen [272].

$$H_2C=CH-O-\underset{\underset{O}{\|}}{C}-R + CO/H_2 \longrightarrow H_3C-\underset{\underset{}{|}}{\overset{CHO}{C}H}-O-\underset{\underset{O}{\|}}{C}-R$$

$$\longrightarrow H_2C=CH-CHO + RCOOH$$

6.5. Ungesättigte Nitrile

Konjugiert und nicht-konjugiert ungesättigte Nitrile sind der Hydroformylierung ebenfalls zugänglich. Es finden sich in der Literatur jedoch bisher nur wenige Beispiele. Ausführlich wurde nur Acrylnitril untersucht (Tab. 20). Der Eintritt der Aldehydgruppe vollzieht sich hier vorzugsweise in β-Stellung. Die Reaktion ist stark lösungsmittelabhängig und häufig von Nebenreaktionen begleitet. Als Nebenprodukte wurden gefaßt: Propionitril, Acrolein, Propylamin und Ammoniak.

Tabelle 20. *Hydroformylierung von Acrylnitril*

CO/H$_2$ Verh.	Druck (at)	Temp. (°C)	Reaktionsprodukte	Ausb. (%)	Lit.
	900	150	in CH$_3$OH	β-Cyanopropionaldehyd-diacetal	75	[273, 274]
1:1	200	120–130	in (CH$_3$)$_2$CO 1 Mol-% Co$_2$(CO)$_8$	OHC–CH$_2$–CH$_2$–CN Nebenprodukte: CH$_3$–CH$_2$–CN CH$_3$–CH$_2$–CHO HO(CH$_2$)$_3$–CN C$_3$H$_7$–NH$_2$, NH$_3$	82	[274, 275, 786]
1:1	550	100		OHC–CH$_2$–CH$_2$–CN	86	[276]
1:1	220	70–100	Lsg.-mittel: Paraffine, Aromaten, Alkohole, Glykole	OHC–CH$_2$–CH$_2$–CN	57	[277]

Allylcyanid reagiert in 36% Ausbeute zu γ-Cyanobutyraldehyd [220, 269, 271]. 5-Cyano-2-methyl-penten-1 ergibt bei 150 bis 170 °C und 700 at CO/H$_2$ (1:1) 45% d. Th. 6-Cyano-3-methyl-hexanal neben Spuren an 5-Cyano-2,2-dimethyl-pentanal-1 und bei 239 bis 260 °C, 700 at CO/H$_2$ (1:1) 36% d. Th. 6-Cyano-3-methyl-hexanol [278].

NC-(CH$_2$)$_3$-C=CH$_2$ ⟶   NC-(CH$_2$)$_3$-CH-CH$_2$-CHO
         | |
        CH$_3$ CH$_3$

↓   ↓

        CH$_3$
         |
NC-(CH$_2$)$_3$-C-CHO   (Spuren)   NC-(CH$_2$)$_3$-CH-CH$_2$-CH$_2$OH
         | |
        CH$_3$ CH$_3$

6.6. Ungesättigte Alkohole

Ungesättigte Alkohole vom Typ des Allylalkohols sind verschiedentlich hydroformyliert worden [24, 29, 205, 279]; Allylalkohol reagiert zu γ-Hydroxybutyraldehyd und β-Hydroxyisobutyraldehyd:

HO-CH$_2$-CH=CH$_2$ + CO/H$_2$ ⟶ HO-CH$_2$-CH$_2$-CH$_2$-CHO

                                                    ↘

                                                       HO-CH$_2$-CH-CHO
                                                                            |
                                                                           CH$_3$

Die Ausbeuten übersteigen jedoch 30% nicht, da zahlreiche Nebenreaktionen ablaufen. Besonders hinderlich kann die Isomerisierung des Ausgangsproduktes zu Propionaldehyd sein [280].

HO-CH$_2$-CH=CH$_2$ ⟶ HO-CH=CH-CH$_3$ ⟶ OHC-CH$_2$-CH$_3$

Ungesättigte Alkohole, in denen die Kohlenstoffdoppelbindung weiter von der Hydroxylgruppe entfernt ist, lassen sich in guten Ausbeuten umsetzen. Besonders ausführlich wurde die Reaktion von Tetrahydrobenzylalkohol mit Synthesegas untersucht [174].

Es wird bei Reaktion in Methanol bei Reaktionstemperaturen von 180 °C ein Gemisch von cis- und trans-1,3- und 1,4-Bis-(hydroxymethyl)-cyclohexan (52 : 48) in einer Ausbeute von 70% erhalten. 11% des Ausgangsproduktes werden zu Hexahydrobenzylalkohol hydriert.

Führt man die Reaktion unterhalb 150 °C aus, so können die Isomeren teilweise getrennt werden, da die cis-Verbindungen unter den Reaktionsbedingungen zu cyclischen Acetalen reagieren, während die trans-Verbindungen unverändert als Hydroxyaldehyde vorliegen; bei höheren Temperaturen werden die Acetalgruppierungen wieder gespalten.

Hydroformylierung spezieller Verbindungen

Die Hydroformylierung eines ungesättigten Alkohols mit sterisch stark abgeschirmter Kohlenstoffdoppelbindung beschrieben D. C. HULL et al. [*281*].

Wie erwartet, tritt die Formylgruppe hierbei an das C-Atom 5 (siehe die Ausführungen über Olefine Seite 31).

$$HO-CH_2-\underset{\underset{CH_3}{|}}{\overset{\overset{CH_3}{|}}{C}}-CH=\underset{\underset{CH_3}{|}}{\overset{\overset{CH_3}{|}}{C}} \xrightarrow{CO/H_2} HO-CH_2-\underset{\underset{CH_3}{|}}{\overset{\overset{CH_3}{|}}{C}}-CH_2-\underset{\underset{CH_3}{|}}{\overset{\overset{CH_2-CH_2OH}{|}}{C}}-H$$

6.7. Ungesättigte Äther und ungesättigte Acetale

Die Hydroformylierung ungesättigter Äther ist schon relativ lange bekannt, wurde jedoch erst in jüngster Zeit systematisch untersucht.

In Vinyläthern tritt die Formylgruppe bei der Hydroformylierung unter Standardbedingungen (125 °C/200–300 at) an das α-C-Atom. So liefert Butylvinyläther α-n-Butoxypropionaldehyd (31% d. Th) [*24*].

$$H_2C=CH-O-C_4H_9 \xrightarrow{CO/H_2} H_3C-\underset{\underset{CHO}{|}}{CH}-O-C_4H_9$$

Der elektronensaugende Einfluß des Äthersauerstoffs macht sich noch über eine Methylen-Gruppe hinaus bemerkbar. So werden aus Äthylallyläther [24] 30% β-Äthoxy-isobutyraldehyd und nur 4% γ-Äthoxy-n-butyraldehyd gebildet. Das zusätzlich isolierte Methacrolein (6%) dürfte durch Alkoholabspaltung aus β-Äthoxy-n-butyraldehyd entstanden sein.

$$H_2C=CH-CH_2-O-C_2H_5 \xrightarrow{CO/H_2} H_3C-\underset{\underset{CHO}{|}}{\overset{\overset{CHO}{|}}{CH}}-CH_2-O-C_2H_5$$

$$\downarrow CO/H_2 \qquad\qquad \downarrow -C_2H_5OH$$

$$OHC-CH_2-CH_2-CH_2-O-C_2H_5 \qquad H_3C-\underset{\underset{CHO}{|}}{C}=CH_2$$

Bei höheren Temperaturen können in Analogie zu den mit ungesättigten Estern erhaltenen Resultaten aus Vinyläthern auch unverzweigte Aldehyde erhalten werden.

So isolierten GRESHAM und BROOKS nach der Hydroformylierung von Methylvinyläther bei 160 bis 175°C β-Methoxypropionaldehyd [282]. Eine Reihe leicht zugänglicher Dihydropyrane gestattete systematische Studien [283]. Auch im Dihydropyran tritt die Formylgruppe bevorzugt an das C-Atom 2 [283–286].

Ist die 2-Stellung alkylsubstituiert, tritt unter den gleichen Bedingungen die Formylgruppe fast ausschließlich an das C-Atom 3.

Der 6-Methyl-5,6-dihydro-4H-pyrancarbonsäure-(2)-methylester reagiert bei hohen Temperaturen analog. Teile des Ausgangsproduktes werden hydriert.

Hydroformylierung spezieller Verbindungen

Ungesättigte Acetale reagieren weitgehend so wie ungesättigte Äther [287, 288].

$$H_3C-CH=CH-\underset{OC_2H_5}{\overset{OC_2H_5}{\mid}}CH \xrightarrow{CO/H_2} H_3C-\underset{CHO}{\overset{}{\mid}}CH-CH_2-\underset{OC_2H_5}{\overset{OC_2H_5}{\mid}}CH$$

$$H_2C=CH-C\underset{O-CH-CH_3}{\overset{O-CH-CH_3}{<}} \xrightarrow{CO/H_2} H_2C-\underset{CHO}{\overset{}{\mid}}CH-C\underset{O-CH-CH_3}{\overset{O-CH-CH_3}{<}} \quad [205]$$

und bieten somit eine Möglichkeit, auch die der Hydroformylierungsreaktion nicht zugänglichen ungesättigten Aldehyde und Ketone in Formylprodukte zu überführen (siehe auch Kapitel über ungesättigte Aldehyde und Ketone).

6.8. Ungesättigte Halogenverbindungen

Lange Zeit hielt man ungesättigte Halogenverbindungen nicht für hydroformylierbar. Es wurde berichtet, daß sie durch die Kobalt-Katalysatoren enthalogeniert würden und meist auch eine Hydroformylierung der

Tabelle 21. *Hydroformylierung ungesättigter Halogenverbindungen*

Ausgangsprodukt	Reaktionsprodukte	Ausb. (%)	Lit.
p-Cl-C_6H_4OCH_2CH=CH_2	Aldehyde	11	[289]
Hexafluorpropylen	Hexafluorpropan, Alkohole, Aldehyde	50/40 5-8	[290]
Vinylchlorid	α-Monochlorpropionaldehyd Acrolein Propionaldehyd, Äthylchlorid	85-90 10 3	[291]
1,1-Dichloräthylen*	Dichloräthan, α-Monochlorpropionaldehyd, α-Chloracrolein		[291]

* Reaktion mit stöchiometrischen Mengen HCo(CO)$_4$ bei −15 °C durchgeführt.

Folgeprodukte unterbliebe. In neuerer Zeit wurden jedoch einige Halogenprodukte gefunden, die sich mit Synthesegas umsetzen lassen. Es sind durchweg Verbindungen, in denen das Halogen relativ fest gebunden ist: aromatische Chlorverbindungen [*289*], perfluorierte Olefine [*290*] oder Verbindungen mit vinyl-ständigem Chlor [*291, 292*] (Tab. 21).

6.9. Acetylene

Acetylene eignen sich weit weniger zur Hydroformylierung als Olefine. In der Literatur finden sich nur wenige Beispiele. O. ROELEN berichtet [23], daß sich Acetylen mit Synthesegas an Kobaltkontakten schon bei niederen Drucken umsetzen läßt (10 at, 140 bis 150 °C); in der Primärreaktion soll Acrolein entstehen.

GREENFIELD et al. [*293*] konnten bei der Reaktion von Acetylen mit Kobalthydrocarbonyl bei Raumtemperatur Propionaldehyd nachweisen. Bei der Reaktion von Pentin-1 mit Synthesegas erhielten sie 6% n-Hexanal und 5,5% 2-Methylpentanal-1. Dagegen schlugen Versuche, Phenylacetylen [24] zu hydroformylieren, fehl. Auch Diphenylacetylen wurde nur hydriert und ergab 1,2-Diphenyläthan und cis-Stilben. Die Hydroformylierung von Acetylen gelingt auch mit Rhodium-Katalysatoren, aber nur mit mäßigen Ausbeuten. Hexin-1 reagiert in Gegenwart von $(Ph_3P)RhCl_2$ in Äthanol/Benzol bei 110 °C und 120 at $H_2/CO = 1:4$ in einer Gesamtausbeute von 15% zu einem äquimolaren Gemisch von n-Heptanal und 2-Methylhexanal [*294*].

6.10. Aromaten und Heterocyclen

Die Doppelbindung in aromatischen Kohlenwasserstoffen läßt sich nicht hydroformylieren. So können aromatische Kohlenwasserstoffe wie Benzol, Toluol und Xylol selbst bei extremen Bedingungen als Lösungsmittel für die Hydroformylierungsreaktion benutzt werden, ohne selbst zu reagieren.

Heterocyclen mit aromatischem Charakter stehen in ihrem Verhalten zwischen Dienen und den aromatischen Kohlenwasserstoffen. Bei drastischen Bedingungen werden Thiophen und Derivate zu Tetrahydrothiophenen [*295*] und Pyridine zu Piperidinen hydriert. Die gebildeten Piperidine reagieren mit Kohlenmonoxyd zu N-Formylpiperidinen [*295*], danach tritt teilweise Ringöffnung ein, und es wird eine Vielzahl von Produkten gebildet. Furan und 2,5-Dimethylfuran lassen sich hydroformylieren und ergeben 2-Tetrahydrofurfurylalkohol bzw. 2,5-Dimethyl-3-tetrahydrofurfurylalkohol. Sie verhalten sich in der Hydroformylierung wie Diene. Die Addition folgt den gleichen Gesetzmäßigkeiten, wie sie schon für Dihydropyrane im Kapitel über ungesättigte Äther beschrieben wurde.

$$\underset{O}{\triangle} \xrightarrow{CO/H_2} \underset{O}{\square}\text{CHO} \xrightarrow{CO/H_2} \underset{O}{\square}\text{CH}_2\text{OH}$$

$$H_3C\underset{O}{\square}CH_3 \xrightarrow{CO/H_2} H_3C\underset{O}{\overset{CHO}{\square}}CH_3 \xrightarrow{CO/H_2} H_3C\underset{O}{\overset{CH_2OH}{\square}}CH_3$$

6.11. Epoxyde

In der Literatur werden verschiedene Beispiele für die Reaktion von Epoxyden mit Synthesegas beschrieben [34, 35, 225, 296–298]. R. F. Heck konnte durch stöchiometrische Reaktion bei Normalbedingungen zeigen, daß auch diese Reaktion über Acylkobaltcarbonyle verläuft [301].

$$H_2C\overset{O}{\triangle}CH_2 + HCo(CO)_4 \longrightarrow HOCH_2-CH_2-Co(CO)_4$$
$$HOCH_2-CH_2-Co(CO)_4 + CO \longrightarrow HOCH_2-CH_2-CO-Co(CO)_4$$

Die Acylkobaltcarbonyle werden mit großer Wahrscheinlichkeit, analog dem für die Olefine beschriebenen Mechanismus, dann zu Aldehyden und Kobalthydrocarbonyl hydriert. Wie Yokokawa et al. [298] fanden, hängt die Ausbeute stark von der Reaktionstemperatur ab. Bei hohen Temperaturen (vgl. Tab. 22) tritt häufig die Isomerisierung der Epoxyde zu den entsprechenden Ketonen und Aldehyden in den Vordergrund. Weiterhin werden vielfach große Anteile polymerer Reaktionsprodukte erhalten.

Tabelle 22 [302]. *Hydroformylierung von Propylenoxyd*
Katalysator: $Co_2(CO)_8$, CO/H_2 (1 : 1), 150–160 at

Produktzusammensetzung (Mol/100 Mol Propylenoxyd)	115–120 °C	90–95 °C
Aceton	51,0	6,4
Isobutyraldehyd	5,1	1,2
Methacrolein	Spuren	0,8
n-Butyraldehyd	16,4	1,4
Isobutanol	1,5	Spuren
Crotonaldehyd	Spuren	5,4
n-Butanol	2,3	Spuren
β-Hydroxy-isobutyraldehyd	Spuren	–
β-Hydroxy-n-butyraldehyd	3,3	56,0

Hauptreaktionsprodukte sind normalerweise die β-Hydroxyaldehyde. Bei schärferen Bedingungen entstehen aus ihnen durch Wasserabspaltung die ungesättigten Aldehyde, die unter den Bedingungen der Hydroformylierung zu gesättigten Aldehyden hydriert werden können.

Die Hydroformylierung von Äthylenoxyd gibt nur sehr geringe Ausbeuten an Acrolein, was in Anbetracht der außergewöhnlichen Reaktivität von Ausgangs- und Endprodukt nicht verwunderlich erscheint; in der Hauptsache werden harzige Produkte erhalten. Die Reaktion von Äthylenoxyd, Propylenoxyd, Cyclohexenoxyd, Styroloxyd und Epichlorhydrin wurden von TAKEGAMI et al. [297] auch bei Normalbedingungen studiert. Sie wiesen nach, daß allgemein innenständige und konjugierte Olefinoxyde reaktiver sind als endständige, und stellten folgende Reaktivitätsreihe auf: Cyclohexenoxyd (ca. 5) > Styroloxyd > Propylenoxyd (1) > Äthylenoxyd ≫ Epichlorhydrin (1/20–1/10) (die Zahlen geben die relativen Reaktivitäten an).

Aus den Versuchen von TAKEGAMI et al. und von HECK muß gefolgert werden, daß Kobalthydrocarbonyl Epoxyden gegenüber aus der Säureform reagiert. Die Reaktion von Epoxy-Verbindungen soll durch Zusätze kleiner Mengen an Alkoholen, Ketonen, Äthern und Estern [303] sowie auch durch Kupferoxyd oder -halogenid, Silberoxyd und Aluminiumchlorid beschleunigt werden [304].

ORCHIN et al. [305] zeigten kürzlich, daß die Reaktion von Cyclohexenoxyd bei Normalbedingungen mit katalytischen Mengen Kobalthydrocarbonyl an Stelle des monomeren Hexahydro-salicylaldehyds sein Dimeres, ein cyclisches Hemiacetal, liefert.

6.12. Gesättigte Alkohole (Homologisierung)

Auch gesättigte Alkohole können hydroformyliert werden. Es entstehen aus ihnen die um eine CH_2-Gruppe reicheren Aldehyde bzw. Alkohole [306, 307]. Die Reaktion wurde deshalb auch „Homologisierung" genannt [308]. Die Reaktionsfähigkeit der Alkohole nimmt in der Reihenfolge tert., sek., primäre ab. Besonders leicht reagiert Benzylalkohol.

Auch Acetale von Aldehyden sind dieser Reaktion zugänglich. So entsteht z. B. aus Formaldehyddimethylacetal ein Gemisch von Glykolmonomethyläther und Methoxyacetaldehyd-dimethylacetal [309, 310].

Tabelle 23 [*311*]. *Hydroformylierung von Alkoholen*

Alkohol	Reaktionsprodukte	Lit.
Methanol	Acetaldehyd, Propionaldehyd, Essigsäuremethylester	[*312*]
	39% Äthanol, 5% Propanol, 1% Butanol, 9% Essigsäuremethylester, 6,3% Essigsäureäthylester, 8,5% Methan	[*227, 314*]
Äthanol	n- und iso-Butanol, n- und iso-Amyl-Alkohol	[*308, 314*]
Propanol-1	11% n- und iso-Butanol	[*308*]
tert.-Butanol	51% Isovaleraldehyd, 10% Pivalaldehyd	[*315, 316*]
	60% Isoamylalkohol, 4% Neopentylalkohol, 26% Höhersieder	[*230, 308, 314*]
Cyclohexanol	44% Cyclohexylcarbinol	[*314*]
Pinacol	26% 3,4-Dimethylpentanol, 17% Pinacolon, 4% Pinacolylalkohol	[*317*]
Benzylalkohol	32% 2-Phenyläthanol, 63% Toluol	[*318*]
p-Methylbenzylalkohol	24% 2-(p-Methylphenyl)-äthanol, 58% p-Xylol	[*318*]
m-Methylbenzylalkohol	36% 2-(m-Methylphenyl)-äthanol, 52% m-Xylol	[*318*]
p-tert.-Butylbenzylalkohol	28% 2-(p-tert.-Butylphenyl)-äthanol, 54% p-tert.-Butyltoluol	[*318*]
2,4,6-Trimethylbenzylalkohol	18% 2-(2,4,6-Trimethylphenyl)-äthanol 58% 1,2,3,5-Tetramethylbenzol	[*318*]
p-Hydroxymethylbenzylalkohol	39% 2-(p-Methylphenyl)-äthanol 12% p,p'-Phenylen-β,β'-diäthanol 27% p-Xylol	[*318*]
p-Methoxy-benzylalkohol	44% 2-(p-Methoxyphenyl)-äthanol 16% p-Methoxytoluol	[*318*]
m-Methoxybenzylalkohol	2% 2-(m-Methoxyphenyl)-äthanol 23% m-Methoxytoluol	[*318*]
p-Chlorbenzylalkohol	16% 2-(p-Chlorphenyl)-äthanol 41% p-Chlortoluol	[*318*]
m-Trifluormethylbenzylalkohol	5% m-Methylbenzotrifluorid	[*318*]
p-Carbäthoxybenzylalkohol	27% p-Methylbenzoesäureäthylester	[*318*]
p-Nitrobenzylalkohol	polymerer p-Aminobenzylalkohol	[*318*]

Viele Anzeichen sprechen dafür, daß in der Homologisierungsreaktion Kobalthydrocarbonyl aus der Säureform heraus reagiert und aus dem Alkohol zunächst durch Verlust einer OH-Gruppe Carbonium-Ionen gebildet werden. Diese Annahme wird gestützt durch die Untersuchungen von I. WENDER et al. [*318*], die die Reaktionsgeschwindigkeit verschieden substituierter Benzylalkohole studierten und zeigen konnten, daß Substituenten, die in der Lage sind, das Carbonium-Ion durch Resonanz zu stabilisieren, die Reaktionsgeschwindigkeit des Benzylalkohols erheblich steigern.

Tabelle 24 [*10*]. *Relative Reaktionsgeschwindigkeit substituierter Benzylalkohole*

Substituent	Zeit[a] (Min.)	Temp.[b] (°C)	relat. Reaktionsgeschw.[c]
p-Methoxy	6	92	$1 \cdot 10^4$
p-Methyl	44	166	$2 \cdot 10^2$
m-Methyl	67	188	$5 \cdot 10^1$
p-tert.-Butyl	67	188	$5 \cdot 10^1$
Wasserstoff	82	190	1
p-Chlor	109	190	0,8
p-Carbäthoxy[d]	231	190	0,4
m-Methoxy[d]	254	190	0,3
m-Trifluormethyl	10000[e]	190	0,01

[a] Zeit um 1 Mol Gas/Mol Ausgangsalkohol bei 80 °C zu absorbieren.

[b] Temp. nach dem Zeitintervall aus Spalte 2. Die letzten 4 Alkohole begannen bei 190 °C zu reagieren. Benzylalkohol nahm bei 180 °C langsam Gas auf.

[c] unter der Annahme, daß sich die Reaktionsgeschwindigkeit bei je 10 °C Temperaturerhöhung verdoppelt. Diese Spalte zeigt das Verhältnis der Zeit an, die notwendig ist, um 1 Mol Gas pro Mol Benzylalkohol bei 190 °C aufzunehmen gegenüber der Zeit, die der substituierte Benzylalkohol bei 190 °C benötigt.

[d] die Geschwindigkeitszahlen für p-Carbäthoxy- und für m-Methoxybenzyl-Alkohol stehen für 0,35 Mol-Ansätze und können deswegen nicht genau mit den anderen Daten von 0,6 Mol-Ansätzen verglichen werden.

[e] Nur 5% des Alkohols reagierte in 5 Stdn., und es würde wahrscheinlich mehrere Tage dauern, bis 1 Mol-Äquivalent Gas aufgenommen wird.

Entsprechend erhöht sich auch die Ausbeute an Homologisierungsalkohol gegenüber dem Hydrierungsprodukt, das meist als Nebenprodukt entsteht.

$$H_3CO-\langle\rangle-\underset{O}{\overset{\|}{C}}-CH_3 \longrightarrow H_3CO-\langle\rangle-CHOH-CH_3 \longrightarrow$$

$$H_3CO-\langle\rangle-\underset{CH_2OH}{\overset{|}{CH}}-CH_3$$

Auch bestimmte aromatische Ketone können homologisiert werden. So reagiert p-Methoxyacetophenon zu 2-(p-Methoxyphenyl)-propanol-1. Es muß angenommen werden, daß das Keton zunächst hydriert und dann homologisiert wird.

Tabelle 25 [10]. *Reaktion substituierter Benzylalkohole mit Synthesegas* $(CO/H_2 = 1:2)$ [a]

Substituent	Kohlenwasser-stoff (A) (%)	Homologisierungs-alkohol (B) (%)	$\frac{\% (B)}{\% (A)}$	Zurückgew. Ausgangsprod. (%)	Andere Produkte
p-Methoxy	16	44	2,8	0	ca. 34% hochsiedende Polymere, vermutlich Aldol von p-Methoxyphenylacetaldehyd
p-Hydroxymethyl	27	39, 12	1,4	0	
p-Methyl	58	24	0,4	0	8% hochsiedende Polymere, vermutlich Aldol[b]
m-Methyl	52	36	0,7	0	1–2% m-Methylbenzaldehyd
p-tert.-Butyl	54	28	0,5	0	1% p-tert. Butylbenzaldehyd
Benzyl	63	31	0,5	0	
2,4,6-Trimethyl	58	18	0,3	0	
p-Chlor	41	16	0,4	31	4% p-Chlorbenzaldehyd
m-Methoxy	23	ca. 2	0,1	56	4% m-Methoxybenzaldehyd
m-Trifluormethyl	5			78	4% m-Trifluormethylbenzaldehyd
p-Carbäthoxy	27				Hochsiedende Produkte
p-Nitro				44	Polymere von p-Aminobenzylalkohol

[a] Anfangsdruck CO/H_2 (1:2) 245 at, max. Rkt.-Zeit: 5 Stdn. bei 185–190 °C.
[b] dieses Produkt wurde der Ausbeute an Homologisierungsalkohol in Reihe (2) zugeschlagen.
[c] diese Ausbeute bezieht sich auf den dihomologisierten Alkohol, p,p′-Phenylen-β,β′-diäthanol.

7. Aldolkondensation während der Hydroformylierung

Die bei der Hydroformylierung von Olefinen entstehenden Aldehyde gehen als Folgereaktion in geringem Umfange (meist unerwünschte) Aldolkondensationen ein.

Es gibt jedoch Fälle, in denen derartige Aldolkondensationen erwünscht sind. So ist das durch Aldolkondensation von Butyraldehyd mit nachfolgender Hydrierung darstellbare 2-Äthylhexanol ein bevorzugter Weichmacheralkohol geworden, dessen Jahresproduktion hunderttausende von Tonnen beträgt. Er und seine Homologen können in Ein- oder Zweistufenprozessen bei der Hydroformylierung direkt hergestellt werden, indem man den Reaktionspartnern der Hydroformylierung Katalysatoren zusetzt, die die Aldolkondensation fördern. Es kommen hier vorzugsweise alkalische Substanzen in Frage. Tabelle 26 zeigt, wie ein Zusatz von $Mg(OCH_3)_2$ bei der Hydroformylierung die Bildung von dimerem Produkt steigern kann.

Tabelle 26 [*319*]. *Bildung von 2-Äthylhexanal bei der Hydroformylierung von Propen* CO/H_2 (1 : 1), 200 atm Rkt.-Temp. 150 °C

Katalysator	Reaktionszeit (min)		
	20	40	60
$Co_2(CO)_8$	10%*)	17%	22%
$Co_2(CO)_8 + Mg(OCH_3)_2$	43%	53%	60%

* Gew.-% C_8-Aldehyd im Produkt.

Tabelle 27 zeigt den Einfluß von Magnesiummethylat/Pyridin und Eisenpentacarbonyl auf die Bildung von 2-Äthylhexanol-1 bei der Hydroformylierung von Propylen mit Kobalt-Katalysatoren.

$$H_3C-CH=CH_2 + CO/H_2 \xrightarrow[\text{Hydrof.-Kat.}]{150\,°C} H_3C-CH_2-CH_2-CHO \quad (1)$$

$$2\,H_3C-CH_2-CH_2-CHO \xrightarrow[\text{Kond.-Kat.}]{150\,°C} H_3C-CH_2-CH_2-CH=\underset{\underset{C_2H_5}{|}}{C}-CHO + H_2O \quad (2)$$

$$H_3C-CH_2-CH_2-CH=\underset{\underset{C_2H_5}{|}}{C}-CHO + H_2 \xrightarrow[\text{Hydroformyl.-Kat.}]{200\,°C}$$

$$H_3C-CH_2-CH_2-CH_2-\underset{\underset{C_2H_5}{|}}{CH}-CHO \quad (3)$$

Auf diese Weise werden also mehr als zwei Drittel des gebildeten n-Butyraldehyds direkt in 2-Äthylhexanol überführt.

Tabelle 27 [319]. *2-Äthylhexanol-1 durch Hydroformylierung von Propylen in Gegenwart von Dikobaltoctacarbonyl mit Katalysatorzusätzen*

Eingesetzt wurden: 0,2 ± 0,01 Mol C$_3$H$_6$, 0,068 Mol n-C$_3$H$_7$CHO und 0,4 mMol Co$_2$(CO)$_8$ neben dem Zusatzkatalysator
Hydroformylierungsstufe: 150 °C, 200 at CO/H$_2$ = 1:2. Hydrierungsstufe: 200 °C, 200–217 at

Katalysator			k	C$_3$H$_7$CHO		C$_4$H$_9$OH		Produktzusammensetzung (%) C$_7$H$_{13}$CHO	C$_7$H$_{15}$CHO	2-Äthyl-4-methyl-pentanol	2-Äthyl-hexanol	Rück-stand
Mg(OCH$_3$)$_2$	Pyridin	Fe(CO)$_5$	10^{-2}min^{-1}	n	iso	n	iso					
0,8	3,0	—	3,1	7,3	22,4	3,6	0,9	17,6	25,8	0	0	22,4
0,8	3,0	0,4	—	3,3	1,6	20,6	24,1	—	3,5	1,9	27,6	17,4
0,8	3,0	0,8	2,9	2,3	1,6	17,5	23,3	—	4,5	2,3	29,9	18,6
0,8	3,0	1,6	—	1,3	1,0	20,0	25,3	—	3,0	2,3	28,8	18,3
0,8	3,0	3,0	3,2	2,2	1,8	16,5	21,1	—	2,2	2,9	29,5	23,8
0,8	—	0,8	16,4	2,2	0,4	28,2	23,2	—	—	1,9	21,0	23,1
0,8	1,0	0,8	8,3	2,9	1,0	24,9	23,6	—	3,2	2,2	22,3	19,9
0,8	2,0	0,8	5,5	2,4	0,6	23,1	23,4	—	2,1	2,7	29,4	16,3
0,8	4,0	0,8	3,3	2,0	2,5	14,2	22,7	—	5,9	3,5	28,5	20,7
1,2	4,0	0,8	3,0	3,2	3,5	15,6	25,3	—	5,7	3,7	35,3	7,7
1,6	4,0	0,8	4,9	3,2	1,1	15,8	27,2	—	2,7	3,5	40,1	7,4

Das geschilderte Verfahren hat unter Verwendung von Kondensationsbeschleunigern, zu denen auch die Verbindungen des Zn, Sn, Ti, Zr, Hf, Th, Pb, Cd, Hg, Al und Cu zählen, unter dem Namen ALDOX-Verfahren, Eingang in die Technik gefunden (Esso) [709, 715–717, 757, 758, 782–785]. Auch Shell produziert nach einem ähnlichen Prinzip und benutzt KOH als Kondensationsmittel [707].

8. Keton-Bildung unter Hydroformylierungsbedingungen

Die Hydroformylierung wird oft von Folge- und Nebenreaktionen begleitet. Als Folgereaktionen werden neben der schon erwähnten Aldolkondensation und den Acetalbildungen manchmal auch Tischtschenko-Reaktionen sowie Oligo- oder Polymerisationen beobachtet. Die Hydrierung der Aldehyde zu Alkoholen unter Hydroformylierungsbedingungen wird noch ausführlich besprochen.

Tabelle 28 [270]. *Einfluß des Druckes und des Verhältnisses H_2 zu CO/C_2H_4 auf die Hydroformylierung von Äthylen*

Ansatz $H_2 : CO : C_2H_4$	Druck (at)	Rkt.-Zeit (min)	Temp. (°C)	Umsatz (%)	% Propionaldehyd im fl. Austrag	% Diäthylketon im fl. Austrag
1 : 1 : 1	125	6,8	140–150	70,0	50,0	22,0
4 : 1 : 1	500	0,5	140–150	33,5	95,5	–
1 : 1 : 1	500	0,5	140–150	34,0	92,0	–
2 : 1 : 1	700	0,6	140–150	63,0	91,0	–

Von den Nebenreaktionen der Hydroformylierung wurde die Hydrierung der Olefine zu Paraffinen schon erwähnt. Häufig wird, besonders bei höheren Temperaturen, auch Bildung von Ameisensäureestern beobachtet (s. das nächste Kapitel).

Ketonbildung als weitere Nebenreaktion wurde schon bei der Entdeckung der Hydroformylierung durch O. ROELEN am Beispiel des Äthylens bemerkt. Die Umsetzung von Olefinen mit Synthesegas erhielt daher zunächst den Namen *Oxo-Reaktion*. Es zeigte sich jedoch später, daß andere Olefine weit weniger zur Ketonbildung neigen und zudem spezielle Bedingungen eingehalten werden müssen, um brauchbare Ketonausbeuten zu erzielen.

Einen besonderen Einfluß üben der Gesamtdruck (vgl. Tab. 28) und das Verhältnis Olefin zu Kohlenmonoxyd und Wasserstoff aus (Tab. 29).

Keton-Bildung unter Hydroformylierungsbedingungen

Tabelle 29 [*321*]. *Ausbeute an Diäthylketon in Abhängigkeit vom Verhältnis $C_2H_4/CO/H_2$*
Kobalt-Katalysator auf Trägermaterial, 65,5 °C, 21 at, Festbettumsatz

Mol-Verhältnis			g Flüssigk. Ausb./m³	% Diäthylketon im fl. Prod.	% Propanal im fl. Prod.	Umsatz* (%)
C_2H_4	CO	H_2				
1,0	1,0	1,1	430	24	16	16
1,5	1,0	1,0	555	53	5	35
2,4	1,0	1,1	635	78	3	57
3,8	1,0	1,0	460	80	2	57
5,7	1,0	0,9	267	82	2	48
1,0	1,0	1,9	495	20	22	19
1,8	1,0	1,8	646	42	11	33
2,9	1,0	2,1	524	62	9	50

* Theoret. Umsatz berechnet auf 2 C_2H_4/1 CO/1 H_2

$$\frac{\text{Gew. des gewonnenen Ketons} \cdot 100}{\text{Gew. der beschickten Mischung 2/1/1}}$$

Ist der Gesamtdruck niedrig und der Olefinüberschuß groß, so wird auch die Konzentration an Kobalthydrocarbonyl und Wasserstoff äußerst gering sein, und es kann nach dem von BERTRAND et al. [*320*] vorgeschlagenen Mechanismus die Acyl-Verbindung anstatt mit Wasserstoff oder Kobalthydrocarbonyl mit Alkylkobaltcarbonyl reagieren. Als Resultat dieser Reaktion werden dann Ketone erhalten.

$$H_2C=CH_2 + HCo(CO)_4 \longrightarrow H_3C-CH_2-Co(CO)_4 * \longrightarrow$$

$$H_3C-CH_2-\underset{\underset{O}{\|}}{C}-Co(CO)_3 \xrightarrow{CO} H_3C-CH_2-\underset{\underset{O}{\|}}{C}-Co(CO)_4$$

$$H_3C-CH_2-\underset{\underset{O}{\|}}{C}-Co(CO)_{3,4} + H_3C-CH_2-Co(CO)_4 \longrightarrow$$

$$H_3C-CH_2-\underset{\underset{O}{\|}}{C}-CH_2-CH_3 + Co_2(CO)_{7,8}$$

Aus diesem Mechanismus folgt zwangsläufig, daß höhermolekulare Olefine infolge sterischer Hinderung schlechter reagieren müssen, was mit den praktischen Erfahrungen übereinstimmt.

Statt molekularem Wasserstoff können auch Alkohole als Wasserstoff-Lieferanten eingesetzt werden; dabei muß natürlich auch die Konzentration an Alkohol niedrig gehalten werden, um gute Ausbeuten zu erzielen (Tab. 30).

---

* In dieser Gleichung sind lediglich die Stufen 1–3 des wahrscheinlichen Mechanismus (S. 5) zusammengefaßt. Es soll damit nicht ausgedrückt werden, daß es direkt zu einer Addition des Hydrocarbonyls an das Olefin kommt.

Tabelle 30 [*322*]. *Bildung von Ketonen bei der Hydroformylierung von Cyclohexen mit Isopropanol als Wasserstoff-Lieferant*

Alkohol/Cyclohexen	Ausb. (Mol-%)*		Ester
	Dicyclohexylketon	Cyclohexylcarbinol	
0,5	12	4	15
1,3	6	14	30
10,0	Spuren	40	31

* berechnet auf Anfangskonzentration Cyclohexen.

Auch bei der Reaktion mit Alkoholen werden mit höhermolekularen Olefinen schlechtere Ausbeuten erhalten.

Tabelle 31 [*322*]. *Ausbeute an Dialkylketon in Abhängigkeit von der Kettenlänge des Ausgangsolefins*

Olefin	Dialkylketon (Mol-%)	Ester (Mol-%)	Aldehyd (Mol-%)
Äthylen	57	21,5	5
Propylen	26	33,2	3
Isobutylen	Spuren	56,0	3

Tabelle 32 faßt einige bisher nach den vorstehend geschilderten Verfahren dargestellte Ketone zusammen. Auf die Bildung von cyclischen Ketonen bei der Hydroformylierung von Dienen wird im Kapitel über Ringschlußreaktionen eingegangen.

Tabelle 32. *Ketonbildung aus Olefinen und Synthesegas*

Ausgangsprodukt	Reaktionsprodukte	Ausb. (%)	Lit.
Äthylen	Diäthylketon	59,0	[*270*]
Propylen	Diisopropylketon, Isobutyraldehyd, Isopropylalkohol		[*270*]
Buten-1 + HCo(CO)$_4$ in Pentan	3,5-Dimethyl-4-heptanon, 3-Methyl-4-octanon, 5-Nonanon, n-Valeraldehyd, 2-Methylbutanal (Keton : Aldehyd = 9 : 1)		[*320*]
Äthylen + Butanol-2	Diäthylketon	64,5	[*322*]
Äthylen + Methanol	Diäthylketon	57,0	[*322*]
Cyclohexen + Isopropylalkohol	Bicyclohexylketon, Cyclohexylcarbinol, Cyclohexancarbonsäureisopropylester	12,0 4,0 15,0	[*322*]

9. Homogene Hydrierung der Aldehydgruppen unter Hydroformylierungsbedingungen

In den vorangegangenen Kapiteln wurde mehrfach angedeutet, daß die in der Hydroformylierungsreaktion entstehenden Aldehydgruppen in einer Folgereaktion zu Hydroxylgruppen hydriert werden können. Es handelt sich dabei in den meisten Fällen, wenn die Stabilität des Kobalthydrocarbonyls gewährleistet ist, um eine homogene Hydrierung [323, 324], katalysiert durch den Hydroformylierungskatalysator. Sie kann durch den Mechanismus (1–3) verdeutlicht werden [325]; die Gleichungen 4–6 geben mögliche Nebenreaktionen wieder.

$$HCo(CO)_4 \rightleftharpoons HCo(CO)_3 + CO \quad (1)$$

$$RCHO + HCo(CO)_3 \rightleftharpoons \underset{HCo(CO)_3}{R-\overset{H}{\underset{|}{C}}=O} \rightleftharpoons R-CH_2-O-Co(CO)_3 \quad (2)$$

$$R-CH_2-O-Co(CO)_3 + H_2 \longrightarrow R-CH_2-O-CoH_2(CO)_3 \longrightarrow$$
$$R-CH_2-OH + HCo(CO)_3 \quad (3)$$

$$R-CH_2-O-Co(CO)_3 + CO \rightleftharpoons R-CH_2-O-Co(CO)_4 \quad (4)$$

$$R-CH_2-O-Co(CO)_4 \rightleftharpoons R-CH_2-O-\underset{\underset{O}{\|}}{C}-Co(CO)_3 \quad (5)$$

$$R-CH_2-O-\underset{\underset{O}{\|}}{C}-Co(CO)_3 + H_2 \rightleftharpoons R-CH_2-O-\underset{\underset{O}{\|}}{C}-CoH_2(CO)_3 \longrightarrow$$
$$R-CH_2-O-\underset{\underset{O}{\|}}{C}H + HCo(CO)_3 \quad (6)$$

Die Hydrierungsreaktion benötigt eine bestimmte Minimaltemperatur. Sie liegt im allgemeinen oberhalb 150 °C; darunter werden bei der Hydroformylierung fast nur Aldehyde isoliert.

Die Hydrierung ist eine Reaktion 1. Ordnung in bezug auf die Aldehyd-, die Kobalt- und die Wasserstoff-Konzentration. Der Kohlenmonoxyd-Druck hat einen ähnlichen Einfluß, wie er bei der Hydroformylierung beobachtet wurde (Abb. 9) [325].

Die Reaktionsgeschwindigkeit steigt mit wachsendem CO-Druck zunächst an (bis alles Kobalt in Carbonyl überführt ist), um dann wieder abzufallen. Der Abfall der Geschwindigkeit ist jedoch bei der Hydrierung wesentlich größer als bei der Hydroformylierung und dem Quadrat des CO-Partialdruckes proportional [*325*].

$$d(\text{ROH})/dt = k(\text{R}'\text{CHO})(\text{Co})_{p_{H_2}}(P_{CO})^{-2}$$

Gemäß diesem Schema soll die Hydrierung über die Anlagerung des Wasserstoffs an koordinativ ungesättigte Verbindungen mit Elektronenlücken in der *d*-Schale des Metallatoms ablaufen.

Auch Gleichung (6) enthält einen derartigen Mechanismus und erklärt die häufig als Nebenreaktion beobachtete Bildung von Ameisensäureestern.

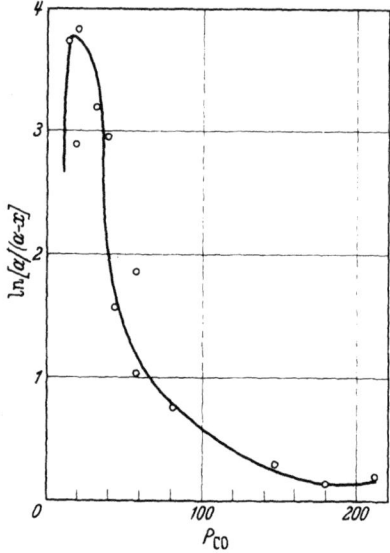

Abb. 9. Einfluß des CO-Partialdruckes auf die Reaktionsgeschwindigkeit der Hydrierung von Propionaldehyd in Gegenwart von Dikobaltoctacarbonyl (0,2 Mol-% Co), (P_{H_2} = 95 at). α = Anfangskonzentration an Aldehyd, x = Konzentration des gebildeten Alkohols

Der negative Einfluß des zunehmenden Kohlenmonoxyd-Drucks wird mit der Annahme erklärt, daß die aus Gleichung (4) resultierenden koordinativ gesättigten Verbindungen nicht weiter reagieren. Wie aus Gleichung (1) ersichtlich ist, wird auch die Bildung von Kobalthydrocarbonyl durch hohen CO-Druck behindert.

Bei Einhaltung günstiger Reaktionsbedingungen können also aus Olefinen *direkt* Alkohole erhalten werden, ohne daß die intermediären Aldehyde isoliert werden müssen.

Von dieser Möglichkeit wird z. B. im Shell Hydroformylierungsverfahren technisch Gebrauch gemacht (s. S. 19). Der Shell-Katalysator (Trialkylphosphin-kobalthydrocarbonyl) bietet sich durch seine hohe Stabilität besonders für Arbeiten bei geringen CO-Partialdrucken an. Rhodium-Katalysatoren eignen sich ebenfalls für die Einstufen-Alkohol-Synthese; auch sie katalysieren die Aldehydgruppen-Hydrierung homogen [*174, 253, 326, 327*]. Rhodium-Katalysatoren gestatten dabei weit höhere Reaktionsgeschwindigkeiten als Kobalt-Katalysatoren. Besonders glatt gelingt die Reaktion, wenn Rhodium als Carbonyl oder in Form seines Oxyds eingesetzt wird. Rhodiumchlorid ist weniger geeignet.

Nach HEIL und MARKO [*328*] wird bei Rhodiumchlorid-Verwendung erst bei CO-Partialdrucken über 100 at eine Aldehydhydrierung erzielt. Rhodiumchlorid benötigt im allgemeinen auch für die Hydroformylierungsreaktion weit „härtere" Bedingungen, um den aktiven Hydroformylierungskatalysator zu bilden, als z. B. Rhodiumoxyd oder Rhodiumcarbonyl [*329*].

10. Die technische Hydroformylierung

Bis zum heutigen Tage gibt es keine einheitliche und endgültige Technologie des Verfahrens, obwohl in verschiedenen Firmen Anlagen mit Kapazitäten von mehr als 100 000 Jahrestonnen arbeiten. In der Praxis werden viele, auch in den Grundlagen verschiedene Verfahrensweisen, benutzt. Offenbar gibt es noch keine Verfahrensweise, die alle Anforderungen zufriedenstellend löst. Jeder einzelne Betrieb unterliegt zudem strenger Geheimhaltung; es erscheinen kaum Publikationen über Neuerungen der Oxo-Technologie.

Die große Mehrzahl der Alkohole produzierenden Hydroformylierungsanlagen läßt sich in die folgenden Einzelstufen gliedern:
1. Katalysatorbereitung
2. Hydroformylierungsstufe
3. Katalysatorabtrennung und Rückgewinnung
4. Aldehydhydrierung
5. Aufarbeitung der Alkohole

Schon bei den ersten technischen Hydroformylierungsverfahren hat man versucht, die umständliche und Chemikalien benötigende Katalysatorabtrennung und Rückgewinnung zu umgehen. Man wandte das sog. *Zweiturm- oder „Diaden"-Verfahren* an [*151, 330, 331*]. Hierzu benötigt man zwei hintereinandergeschaltete Reaktoren. Reaktor Nr. 1 wird mit einem Festbett-Kobalt-Katalysator auf Träger und Reaktor Nr. 2 mit einem Träger ohne Kobalt-Katalysator gefüllt. Zunächst erfolgt im Reaktor Nr. 1 die Hydroformylierung. Anschließend wird das Reaktionsprodukt in den Reaktor Nr. 2 überführt, in dem der CO-Partialdruck durch Senkung des Gesamtdruckes oder durch Zuführung eines Inertgases wie H_2, CH_4 oder

Wasserdampf erniedrigt wird. In Reaktor Nr. 2 zerfällt das Kobalthydrocarbonyl, und das Kobalt schlägt sich auf dem Träger nieder. Nach Verarmung des ersten Reaktors an Kobalt wird die Funktion der beiden Reaktoren gewechselt (Abb. 10) [*332*].

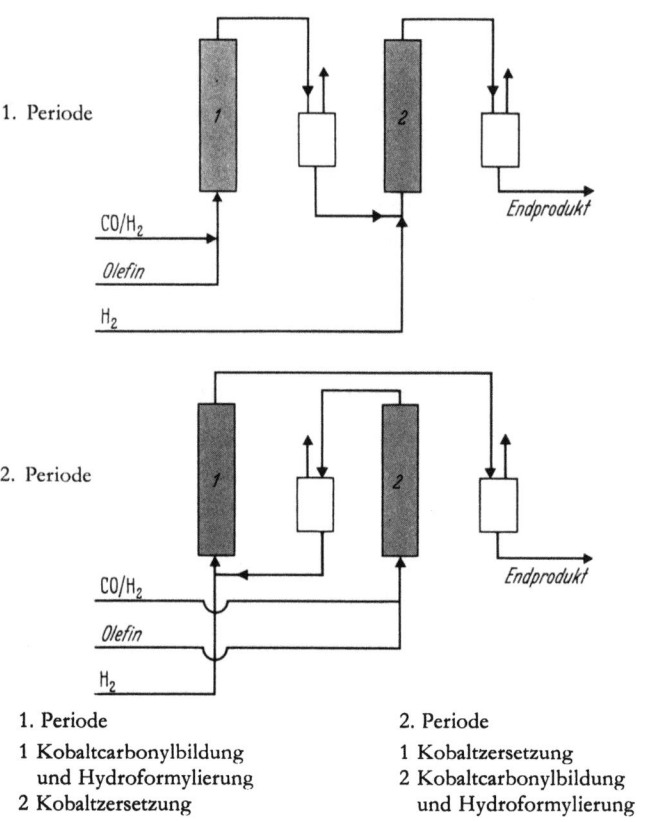

1. Periode
1 Kobaltcarbonylbildung
   und Hydroformylierung
2 Kobaltzersetzung

2. Periode
1 Kobaltzersetzung
2 Kobaltcarbonylbildung
   und Hydroformylierung

Abb. 10. Fließschema. Zweiturm- oder Diadenverfahren

Wie bereits beschrieben, können Hydroformylierung und Hydrierung der gebildeten Aldehyde mit dem gleichen Katalysator und dem gleichen Gasgemisch durchgeführt werden. Trotzdem zieht man häufig einen Zweistufenprozeß mit heterogen katalysierter Hydrierung der Aldehyde vor, weil die homogene Hydrierung zu langsam und häufig nicht vollständig verläuft und die höheren Temperaturen und Kontaktzeiten bei empfindlichen Aldehyden eine Reihe von Nebenreaktionen begünstigen.

Nur bei einigen Verfahren (*Shell-Prozeß* [*148, 701–707, 743, 790, 791*] und Einstufenalkoholprozeß [*324*]), in denen auch die homogene Hydrierung schnell verläuft, werden Hydroformylierung und Hydrierung in einer Stufe vorgenommen. Die Zahl der Operationsstufen verringert sich damit auf vier.

Die Hydroformylierungsstufe wird allgemein in den für Hochdruckreaktionen üblichen zylindrischen Reaktionsrohren mit Flanschdeckeln durchgeführt. Häufig werden mehrere derartige Reaktionsrohre hintereinandergeschaltet. Als Reaktormaterial bewähren sich Stähle mit Cr—Ni-Stahl-Auskleidungen, die sowohl gegen Kohlenmonoxyd und Wasserstoff als auch gegen Kobalthydrocarbonyl beständig sind. Die bei der Hydroformylierung freiwerdende Reaktionswärme (28—35 Kcal/g Mol) wird durch Innenkühler oder durch Zirkulation des Reaktionsgemisches über äußere Wärmeaustauscher abgeführt.

Über Abtrennung, Aufbereitung und Rückführung des Katalysators wurde schon berichtet (siehe auch das Kapitel über Katalysatoren, S. 19).

Eine Variante dieser Methode ist das sog. *Dreiturmverfahren*, das mit gelöstem Katalysator arbeitet.

In einem den beiden Türmen des Zweiturmverfahrens vorgeschalteten dritten Turm wird der aktive Katalysator in einem Lösungsmittel hergestellt und dann in den jeweiligen Hydroformylierungsreaktor überführt [*333-335*].

Obwohl diese Wechselreaktoren technisch den großen Vorteil bieten, daß sie keine spezielle Kobalt-Rückgewinnungseinrichtung benötigen, und darüber hinaus die Katalysatorverluste außerordentlich gering sind, konnten sie sich doch nicht überzeugend durchsetzen und haben heute nur noch historisches Interesse. Ihr Nachteil besteht nämlich darin, daß sie keinen vollkontinuierlichen Betrieb gestatten. Außerdem ist es äußerst schwierig, eine gleichmäßige Kobalt-Abscheidung im Dekobaltierungsreaktor zu erreichen und Verstopfungen zu vermeiden.

Weit verbreiteter sind die Verfahren, in denen man im Ausgangsprodukt in konstantem Verhältnis Kobalt oder unlösliche Kobaltverbindungen suspendiert [*154*] oder aber lösliche Kobaltsalze löst und diese Gemische dem Hydroformylierungsreaktor zuführt. Es ist auch versucht worden, das flüchtige Kobalthydrocarbonyl gasförmig zusammen mit dem Synthesegas in den Hydroformylierungsreaktor zu überführen. Mit 1 m³ Synthesegas können ca. 1 bis 10 g Kobalt transportiert werden. Ein heikles Problem ist bei dieser Technik jedoch die Sicherung einer konstanten Katalysatorkonzentration, da man die Temperatur des einströmenden Synthesegases sehr genau kontrollieren muß, um die Hydrocarbonyl-Konzentration konstant zu halten (vgl. L. MARKO, P. SZABO, Ung. Mineralöl- und Erdgas-Versuchsanstalt, 296. Publ. 1963 und darin zitierte Literatur).

Der Katalysator verläßt nach der Reaktion den Hydroformylierungsreaktor zusammen mit dem Reaktionsgut und wird in der Katalysatorrückgewinnungsstufe entweder durch thermische Zersetzung oder durch Extraktion mit Säuren und anschließende Luftoxydation der Säurelösung entfernt und zurückgewonnen. Da sich bei einer thermischen Zersetzung durch äußere Erwärmung des Reaktors ein beträchtlicher Teil des Kobalts an den Wänden des Dekobaltierungsreaktors niederschlägt, erwärmt man das Produkt durch Einblasen von Wasserdampf [*336–338, 749, 763, 764*] oder durch Recyclisieren von heißem, bereits kobalt-freiem Produkt [*337*].

Abb. 11 zeigt das Fließschema einer Anlage, die von der Ruhrchemie AG entwickelt wurde und dort auch in Betrieb ist [*792*]. Ähnlich arbeiten eine Reihe anderer von Ruhrchemie in Lizenz vergebener Anlagen. Auch die Anlage der BASF [*340*] und von Mitsubishi [*789*] sind sehr ähnlich angelegt.

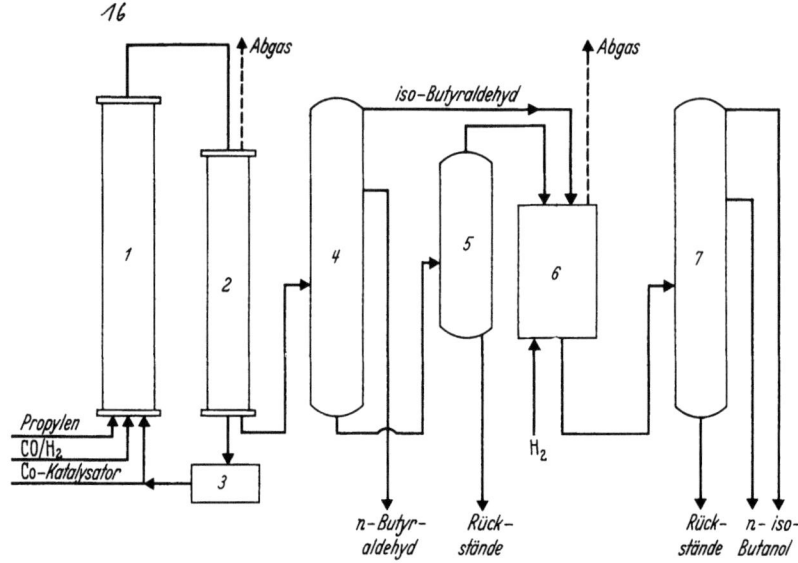

1 Hydroformylierungsreaktor
2 Entkobaltung
3 Kobalt-Katalysator-Aufarbeitung
4 Aldehyd-Destillation
5 Aufarbeitung der Rückstände aus der Aldehyddestillation
6 Hydrierung
7 Butanoldestillation

Abb. 11 [*792*]. Fließschema der Ruhrchemie-Oxo-Anlage zur Herstellung von C_4-Oxo-Produkten

An den Hydroformylierungsreaktor, der bei 200 bis 300 at in Flüssigphase arbeitet und aus dem die Reaktionswärme durch Kühlung mit Dampf oder Wasser entfernt wird, schließt sich ein unter geringerem Druck arbeitender „Entkobalter" an, aus dem ständig Synthesegas, entstandenes Propan und nicht umgesetztes Propylen abgelassen wird. Dieses Abgas kann zur Energiegewinnung benutzt werden. Der aus dem Entkobalter zurückgewonnene Katalysator wird, nach entsprechender Aufarbeitung, recyclisiert, wobei Kobaltverluste ergänzt werden. Die gebildeten Butyraldehyde werden in einer Destillationskolonne getrennt. Dabei können Teile der gebildeten Aldehyde für weitere Reaktionen abgenommen werden.

Die verbleibenden Produkte werden über speziellen, in der Ruhrchemie AG entwickelten Nickel-Katalysatoren hydriert. Die gewonnenen Rohalkohole werden dann in weiteren Destillationskolonnen rein destilliert.

Setzt man, insbesondere bei der Hydroformylierung von höheren Olefinen, Ausgangsprodukte mit sehr großem Siedeintervall ein, so kann die Trennung der Paraffine von den Alkoholen Schwierigkeiten bereiten, und man muß sich anderer Trennmethoden, wie z. B. der flüssig-flüssig-Extraktion, der extraktiven Destillation oder der Adsorption, bedienen. Aus den Aufarbeitungsrückständen der Alkoholreinigung können als Nebenprodukte der Hydroformylierung Carbonsäuren gewonnen werden, indem man die Rückstände mit NaOH bei 260 bis 350 °C erhitzt, mit Wasser extrahiert und aus dem Extrakt die Carbonsäuren mit CO_2 in Freiheit setzt [339].

Es sollen noch zwei Modifikationen der vorstehend beschriebenen Verfahren besprochen werden.

Will man *leichtsiedende Aldehyde* aus gasförmigen Olefinen herstellen, so kann man sich eines abgewandelten Verfahrens bedienen (Abb. 12) [778].

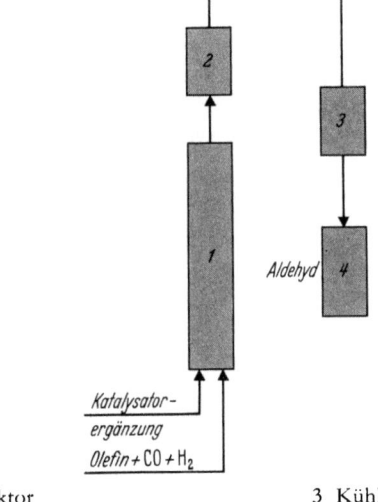

1 Reaktor
2 Carbonylwaschkolonne
3 Kühler
4 Produktvorlage

Abb. 12. Fließschema für Anlage zur Herstellung leichtflüchtiger Aldehyde aus gasförmigen Olefinen

Im Hydroformylierungsreaktor 1 befinden sich ein hochsiedendes Lösungsmittel und gelöster Katalysator. Olefin und Synthesegas werden kontinuierlich zugeführt und eventuell auftretende Katalysatorverluste ergänzt. Der gebildete Aldehyd wird ständig aus dem Reaktor abdestilliert, in der Katalysatorwaschkolonne 2 von mitgerissenem gasförmigen Katalysator befreit, in Kühler 3 abgekühlt und in der Vorlage 4 aufgefangen.

Ähnlich kann man vorgehen, wenn man leichtsiedende Alkohole produzieren will und über einen thermostabilen Katalysator verfügt (z. B. Shell-Katalysator); man führt in diesem Falle die Hydroformylierung und die Hydrierung mit dem gleichen Katalysator im gleichen Reaktor in einem hochsiedenden Lösungsmittel aus, destilliert den gebildeten Alkohol in einem zweiten Reaktor unter Druck ab und führt den unzersetzten Katalysator mit dem Lösungsmittel in den Hydroformylierungsreaktor zurück (Abb. 13).

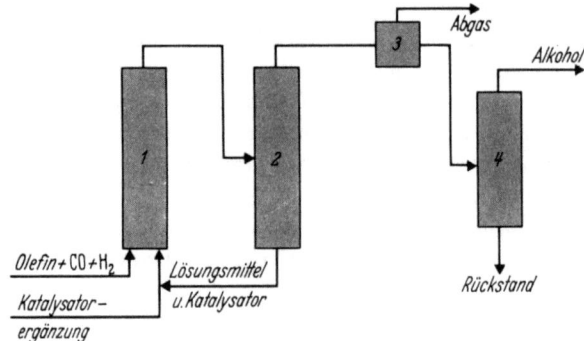

1 Hydroformylierungs- und Hydrierungsreaktor
2 Druckdestillation
3 Druckminderer und Entgasung
4 Alkoholrektifizierung

Abb. 13. Fließschema für Oxo-Anlage mit thermostabilem und recyclisierbarem Katalysator

Es soll schließlich noch erwähnt werden, daß zur Erzielung optimaler Wirtschaftlichkeit heute bereits den Prozeß steuernde automatische Rechenanlagen eingesetzt werden (BASF, Ludwigshafen) [340].

11. Wirtschaftliche Bedeutung der Reaktionsprodukte

Unter den durch Hydroformylierung erhältlichen Reaktionsprodukten haben die aus Olefinen zugänglichen Alkohole mit weitem Abstand die größte Bedeutung. Es werden vorzugsweise C_3- bis C_{13}-Alkohole hergestellt. Sie finden hauptsächlich Verwendung in PVC-Weichmachern, als Waschmittelrohstoffe, als Ausgangsprodukte für synthetische Schmieröle und als Lösungsmittel [341]. Besonders im Bereich C_8 bis C_{10} spielt die Hydroformylierungsreaktion eine nahezu souveräne Rolle, da es praktisch kein anderes wirtschaftliches Verfahren zur Herstellung von Alkoholen mit diesem Molekulargewicht gibt. Die sog. „Ziegler-Alkohole" können in diesem Molekulargewichtsbereich kaum konkurrieren[342].

Eine interessante Anwendung hat das n-Butanol in neuerer Zeit bei der Gewinnung von Trinkwasser aus Meerwasser gefunden [343].

Als Ausgangsprodukte werden bevorzugt umgesetzt: Propylen zu Butanol und Buten zu Pentanolen. In noch größeren Mengen werden C_7 bis C_9-Olefine, die man entweder durch Co-Dimerisation von Propylen und Buten, durch Trimerisation von Propen oder durch Crackung von Paraffinen herstellt, zu C_8 bis C_{10}-Alkoholen umgesetzt. 2-Äthylhexanol läßt sich in einem modifizierten Verfahren auch direkt aus Propen herstellen (vgl. S. 56).

Die Produktionsziffern der Oxo-Anlagen sind naturgemäß mit der Produktion von PVC und synthetischen Waschmitteln eng verknüpft. Die rapiden Produktionssteigerungen dieser Produkte machen es schwer, aktuelle Produktionsziffern zu geben. Aus Tabelle 33 geht die enorme Steigerungsrate der Oxo-Alkohole allein in den Vereinigten Staaten in den Jahren 1952–1962 hervor [*332*].

Tabelle 33 [*332*]. *Die Kapazität der Oxo-Anlagen in den Vereinigten Staaten*

Jahr	Kapazität, 1000 Tonnen
1952	2
1956	30
1958	75
1961	215
1962	300

Diese Entwicklung geht ungefähr parallel zur Zunahme der Phthalsäurediester-Produktion (PVC-Weichmacher) in den USA (Abb. 14) [*787*]. PVC enthält etwa 30–40 Gew.-% Weichmacher.

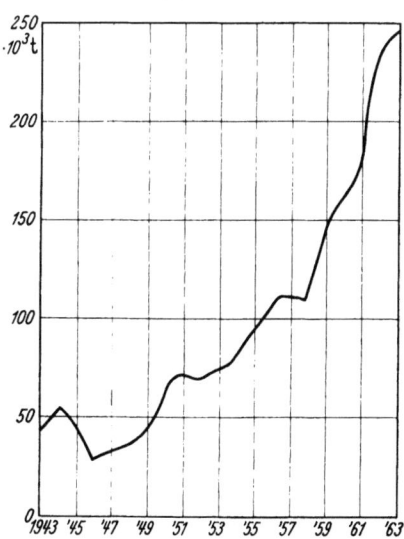

Abb. 14 [*787*]. Zunahme der Dialkylphthalat-Produktion in den USA von 1943–1963

Hydroformylierungen (Roelen-Reaktion)

Tabelle 34. *Produzierende Oxo-Anlagen*

Unternehmen	Standort	Kapazität (1000 to)	Produkte
Europa			
Imperial Chemical Industries	Billingham, England	250	n- und iso-Butanol, Nonanol, Isodecanol, Tridecanol, Isooctanol
Ruhrchemie AG	Oberhausen-Holten, BRD	150	n- und iso-Butanol, C_4-Aldehyde, C_8,C_9,C_{10},C_{13}-Alkohole, 2-Äthylhexanol
BASF	Ludwigshafen, BRD	100	C_4-Aldehyde und Alkohole
Chemische Werke Hüls AG	Marl, BRD	100	n- und iso-Butanol, 2-Äthylhexanol
Courrieres Kuhlmann	Harnes, Frankreich	90	C_4,C_7,C_{10},C_{13}-Aldehyde + Alkohole
Oxochemie SA	Lavera, Frankreich	60	n- und iso-Butanol, 2-Äthylhexanol
Farbwerke Hoechst	Frankfurt, BRD	30	n- und iso-Butanol
Konam	Europort, Holland	25	Butanol
Celene, S. p. a.	Priolo, Italien	17	2-Äthylhexanol
Montecatini	Ferrara, Italien	15	
Moh o Domsue	Schweden	10	2-Äthylhexanol
Amerika			
Union Carbide Corp.	Seadrift, Texas	70	Propanal, n- und iso-Butanal, n- und iso-Butanol, Amylalkohol, Isooctanol, Isodecanol
	Texas City, Texas	80	
Eastman Kodak Co.	Longview, Texas	50–70	Propanal, n- und iso-Butanal, n- und iso-Butanol
Enjay Chemical Co.	Baton Rouge, La.	50–70	Isobutanol, Hexanol, Isooctanol, Isodecanol, Tridecanol, 2-Äthylhexanol, Hexadecanol
Gulf Oil Corp.	Philadelphia, Pa.	20	Isooctanol, Isodecanol, Tridecanol
US Chemical Inc.	Harerrill, Ohio	20	Isooctanol, Isodecanol
Shell Chemical Co.	Houston, Texas	15	n- und iso-Butanol

Tabelle 34 (Fortsetzung)

Unternehmen	Standort	Kapazität (1000 to)	Produkte
Amerika			
Tidewater Oil Comp. Air Products & Chemicals Inc.	Delaware City, Del.	15	Isooctanol, Isodecanol, Tridecanol
Dow Badische Co.	Freeport, Texas	15	n- und iso-Butanol
U. C. C. Chemicals Div.	Ponce, Puerto Rico	40	n- und iso-Butanol, 2-Äthylhexanol
Asien und Australien			
Nissan Petro Chem. Co.	Chiba, Japan	40	Isoheptanol, Isodecanol
Mitsubishi Chem. Ind. Ltd.	Yokkaichi, Japan	33	Isobutanol, 2-Äthylhexanol
C. S. R. Chemical Pty. Ltd.	Rhodes, Australien	20	n- und iso-Butanol, Isooctanol
Daikyowa Petrochem. Co.	Yokkaichi, Japan	20	n-Butanol
Tonen Petrochem. Co.	Kawasaei, Japan	8	n-Butanol, 2-Äthylhexanol

1965 wurden in den westlichen Ländern etwa 2,8 Millionen to PVC produziert, die etwa 800000 to Weichmacher benötigten [*340*].

Die letzten Gesamtproduktionsziffern liegen aus dem Dezember 1963 vor. Die Weltproduktion an Hydroformylierungsprodukten 1963 wurde darin auf 500000 Jahrestonnen [*344*] geschätzt. Davon wurden in den USA 290000 to und in Westeuropa 210000 to hergestellt. Die Ostblockstaaten und Japan hatten in diesem Jahr noch keine eigene Oxo-Alkohol-Produktion. Für 1964 wird die Gesamtweltproduktion auf 526000 bis 551000 Jahrestonnen geschätzt. In diesen Zahlen ist erstmals eine Produktion in Japan mit 9100 to enthalten [*788*]. Der größte Produzent war 1963 die I. C. I. mit 140000 Jahrestonnen. Inzwischen dürften die Produktionsziffern weiter stark angestiegen sein, da auch die Sowjetunion, Ungarn, Rumänien (Ruhrchemie-Lizenz, 20000 jato [*748*]), Japan, Australien (Ruhrchemie-Lizenz), Österreich (BASF-Lizenz) Tschechoslowakei und Polen an der Errichtung von Oxo-Anlagen arbeiten. Es wird eine jährliche Steigerung von ca. 10 bis 12% der Weltproduktion erwartet. Tabelle 34 [*344*] gibt eine Aufschlüsselung der einzelnen Produktionszentren für das Jahr 1967 und eine Schätzung der einzelnen Kapazitäten.

Die Produktion in den Vereinigten Staaten im Jahre 1962 teilt sich auf die folgenden Produktgruppen auf [*344*]:

C_4-Verbindungen	143 000 to
C_5-Verbindungen	9 000 to
2-Äthylhexanol	36 000 to
aliph. C_8–C_{12}-Verbindungen	60 000 to

Gemessen an den Produktionsziffern der Alkohole spielen bisher alle anderen durch Hydroformylierung herstellbaren Produkte wirtschaftlich nur eine untergeordnete Rolle.

II. Carbonylierungen mit Metallcarbonylkatalysatoren (Reppe-Reaktionen)

1. Allgemeines zur Reaktion

Unter „Carbonylierung" versteht man die Bildung von Carbonyl-Verbindungen durch Umsetzen ungesättigter Verbindungen (oder zur Ausbildung ungesättigter Verbindungen befähigter Komponenten) mit Kohlenmonoxyd sowie einer nucleophilen Verbindung mit beweglichem Wasserstoff. Die Umsetzung von Acetylenen bzw. Olefinen mit Kohlenmonoxyd und Wasser wird häufig als „Hydrocarboxylierung" bezeichnet.

Auch Reaktionen, in denen formal Kohlenmonoxyd in eine bestehende Verbindung eingeschoben wird, wie bei der Bildung von Anhydriden aus Carbonsäureestern, Estern aus Äthern oder Säuren aus Alkoholen, werden als Carbonylierungen bezeichnet.

Die Reaktion, die Metallcarbonyle als Katalysatoren verwendet, wurde von W. REPPE entdeckt. In den Jahren 1938—1945 ist sie von ihm und seinen Mitarbeitern in der BASF entwickelt worden. Die in Patenten niedergelegten Ergebnisse blieben bis zum Ende des zweiten Weltkrieges unveröffentlicht, und eine ausführliche Beschreibung durch die Entdecker der Reaktion erschien erst viele Jahre später [*1, 239, 345–349*]. In der Folgezeit sind auch einige zusammenfassende Darstellungen [*350–354*] publiziert worden.

$$HC\equiv CH + CO + HOR \longrightarrow H_2C=CH-\underset{\underset{O}{\|}}{C}-OR$$

$$HC\equiv CH + CO + HNR_2 \longrightarrow H_2C=CH-\underset{\underset{O}{\|}}{C}-NR_2$$

$$H_2C=CH_2 + CO + H_2O \longrightarrow H_3C-CH_2-COOH$$

$$H_3COH + CO\ (+ H_2O) \longrightarrow H_3C-COOH$$

$$H_2C=CH-CH_2-Cl + CO + ROH \longrightarrow \begin{array}{l} H_2C=CH-CH_2-COOR \\ H_3C-CH=CH-COOR + HCl \end{array}$$

Die Variationsmöglichkeiten der Reaktionspartner sind mannigfaltig. Als ungesättigte oder leicht ungesättigte Verbindungen bildende Komponenten können u. a. dienen: Acetylene, Olefine, Alkohole, cyclische und nicht cyclische Äther, Epoxyde, Acetale, Ester, gesättigte Aldehyde,

74 Carbonylierungen mit Metallcarbonylkatalysatoren (Reppe-Reaktionen)

Lactone und Halogenide. Als nucleophile Komponente mit beweglichem Wasserstoff finden z. B. Wasser, Alkohole, Ammoniak, Amine, Mercaptane und Carbonsäuren Verwendung.

Die Reaktionen verlaufen sowohl mit Kohlenmonoxyd *katalytisch unter Druck* in Gegenwart von Metallcarbonylen oder metallcarbonyl-bildenden Metallen oder deren Verbindungen als Katalysatoren als auch *stöchiometrisch bei Normaldruck* mit Metallcarbonylen als CO-Lieferanten.

Häufig werden sie durch Säuren oder säurebildende Halogene erleichtert. Bei drucklosem stöchiometrischem Arbeiten ist unbedingt ein Säurezusatz erforderlich. Das stöchiometrisch hauptsächlich mit $Ni(CO)_4$ durchgeführte Verfahren bietet den Vorteil druckloser Arbeitsweise und niedriger Reaktionstemperaturen (ca. 40 °C). Es muß dabei in Kauf genommen werden, daß große Mengen Ni-Salz unter Vermeidung von größeren Verlusten abgetrennt und wieder auf $Ni(CO)_4$ aufgearbeitet werden müssen. Da eine verlustfreie Ni-Rückgewinnung jedoch selten gelingt [*355*], arbeiten katalytische Prozesse meist wirtschaftlicher als stöchiometrische; (Rückgewinnung des Nickelcarbonyls siehe W. REPPE und W. SCHLENK, DRP 753 618 [*779*]).

2. Reaktionsmechanismus

Wie bei der Entwicklung der Hydroformylierungsreaktion standen auch bei den Carbonylierungsreaktionen zunächst die Verfahrensentwicklung und die Abgrenzung der Reaktionsmöglichkeiten im Vordergrund. Der Reaktionsmechanismus dagegen blieb fast 25 Jahre lang ungeklärt und ist in allen Einzelheiten selbst heute noch nicht gesichert. Die ursprünglich vorgeschlagenen Mechanismen, die das intermediäre Auftreten von Ketenen [*3, 6*] oder Cyclopropanonen [*345*] annahmen, wurden in der Folgezeit widerlegt [*3, 6, 356*]. Auch die Hypothese von M. ALMASI et al. [*357*], nach der zunächst aus der ungesättigten Komponente und einem Proton ein Carbonium-Ion gebildet werden sollte, das dann mit dem Metallcarbonyl reagiert, ist nicht sehr wahrscheinlich, da z. B. Essigsäure, die erfolgreich umgesetzt werden kann, nicht polar genug ist, um unter den Reaktionsbedingungen ein Alkin zu protonisieren [*358–360*].

$$H_2C=CH_2 + HCo(CO)_4 \longrightarrow H_3C-CH_2-Co(CO)_4 \quad (1)$$

$$H_3C-CH_2-Co(CO)_4 \xrightarrow{CO} H_3C-CH_2-\underset{\underset{O}{\|}}{C}-Co(CO)_4 \quad (2)$$

$$H_3C-CH_2-\underset{\underset{O}{\|}}{C}-Co(CO)_4 \xrightarrow{ROH} H_3C-CH_2-COOR + HCo(CO)_4 \quad (3)$$

Bei Verwendung von Kobaltkatalysatoren ist ein Verlauf analog dem für die Hydroformylierung aufgestellten Mechanismus wahrscheinlich.

Er wurde von HECK [*361*] nach (1) bis (3) formuliert; hierbei sind in Gleichung (1) und (2) jeweils mehrere Einzelschritte vereinfachend zusammengefaßt worden (siehe S. 5).

Für die Carbonylierungen mit Nickelcarbonylen schlägt HECK einen Mechanismus nach Gleichung (4) bis (8a) vor, formuliert am Beispiel von α-Olefinen.

$$HX + Ni(CO)_4 \rightleftarrows HNi(CO)_2X + 2\,CO \qquad (4)$$

$$HNi(CO)_2X + RCH=CH_2 \longrightarrow RCH_2-CH_2-Ni(CO)_2X \qquad (5)$$
$$\searrow R-CH-CH_3$$
$$\qquad\qquad\quad |$$
$$\qquad\qquad Ni(CO)_2X$$

$$RCH_2-CH_2-Ni(CO)_2X + CO \longrightarrow RCH_2-CH_2-\underset{\underset{O}{\parallel}}{C}-Ni(CO)_2X \qquad (6)$$

$$RCH_2-CH_2-\underset{\underset{O}{\parallel}}{C}-Ni(CO)_2X \xrightarrow{2\,CO} RCH_2-CH_2-CH_2-COX + Ni(CO)_4 \qquad (7)$$

$$RCH_2-CH_2-COX + R'OH \longrightarrow RCH_2-CH_2-\underset{\underset{O}{\parallel}}{C}-OR' + HX \qquad (8)$$

oder

$$RCH_2-CH_2-\underset{\underset{O}{\parallel}}{C}-Ni(CO)_2X \xrightarrow{R'OH} RCH_2-CH_2-COOR' + HNi(CO)_2X \qquad (8a)$$

Es muß allerdings erwähnt werden, daß die Existenz von Nickelhydrocarbonylen bis heute nicht ausreichend experimentell gesichert wurde, da nur indirekte Beweise vorliegen [*362–364*]. Es wurde lediglich die folgende Verbindung mit Bestimmtheit nachgewiesen: $(NiH(CO)_3)_2 \cdot 4\,NH_3$.

An Stelle von Gleichung (4) und (5) erscheint auch ein Ablauf nach (4a) und (5a) möglich, wie ihn R. W. ROSENTHAL et al. [*167*] annehmen.

$$HC\equiv CH + Ni(CO)_4 \longrightarrow \begin{matrix}H\\ \underset{}{C}\\ \parallel\\ \underset{H}{C}\end{matrix}\!\!\!>Ni(CO)_2 + 2\,CO \qquad (4a)$$

$$\begin{matrix}H\\ \underset{}{C}\\ \parallel\\ \underset{H}{C}\end{matrix}\!\!\!>Ni(CO)_2 + HX \longrightarrow H_2C=CH-Ni(CO)_2X \qquad (5a)$$

Wahrscheinlich ist hierbei (4a) in zwei Schritte aufzuspalten: in einen Primärschritt, in dem sich unter Abspaltung eines CO-Moleküls aus $Ni(CO)_4$ das $Ni(CO)_3$ bildet und einen nachfolgenden Schritt, in dem ein

Acetylenmolekül die freigewordene Ligandenposition einnimmt. Den gleichen Primärschritt nehmen auch EHRREICH et al. [365] in dem von ihnen kürzlich für die Carbonylierung formulierten Mechanismus an. Nickeltricarbonyl-Bruchstücke wurden schon von THOMSON [366] beobachtet.

Ein Reaktionsverlauf über ihre primäre Bildung aus $Ni(CO)_4$ würde auch die häufig bei den Hydrocarboxylierungen beobachtete starke Hinderung der Reaktion durch hohe CO-Drucke (s. S. 82) erklären. Auch die bei den Carbonylierungen mit Nickel meist beobachtete Induktionszeit, deren Länge von der Reaktionstemperatur, dem Druck, dem Lösungsmittel und der Struktur des Alkins [367] abhängt, läßt ebenso wie die Beschleunigung der Reaktion durch Bestrahlung mit UV-Licht [368] vermuten, daß nicht $Ni(CO)_4$, sondern eine aus ihm während der Reaktion entstehende Verbindung der aktive Katalysator ist.

Tabelle 35 [146]. *Induktions- und Halbwertzeit bindungsisomerer n-Octine bei der durch Nickelcarbonyl katalysierten Hydrocarboxylierung unter verschiedenen Reaktionsbedingungen*

n-Octin	Temp. (°C)	Anfangsdruck (at)	$t_{1/2}$ (min)	I (min)
–(1)	200	120	2,5	–
–(1)	200	200	6	–
–(1)	200	258	46	–
–(3)	200	120	13	20
–(3)	200	200	48	115
–(2)	200	200	48	70
–(4)	200	200	48	20
–(2)	200	258	98	120

Wie JONES et al. [369] zeigten, verkürzen Pyridin-Zusätze, die den Zerfall von Nickelcarbonyl katalysieren, die Induktionsperiode. EHRREICH et al. [365] wiesen nach, daß ein Spülen der Reaktionsapparatur mit Inertgas nach Einfüllen des Nickelcarbonyls die Anlaufzeit auf weniger als 1/10 des üblichen Wertes herabdrückt. Die Verdrängung der CO-Gasphase aus dem Reaktor durch Inertgas begünstigt ebenfalls die Bildung von $Ni(CO)_3$.

Eine *Verkürzung der Induktionsperiode* und gleichzeitig eine Steigerung der Reaktionsgeschwindigkeit kann auch durch Zugabe von Verbindungen des zweiwertigen Schwefels, Selens und Tellurs erreicht werden. Die Verkürzung der Induktionsperiode tritt besonders dann in Erscheinung, wenn als Katalysator Nickelhalogenid oder Kobalthalogenid oder ein Gemisch von Salzen, das die beiden Katalysatorkomponenten in ionogener Form enthält, eingesetzt wird. Die Erhöhung der Reaktionsgeschwindigkeit kann wohl durch eine schnellere Regenerierung der katalytisch wirksamen

Nickelcarbonyl-Komplex-Stufen bzw. Zwischenstufen erklärt werden [*370*]. Die nach dieser Arbeitsweise hergestellten Carbonsäuren enthalten praktisch immer Mercaptane oder analoge Verbindungen.

Die Abhängigkeit der Induktions- und Halbwertszeit vom Druck bei der katalytischen Hydrocarboxylierung von n-Octinen in Gegenwart von $Ni(CO)_4$ geht aus Tabelle 35 und Abb. 15 hervor.

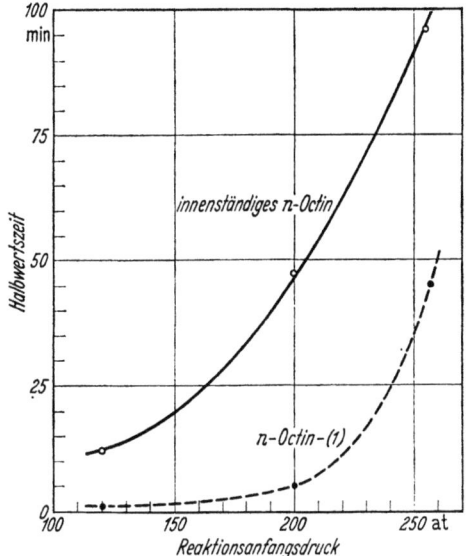

Abb. 15 [*146*]. Halbwertzeit für die Hydrocarboxylierung bindungsisomerer n-Octine bei 200 °C in Gegenwart katalytischer Mengen Nickelcarbonyl in Abhängigkeit vom Reaktionsanfangsdruck

Alternativ zu dem bereits beschriebenen Mechanismus diskutiert HECK auch die mögliche Bildung eines Halogenids aus der ungesättigten Komponente und der im Reaktionsgemisch befindlichen Halogensäure als Primärschritt mit nachfolgender Reaktion zum Alkyl-nickeldicarbonylhalogenid gemäß (4b).

$$RX + Ni(CO)_4 \longrightarrow RNi(CO)_2X + 2\,CO \qquad (4b)$$

Ein gegenüber (4b) etwas modifizierter und im Prinzip dem von HECK vorgeschlagenen Mechanismus entsprechender Ablauf wird von v. KUTEPOW, HIMMELE und HOHENSCHUTZ [*371, 372*] für die Reaktion von Methanol mit CO/H_2 [*373*] in Gegenwart von Kobaltjodid-Katalysator angenommen (9) – (14):

$$2\,CoJ_2 + 2\,H_2O + 10\,CO \longrightarrow Co_2(CO)_8 + 4\,HJ + 2\,CO_2 \qquad (9)$$

$$Co_2(CO)_8 + H_2O + CO \longrightarrow 2\,HCo(CO)_4 + CO_2 \qquad (10)$$

78 Carbonylierungen mit Metallcarbonylkatalysatoren (Reppe-Reaktionen)

$$CH_3OH + HJ \longrightarrow CH_3J + H_2O \quad (11)$$

$$CH_3J + HCo(CO)_4 \rightleftarrows CH_3Co(CO)_4 + HJ \quad (12)$$

$$CH_3Co(CO)_4 \longrightarrow CH_3COCo(CO)_3 \underset{-CO}{\overset{+CO}{\rightleftarrows}} CH_3COCo(CO)_4 \quad (13)$$

$$CH_3COCo(CO)_{3,4} + H_2O \longrightarrow CH_3COOH + HCo(CO)_{3,4} \quad (14)$$

Die besprochenen Mechanismen erleichtern das Verständnis der Carbonylierungsreaktion wesentlich. Es wird künftigen Arbeiten vorbehalten bleiben müssen, die noch ausstehenden experimentellen Beweise für oder wider sie zu liefern.

Ähnlich wie bei der Hydroformylierungsreaktion entstehen auch bei den Carbonylierungsreaktionen häufig Isomerengemische. Da die ungesättigten Ausgangsverbindungen in dieser Hinsicht jedoch ein recht verschiedenes Verhalten zeigen, sollen die Isomerisierungen in den speziellen Kapiteln behandelt werden.

3. Katalysatoren

Als wirksame Katalysatoren haben sich Nickel, Kobalt, Eisen, Rhodium, Ruthenium und Palladium sowie deren Salze, Carbonyle oder Hydrocarbonyle erwiesen. Diese Elemente werden je nach Reaktion als Carbonyle oder in Form von Metallen, Salzen, Komplexsalzen oder Oxyden eingesetzt. Das Anion spielt, wie schon beim Reaktionsmechanismus erwähnt, speziell bei Nickelsalzen, eine wesentliche Rolle im Reaktionsablauf. So nimmt die katalytische Wirksamkeit der Nickelhalogenide in der Reihe Fluor, Chlor, Brom und Jod stark zu [374–376].

Große Bedeutung kommt auch dem molaren Verhältnis Kobalt bzw. Nickel zu Jod zu [414].

Wie bei der Hydroformylierungsreaktion erweisen sich auch bei den Carbonylierungsreaktionen Metallcarbonyle mit Phosphin-Liganden als besonders aktiv [377]. So zeigt der Nickelbromid-triphenylphosphin-allylbromid-Komplex erhöhte Wirksamkeit bei der Carbonylierung von Acetylen. Carbonyle mit Phosphin-Liganden lösen sich zudem auch besonders leicht im Reaktionsmedium [345, 377].

Als Promotoren werden bei Reaktionen mit $Ni(CO)_4$ Selen [379], Kupfer [146, 377, 380, 381], Silber [380] und Zink [380] empfohlen. Selen soll höhere Ausbeuten, Unterdrückung von Polymerisationsreaktionen und höhere Lebensdauer des Katalysators bewirken.

Eine allgemein gültige Reihenfolge der Aktivität der einzelnen Metallcarbonyle kann nicht ohne weiteres aufgestellt werden. Sie hängt entscheidend von der zu carbonylierenden Verbindung ab. Während bei Acetylenen

Katalysatoren 79

und Olefinen meist Nickel am wirksamsten ist, gibt man bei Carbonylierungen von Alkoholen, Äthern und Epoxyden häufig dem Kobalt den Vorzug. Verschiedene Carbonyle können mit dem gleichen Ausgangsprodukt oft zu unterschiedlichen Endprodukten führen. So reagieren Acetylen und Kohlenmonoxyd in Gegenwart von Wasser mit Hilfe von Nickelbromid-Kupferbromid-Katalysatoren nach der katalytischen Arbeitsweise in sehr hoher Ausbeute zu Acrylsäure, wenn Tetrahydrofuran bzw. Aceton als Lösungsmittel verwendet wird [*382*]. Wird die Umsetzung von Acetylen mit Kohlenoxyd mit den gleichen Katalysatoren unter gleichen Reaktionsbedingungen in wäßriger Lösung vorgenommen, so wird nicht Acrylsäure, sondern Diacrylsäure bzw. Triacrylsäure als Hauptprodukt erhalten [*383*].

$$H_2C=CH-COO-CH_2-CH_2-COOH$$
Diacrylsäure

$$H_2C=CH-COO-CH_2-CH_2-COO-CH_2-CH_2-COOH$$
Triacrylsäure

Diese Produkte bilden sich sekundär aus Acrylsäure und Wasser über β-Hydroxypropionsäure. Die Ausbeuten sind in erster Linie eine Funktion des Wassergehalts der Reaktionslösung. Wird die gleiche Reaktion zwischen 250 und 270 °C und etwas erhöhtem Kohlenoxyd-Partialdruck ausgeführt, so erhält man als Hauptreaktionsprodukt Bernsteinsäure [*384*].

Werden bei der Herstellung von Acrylester aus Acetylen, Kohlenoxyd und Alkohol mit Hilfe von Triphenylphosphin-Nickelhalogenid-Katalysatoren hohe Acetylen-Partialdrucke gewählt, so reagiert auch hier der primär gebildete Acrylester weiter, und es wird als Hauptprodukt Heptatrien-2,4,6-säureester-1 erhalten [*385*]. Für die Umsetzung wird zweckmäßig der intermediär zu erwartende Acrylester bereits als Lösungsmittel vorgelegt. Nimmt man die Umsetzung von Acetylen, Kohlenoxyd und Alkohol bei sehr geringem Kohlenmonoxyd-Partialdruck in Gegenwart von $Ni(CO)_4$ in stark saurem Milieu vor, so werden als Hauptprodukte ungesättigte Dicarbonsäureester vom Typ $ROOC-(CH=CH)_n-COOR$ erhalten, wobei n vorwiegend 3 und 4 ist [*386, 387*].

Läßt man Acetylen mit Kohlenoxyd und Wasser/Alkoholgemischen in Gegenwart von Kobaltkatalysatoren reagieren, so setzt sich der zunächst gebildete Acrylester weiter um und als Hauptprodukt kann Bernsteinsäurediester erhalten werden [*205, 226, 388–400*]. Wird als Lösungsmittel Dioxan oder Cyclohexanon und als Katalysator Kobaltcarbonyl benutzt und bei sehr hohen CO-Partialdrucken (z. B. 600 at) gearbeitet, so bildet sich in guter Ausbeute ein Gemisch von cis- und trans-4,5-Dihydroxy-octatrien-2,4,6-disäure-1,4;8,5-dilacton [*401*]. Mit Eisencarbonyl entsteht unter sonst gleichen Reaktionsbedingungen bei etwas erhöhter Temperatur

(110–170 °C) als Hauptprodukt p-Chinon [*402*]. Läßt man die gleiche Reaktion in Anwesenheit von etwas erhöhten Wasserkonzentrationen ablaufen, dann wird als Hauptprodukt mit recht guter Ausbeute Hydrochinon erhalten [*399, 400, 402*].

Ähnlich wie bei der Umsetzung von Acetylen und Kohlenoxyd mit einer dritten Komponente evtl. verschiedene Produkte erhalten werden können, ist auch bei Umsetzungen von Äthylen mit Kohlenmonoxyd und Wasser oder Alkoholen je nach Reaktionsbedingungen und Katalysator mit recht verschiedenen Reaktionsprodukten zu rechnen.

Äthylen läßt sich mit Kohlenoxyd und Wasser in Gegenwart von Nickelcarbonyl als Katalysator in sehr guter Ausbeute zu Propionsäure umsetzen. Wird die Konzentration an Propionsäure im Reaktionsgemisch hoch gehalten und die Reaktionstemperatur gegenüber der Propionsäure-Synthese, die vorteilhaft bei 300°C abläuft, auf 240 °C gesenkt, so entsteht mit $Ni(CO)_4$ als Katalysator in sehr guter Ausbeute Propionsäureanhydrid. Wird an Stelle von Nickelcarbonyl mit Kobaltcarbonyl bei der Umsetzung von Äthylen mit Kohlenoxyd und Wasser gearbeitet (in diesem Falle muß eine niedrige Wasserkonzentration eingestellt werden), wird Propionsäureäthylester das Hauptprodukt. Die Umsetzung von Äthylen mit Kohlenoxyd in schwach alkalischem Milieu mit Hilfe von Kaliumnickelcyanid führt vorwiegend zu Propionylpropionsäure [*403–405*]. Bei etwas höherer Temperatur ohne pH-Korrektur entstehen in der gleichen Reaktion vorwiegend Polyketone mit folgenden Sequenzen $-(CH_2-CH_2-CO)-$.

Wird die Reaktion ohne Wasser und Alkohol mit Palladiumjodid als Katalysator durchgeführt, fällt als Hauptprodukt ein Gemisch isomerer Hexenolide an. Farblose Polyketone gleicher Zusammensetzung entstehen, wenn man überschüssiges Äthylen mit Kohlenoxyd in Anwesenheit komplexer Palladiumsalze als Katalysatoren in alkoholischer Halogenwasserstoff-Lösung bei ca. 100 °C und 700 at umsetzt [*406*].

Aus Äthylen und Kohlenoxyd gewinnt man in Anwesenheit von Wasser und in Gegenwart organischer Basen (z. B. N-n-Propylpyrrolidin) mit Hilfe von Eisencarbonyl als Hauptprodukt n-Propanol [*407*].

Diese Aufstellung zeigt, daß man durch Auswahl der Reaktionsbedingungen, gezielte Wahl des Katalysators und weitere Zusatzkomponenten sowie durch Variation des Lösungsmittels und der Konzentrationen völlig verschiedene Reaktionsprodukte sogar in wirtschaftlicher Arbeitsweise erhalten kann.

Die Auswahl des „Katalysatorsystems" wird u. U. auch durch verfahrenstechnische Gesichtspunkte bestimmt. Bei der Synthese von Acrylsäure-n-butylester aus Acetylen, Kohlenoxyd und n-Butanol nach der katalytischen Arbeitsweise zeigte sich, daß beim kontinuierlichen Syntheseverfahren Nickelhalogenid als solches die Reaktion nicht störungsfrei in Gang halten kann. Wesentlich bessere Erfolge wurden mit Komplexkatalysatoren vom Typ der quarternären Phosphonium-nickelhalogenide bzw. der entspr. Ammonium-Verbindungen erhalten [408, 409].

Nickelbromid und Nickeljodid sind in Acrylsäurebutylester-Butanol-Gemischen nur in einem für die Aufrechterhaltung der katalytischen Umsetzung unzulänglichen Maße löslich. In Anwesenheit der in Patenten [408, 409] genannten tertiären und quarternären Komplexverbindungen aber kann eine für das Aufrechterhalten der Reaktion erforderliche Konzentration an Nickel und Halogen-Ionen sehr leicht eingestellt werden.

Viele Carbonylierungsreaktionen, insbes. die stöchiometrischen Umsetzungen mit $Ni(CO)_4$, werden in Gegenwart wäßriger Säuren vorgenommen. JONES [369] untersuchte die Wirksamkeit der einzelnen Säuren und stellte fest, daß z. B. Salzsäure und Essigsäure gleich wirksam sind, während Trichloressigsäure unwirksam ist. Er zieht daraus den Schluß, daß nicht die Protonen der Säure, sondern deren anionische Teile eine Rolle im Reaktionsmechanismus spielen. Außer Salzsäure und Essigsäure sind auch Schwefelsäure [345], wäßrige Phosphorsäure [345], Ameisensäure [367] und Monochloressigsäure [367] mit Erfolg verwendet worden. Dagegen versagen eine Reihe anderer organischer Carbonsäuren [367]. Arbeitet man z. B. mit einem Unterschuß an Essigsäure, so kann diese nach ihrem Verbrauch meist nicht durch die in der Hydrocarboxylierung entstehende ungesättigte Carbonsäure ersetzt werden [367]. Oxydierende Substanzen wie Sauerstoff oder Nitrobenzole sind Katalysatorgifte [365]; überraschenderweise erwies sich auch CCl_4 bei der Carbonylierung von Acetylen mit $Ni(CO)_4$ als Katalysatorgift [365]. Welche Katalysatoren sich jeweils am besten eignen, wird in den speziellen Abschnitten dieses Kapitels besprochen.

4. Einfluß des Druckes und der Temperatur

Die bei den Carbonylierungsreaktionen anzuwendenden Temperaturen und Drucke werden weitgehend vom ungesättigten Ausgangsprodukt und vom Katalysator bestimmt.

Bei der drucklosen stöchiometrischen Carbonylierung von Acetylenen mit $Ni(CO)_4$ genügen 35 bis 80 °C; mit katalytischen Mengen $Ni(CO)_4$ arbeitet man normalerweise bei 120 bis 220 °C und ca. 30 at.

In einigen Fällen kann bei niederer Temperatur gearbeitet werden. Beispiele sind die Acrylsäure- und Acrylester-Synthesen. Sie gelingen in Anwesenheit von Acetylaceton oder Triphenylphosphin nach der katalytischen Arbeitsweise mit Nickelbromid als Katalysator bei gleichen Nickelsalz-Konzentrationen mit der gleichen Reaktionsgeschwindigkeit aber bei einer etwa 20 bis 30 °C niedrigeren Temperatur.

Meist ist bei der katalytischen Reaktion eine Minimaltemperatur erforderlich, unterhalb der – unabhängig vom Druck – keine Reaktion eintritt. Diese Temperatur liegt z. B. für n-Octin bei 180 bis 183 °C und für die

82 Carbonylierungen mit Metallcarbonylkatalysatoren (Reppe-Reaktionen)

innenständigen Octine bei 198 bis 200 °C [*146*]. Die Abhängigkeit der Reaktionsgeschwindigkeit von der Temperatur bei verschiedenen Katalysatorkonzentrationen wurde von mehreren Autoren untersucht [*110–413*].

Die Reaktionsgeschwindigkeit wird jedoch häufig weniger durch die Reaktionstemperatur als vielmehr durch die Diffusionsgeschwindigkeit von Kohlenoxyd und Acetylen im Reaktionsraum bestimmt [*371*].

Die stöchiometrische Carbonylierung von Olefinen und ihren Substitutionsprodukten gelingt ebenfalls drucklos und bei Raumtemperatur (oder in Sonderfällen bei noch tieferen Temperaturen). Mit katalytischen Mengen Kobalthydrocarbonyl wird meist zwischen 100 und 260 °C und Drucken von 30–900 at gearbeitet. Zur Carbonylierung von gesättigten Alkoholen bevorzugt man die schon bei ca. 180 °C sehr wirksamen Kobaltkatalysatoren gegenüber dem Nickelcarbonyl, das bei gleichen Drucken erst bei 280 °C vergleichbare Resultate liefert [*371*].

Bei Carbonylierungen mit Kobaltkatalysatoren tritt ebenso wie bei der Hydroformylierung mit zunehmendem CO-Druck eine Reaktionshemmung ein [*365, 415–417*]. Noch deutlicher ist die Hemmung bei Verwendung von Nickelkatalysatoren [*411*]. Die Erklärung hierfür wurde im Kapitel über den Reaktionsmechanismus gegeben.

Bei der Carbonylierung entstehen auch häufig Isomerengemische. Bei der Carbonylierung von Olefinen fördern hohe CO-Drucke und niedere Reaktionstemperaturen die Bildung von gradkettigen Carbonylverbindungen und niedere CO-Drucke und hohe Temperaturen die Bildung von verzweigten Carbonylverbindungen. Bei Verbindungen, in denen die Ladungsverteilung der Doppelbindung gegenüber der Ladungsverteilung der Olefin-Doppelbindung umgekehrt ist, z. B. in α,β-ungesättigten Estern, kehren sich auch die Effekte um. Nun fördern hoher CO-Druck und niedere Temperatur die Bildung von verzweigten Produkten und niederer CO-Druck und hohe Temperatur die Bildung von gradkettigen Produkten. Näher wird auf die Isomerenverhältnisse in den speziellen Kapiteln eingegangen [*146, 365, 371, 415–417*].

5. Lösungsmittel der Carbonylierungsreaktionen

Die stöchiometrischen Synthesen mit $Ni(CO)_4$ werden meistens in Gegenwart wäßriger Säuren wie Salzsäure, Phosphorsäure, Essigsäure oder säurebildender Nickelsalze durchgeführt. Als Lösungsmittel werden primäre, sekundäre und tert. Alkohole, Ketone, Äther, Ester oder Pyridine verwendet [*365*]. Die Lösungsmittel haben, mit Ausnahme des Pyridins, keinen großen Einfluß auf die Reaktion [*365*]. Tert.-Butanol, Aceton und Anisol verursachen, verglichen mit Äthanol, eine etwas längere Induktionsperiode. In Pyridin ist die Induktionsperiode ganz wesentlich verkürzt (Gründe dafür siehe den Abschnitt über den Reaktionsmechanismus).

Es ist wichtig, daß bei der Reaktion mindestens stöchiometrische Mengen *Wasser* zugegen sind. Anderenfalls sinken die Ausbeuten unter gleichzeitiger Hydrierung großer Teile des Ausgangsproduktes beträchtlich [*365*]. Größere Wasseranteile haben sich auch bei der katalytischen Synthese von Carbonsäuren aus gesättigten Alkoholen bewährt [*373, 411–413*]. Wasser verhindert einmal die Umsetzung von Ausgangs- und Endprodukten zu Estern und zum anderen die Umwandlung von CO in CO_2 durch die Wassergasreaktion [*371*]

$$CO + H_2O \longrightarrow CO_2 + H_2 \, .$$

Mit Kobaltkatalysatoren kann die Carbonylierung von ungesättigten Verbindungen auch wasserfrei vorgenommen werden (ausgenommen natürlich die Herstellung gesättigter Carbonsäuren). Bei wasserfreier Arbeitsweise können unpolare Lösungsmittel wie Paraffine oder aromatische Kohlenwasserstoffe verwendet werden. Meist bevorzugt man jedoch Alkohole, Ketone, Äther, Ester oder Nitrile.

Während bei der Herstellung von niederen Carbonsäuren Wasser eine eindeutig günstige Wirkung für den Reaktionsablauf besitzt, kann sich bei der Herstellung von höheren Carbonsäuren aus den entspr. Olefinen die Anwesenheit von Wasser zunächst störend bemerkbar machen, da sich die Katalysatorkomponenten vorzugsweise in der wäßrigen Phase aufhalten. Man kann jedoch durch Zusatz von Lösungsmitteln, z. B. Carbonsäuren, eine Verbesserung erreichen [*419, 420*].

Besonders leicht verlaufen Carbonylierungsreaktionen, wenn ein *Alkohol* als Lösungsvermittler gewählt wird und so eine Phasentrennung unter den Carbonylierungsbedingungen vermieden wird.

Günstige Bedingungen für die Carbonylierung eines Moleküls mit olefinischer Bindung sind vorhanden, wenn diese Verbindung bereits eine hydrophile Gruppe enthält, z. B. bei der Ölsäure. Durch die Anwesenheit einer Carboxylgruppe wird die Wasseraufnahmefähigkeit der organischen Schicht so günstig beeinflußt, daß ein sehr glatter Reaktionsablauf auch bei kontinuierlicher Durchführung der Synthese erreicht werden kann. In diesem Falle läßt sich auch die Dicarbonsäure direkt und nicht nur der Diester mit sehr guter Ausbeute herstellen.

6. Carbonylierung spezieller Verbindungen

6.1. Acetylene und Substitutionsprodukte in Gegenwart von Wasser

Die katalytische Carbonylierung von Acetylenen oder deren Substitutionsprodukten mit Kohlenmonoxyd und Wasser führt zu ungesättigten Carbonsäuren bzw. ihren Derivaten. Im einfachsten Fall entsteht aus

84 Carbonylierungen mit Metallcarbonylkatalysatoren (Reppe-Reaktionen)

Acetylen, Kohlenoxyd und Wasser Acrylsäure. $Ni(CO)_4$ als Katalysator ergibt bessere Ausbeuten als Kobalt- oder Eisencarbonyle [*1, 345*].

$$HC\equiv CH + CO + H_2O \xrightarrow{Kat.} H_2C=CH-COOH$$

Anders als bei der Hydroformylierungsreaktion oder der Carbonylierung von Olefinen tritt die Carboxylgruppe bei den Acetylen-carboxylierungen stets an eines der beiden der Dreifachbindung angehörenden C-Atome. Isomerisierungen der ungesättigten Bindung über intermediäre metallorganische Komplexe sowie Isomerisierungen des Kohlenstoffgerüsts finden nicht statt.

Wie erwähnt, läßt sich die Acetylencarbonylierung auch drucklos mit stöchiometrischen Mengen $Ni(CO)_4$ als CO-Lieferant in Gegenwart wäßriger Säuren verwirklichen.

Bei der stöchiometrischen Synthese wird das nach Abreaktion des komplex gebundenen Kohlenoxyds zurückbleibende Nickel von der vorgelegten Säure als Salz gebunden.

$$4\,HC\equiv CH + Ni(CO)_4 + 4\,H_2O + 2\,HX \longrightarrow 4\,H_2C=CH-COOH + NiX_2 + H_2$$

Der aus dieser Bruttogleichung resultierende Wasserstoff wird jedoch, wie schon W. REPPE feststellte und später OHASHI et al. [*421–423*] bestätigten, niemals in freier Form gefunden; er wird in homogen katalytischen Reaktionen hydrierend auf die in der Reaktion entstandene Acrylsäure unter Bildung von Propionsäure oder das eingesetzte Acetylen unter Bildung von Äthylen oder Äthan übertragen. Daneben wird er in untergeordnetem Maße von einer Reihe weiterer Nebenreaktionen verbraucht, insbesondere bei Reaktionstemperaturen unterhalb 30 °C, bei denen eine Hydrierung der gebildeten ungesättigten Säure kaum stattfindet [*423*].

JONES et al. [*367, 425*] formulierten die Stöchiometrie der Hydrocarboxylierung von Acetylen unter Berücksichtigung der Nebenreaktionen wie folgt:

$$10\,RC\equiv CR + 2\,Ni(CO)_4 + 5\,H_2O + 4\,HX \longrightarrow 5\,RC(COOH)=CHR + 2\,NiX_2 + (5\,RC\equiv CR, 3\,CO, 4\,H)$$

Das letzte Glied der Gleichung soll die Zusammensetzung der komplexen Mischung der Nebenprodukte darstellen.

Die beschriebene Hydrocarboxylierungsreaktion läßt sich im Prinzip auf alle Acetylene übertragen [*1, 345, 349, 426*]. Die Elemente der Ameisensäure (H–COOH) werden unter den dabei üblichen Reaktionsbedingungen fast ausschließlich in cis-Stellung und im allgemeinen bevorzugt im Markownikoff-Sinn addiert [*421*].

Ausnahmen, bei denen es auch in größerem Umfang zur Addition im Anti-Markownikoff-Sinne kommt, wurden bisher bei der Hydrocarboxylierung von Octin [427], Nonin-2 [345], Phenylacetylen, 1-Phenylpropin-1 [345] und Propargylalkohol [428] beobachtet.

Tabelle 36 faßt einige der bei der Hydrocarboxylierung von Alkinen erhaltenen Reaktionsprodukte zusammen.

Die Substituenten an der Kohlenstoffdreifachbindung bestimmen die Reaktivität des Alkins in der Hydrocarboxylierungsreaktion. Nach JONES et al. [429] lassen sich die Substituenten an der Dreifachbindung in zwei Klassen einteilen: in die Hydrocarboxylierung fördernde Substituenten (A)

$$Alkyl, Aryl, CH_2OH, CH_2O-OC-CH_3, CHR-O-OC-CH_3,$$
$$CH_2-CH_2-OH, CH_2-CH(CH_3)-OH, CH_2-CH_2O-OC-CH_3,$$
$$CH_2-CH_2-O-\overline{CHO(CH_2)_4} \text{ und } CH_2-CH_2-CH_2OH$$

und in die Hydrocarboxylierung hemmende Substituenten (B)

$$H, CHROH, CR_2OH, CR_2OOC-CH_3, CH_2-C(OH)-(CH_3)_2,$$
$$CO-CH_3, COOH, COOC_2H_5.$$

Ist ein Acetylen durch je einen Substituenten der Gruppe A und B substituiert, so tritt die Carboxylgruppe an das mit dem Substituenten (A) verknüpfte C-Atom der Dreifachbindung. Ein Äthin, das durch zwei Substituenten der Gruppe (B) substituiert ist, reagiert nur äußerst träge. Eine Ausnahme von dieser Regel ist das besonders leicht reagierende Acetylen.

Vinylacetylene reagieren träge. Nur in Gegenwart von Pyridin können befriedigende Reaktionsgeschwindigkeiten erzielt werden [369]. Die primär gebildeten Carboxydiene gehen als Folgereaktion leicht Diels-Alder-Addition ein und bilden ungesättigte Dicarbonsäuren [345, 369, 428, 433].

$$HC\equiv C-CH=CH_2 + CO/H_2O \longrightarrow \begin{pmatrix} H_2C=C-CH=CH_2 \\ | \\ COOH \end{pmatrix}$$

$$2\ H_2C=C-CH=CH_2 \longrightarrow \underset{HOOC}{}\bigcirc\underset{CH_2}{\overset{COOH}{C}}$$
$$|$$
$$COOH$$

Diacetylene ließen sich bisher nicht hydrocarboxylieren [369].

86 Carbonylierungen mit Metallcarbonylkatalysatoren (Reppe-Reaktionen)

Tabelle 36. *Hydrocarboxylierung von Alkinen mit Kohlenmonoxyd und Wasser*

Acetylene	Reaktionsprodukte	Ausb. %	Lit.
Acetylen	Acrylsäure	95	[345, 427, 428]
Propin	Methacrylsäure	50	[428]
Butin-1	Buten-1-carbonsäure-2	45	[428]
Hexin-1	Hexen-1-carbonsäure-2	35	[429]
Octin-1	Octen-1-carbonsäure-2	20	[345]
Nonin-2	Nonen-2-carbonsäure-2 Nonen-2-carbonsäure-3	32,5	[345]
Decin-5	Decen-5-carbonsäure-5	52	[425]
Phenylacetylen	Atropansäure und Spuren Zimtsäure	48	[345, 429]
1-Phenyl-propin-1	α-Methylzimtsäure + α-Phenylcrotonsäure	54	[345]
Diphenylacetylen	α-Phenyl-trans-Zimtsäure	48	[345, 425, 430]
3-Acetoxy-propin	3-Acetoxypropen-1-carbonsäure-2	32	[429]
3-Hydroxy-butin-1	3-Hydroxybuten-1-carbonsäure-2	–	[345]
1-Hydroxy-butin-3	α-Methylen-γ-butyrolacton	23	[429]
1-Acetoxy-butin-3	4-Acetoxybuten-1-carbonsäure-2	32	[429]
4-(2-Hydroxy-tetrahydropyranyl)-butin-1	4-(2-Hydroxytetrahydropyranyl)-buten-1-carbonsäure-2 + 4-(2-Hydroxytetrahydropyranyl)-buten-1-carbonsäure-2-äthylester	20	[429]
1,4-Diacetoxy-butin-2	1,4-Diacetoxybuten-2-carbonsäure-2	58	[425]
1-Hydroxypentin-4-p-toluolsulfonsäureester	5-Hydroxypenten-1-carbonsäure-2-p-toluolsulfonsäureester	1,5	[369]
2-Hydroxypentin-4	α-Methylen-γ-methyl-γ-butyrolacton	30	[429]
2-Hydroxypentin-3	4-Hydroxypenten-2-carbonsäure-2	60	[425]
3-Acetoxyhexin-1	3-Acetoxyhexen-1-carbonsäure-2	48	[429]
2-Hydroxy-2-methyl-pentin-4	α-Methylen-γ-dimethyl-γ-butyrolacton	7,4	[429]
1-Acetoxy-1-äthin-cyclohexan	α-(1-Acetoxycyclohexyl)-acrylsäure	3,5	[429]

Tabelle 36 (Fortsetzung)

Acetylene	Reaktionsprodukte	Ausb. (%)	Lit.
2-Acetoxy-2-phenylpropin	3-Acetoxy-3-phenyl-propen-1-carbonsäure-2	50	[429]
1-Hydroxy-1-phenylpropin	3-Hydroxy-3-phenylpropen-1-carbonsäure-2	12	[429]
5-Brompentin	5-Brompenten-1-carbonsäure-2	40	[369]
Pentin-3-on-2	cis- und trans-4-Ketopenten-2-carbonsäure-2	30	[425]
Octin-3-on-2	2-Keto-octen-3-carbonsäure-4	40	[425]
1-Hydroxypentin-4	α-Methylen-δ-valerolacton	21	[429]
Butin-3-säure-1-äthylester	3-Carbäthoxybuten-1-carbonsäure-2	28	[431]
Pentin-4-säure-1-äthylester	4-Carbäthoxypenten-1-carbonsäure-2	46	[431]
Hexin-5-säure-1-äthylester	5-Carbäthoxyhexen-1-carbonsäure-2	40	[431]
Heptin-6-säure-1-äthylester	6-Carbäthoxy-hepten-1-carbonsäure-2	37	[425, 431]
Hexin-1-säure-1	n-Butylfumarsäure	28	[425]
5-Cyano-pentin-1	5-Cyanopenten-1-carbonsäure-2	39	[431]

Sehr unterschiedlich verläuft die Umsetzung *halogenierter Acetylene*. Steht das Halogenatom am C-Atom der Dreifachbindung, so wird das Halogenatom durch Wasserstoff ersetzt:

$$2 \text{ RC≡CJ} + 2 \text{ Ni(CO)}_4 + 2 \text{ AcOH} \longrightarrow$$
$$2 \text{ RC≡CH} + \text{Ni(OAc)}_2 + \text{NiJ}_2 + 8 \text{ CO}$$

Diese Enthalogenisierungsreaktion verläuft langsamer als die normale Hydrocarboxylierung von Alkinen. Solange jedoch das Halogenalkin nicht restlos verbraucht ist, tritt keinerlei Carboxylierung des entstandenen enthalogenierten Alkins auf. Halogenalkine mit Halogenatomen am C-Atom der Dreifachbindung wirken offensichtlich inhibierend auf die Hydrocarboxylierung. Dagegen stört ein weiter als um ein C-Atom von der Dreifachbindung entfernt in der Kohlenstoffkette gebundenes Halogen nicht [425].

α-Halogenalkine liefern in Gegenwart von Ni(CO)$_4$ und wäßrigen Säuren bei der Hydrocarboxylierung Allensäuren, Ketosäuren oder substituierte Maleinsäureanhydride [434, 435].

88 Carbonylierungen mit Metallcarbonylkatalysatoren (Reppe-Reaktionen)

Durch Variation des Halogenatoms läßt sich je eines der drei Produkte zum Hauptprodukt machen.

$$H_3C-C\equiv C-CH_2X \xrightarrow{CO/H_2O}$$

$$\underset{\underset{COOH}{|}}{H_2C=C=C-CH_3} + H_3C-C\underset{\underset{COOH}{|}}{\overset{O}{\diagup\!\!\diagdown}} + \underset{CH_3-C-C}{CH_3-C-C}\overset{O}{\underset{O}{\diagup\!\!\diagdown}}$$

X = Cl	15%	2%	—
= Br	—	5%	3%
= J	—	1%	14%

Da, wie im folgenden noch ausgeführt wird, das Halogenalkyl die Rolle der Säure übernehmen kann, ist bei dieser Reaktion die Anwesenheit einer Säure überflüssig. Ist jedoch eine Säure zugegen, so bilden die entstehenden Allencarbonsäuren leicht *Lactone*.

$$R_2C=C=CH-COOH \longrightarrow$$

Tabelle 37. *Darstellung von Allensäuren durch Hydrocarboxylierung α-halogenierter Alkine*

Acetylen	Allensäure*	Ausb.** (%)	Lit.
3-Chlorpropin-1	Butadien-2,3-säure-1	6	[*436, 437*]
3-Chlorbutin-1	Pentadien-2,3-säure-1	10	[*436*]
1-Chlor-butin-2	2-Methyl-butadien-2,3-säure-1	15	[*435*]
3-Chlor-3-methylbutin-1	4-Methyl-pentadien-2,3-säure-1	45	[*436*]
3-Chlor-hexin-1	Heptadien-2,3-säure-1	12,5	[*436*]
1-Chlor-heptin-2	2-Butyl-butadien-2,3-säure-1	15	[*435, 436*]
1-Bromheptin-2	2-Butyl-butadien-2,3-säure-1	11,5	[*435*]
1-Jod-heptin-2	2-Butyl-butadien-2,3-säure-1	22	[*435*]
p-Toluolsulfonsäure-heptin-2-ol-1-ester	2-Butyl-butadien-2,3-säure-1	31	[*435*]
2-Chlor-2-methyloctin-3	2-Butyl-4-methyl-pentadien-2,3-säure-1	13	[*436*]
3-Chlor-3-phenylpropin-1	4-Phenyl-butadien-2,3-säure-1	12	[*436*]

* Die Säure wurde teilweise in Form ihres Äthylesters erhalten.
** Ausbeute an Säure + Ester.

Die Stelle der mit $Ni(CO)_4$ katalytisch wirksamen Säure kann auch durch ein Allylhalogenid übernommen werden [*434, 438, 439*]. Analog zu den

Gleichungen (5) (6) (7) und (8) auf Seite 75 ist dann der folgende Reaktionsablauf anzunehmen:

$$H_2C=CH-CH_2Hal + Ni(CO)_4 \longrightarrow H_2C=CH-CH_2-Ni(CO)_2Hal + 2\,CO$$

$$\xrightarrow{HC\equiv CH} CH_2=CH-CH_2-CH=CH-Ni(CO)_2Hal \xrightarrow{CO}$$

$$CH_2=CH-CH_2-CH=CH-\underset{\underset{O}{\parallel}}{C}-Ni(CO)_2Hal \xrightarrow[2\,CO]{H_2O}$$

$$CH_2=CH-CH_2-CH=CH-\underset{\underset{O}{\parallel}}{C}-OH + Ni(CO)_4 + HHal$$

Analog zum Allylchlorid reagieren eine Reihe weiterer Allylhalogenverbindungen [438], wobei die Ausbeuten im allgemeinen zwischen 70–80% liegen.

Allylchloride mit elektronegativen Substituenten an der Doppelbindung versagen sich dieser Reaktion. So konnten

$$ClCH_2-CH=CH-C\equiv N, \quad ClCH_2-CH=CH-COOCH_3 \text{ und}$$
$$ClCH_2-CH=CH-Cl$$

nicht in der aufgezeigten Weise umgesetzt werden [438].

Tabelle 38 [443]. *2-cis-5-Diensäure-methylester* $R''CH=CH-COOCH_3$ *nach*
$$R''X + HC\equiv CH + CO + CH_3OH \xrightarrow[Ni(CO)_4]{} R''-CH=CH-COOCH_3 + HX$$
bei 20 °C in Methanol erhalten

R''	Kp (°C/Torr)	Ausb. (%)
$CH_2=CH-CH_2-$	62–63/28	70
$CH_3-CH=CH-CH_2-$	73–75/20	81
$CH_2=C(CH_3)CH_2-$	62–63/16	80
$CH_3-CH=CH-CH(CH_3)-$	75–78/20	40
$CH_3-C(CH_3)=CH-CH_2-$	85–86/12	35
$CH_3-(CH_2)_2-CH=CH-CH_2-$	69–70/2	62
$CH_3-(CH_2)_4-CH=CH-CH_2-$	68–70/0,4	73
$CH_3-(CH_2)_6-CH=CH-CH_2-$	103–104/1	64
$CH_3-(CH_2)_{14}-CH=CH-CH_2-$	150–156/0,2	48
$CH_3-C(CH_3)_2-CH_2-CH=CH-CH_2-$	97–100/8	55
$H_3CCOO-CH=CH-CH_2-$	79–81/1	40
$H_3CCOO-CH_2-CH=CH-CH_2-$	126–130/6	32
$H_3CCOO-CH=CH-CH_2-CH=CH-CH_2-$	140–141/5	80
$H_3CCOO-CH=C(CH_3)-CH_2-$	81–82/1	45
$H_3C-COO-CH_2-CH=CH-CH_2-$	115–117/5	35
$NC-CH_2-CH=CH-CH_2-$	133–134/7	79
2-Cyclopenten-1-yl	92–96/12	50
2-Cyclohexen-1-yl	105–108/12	50
$C_6H_5-CH=CH-CH_2-$	155–160/5 –	54
$H_3CCOO-CH=CH-CH_2-CH=CH-CH_2-CH_2-CH=CH-CH_2-$	150–155/0,3	19

Das eingesetzte Acetylen wird bei dieser Reaktion stets als eine dem Carboxylrest konjugierte cis-substituierte Doppelbindung eingebaut. Als Nebenprodukte entstehen, insbesondere bei Verwendung unpolarer Lösungsmittel, häufig Phenole. Auf diese Nebenreaktion wird im Kapitel über die Ringschlußreaktion mit Kohlenoxyd noch näher eingegangen.

Analog zu Allylhalogeniden können auch Jodbenzol und andere aromatische Jodderivate oberhalb 100 °C mit Nickeltetracarbonyl und Acetylen unter Bildung von γ-Ketosäuren oder ihren Estern [*442*] umgesetzt werden [*418*], die als Hydrolyseprodukte β,γ-ungesättigter γ-Lactone oder

$$C_6H_5J + HC\equiv CH + Ni(CO)_4 + 2 H_2O \longrightarrow$$
$$C_6H_5-CO-CH_2-CH_2-COOH + NiOHJ + 2 CO$$

als Hydrierungsprodukte α,β-ungesättigter γ-Ketosäuren oder -ester angesehen werden können. α,β-Ungesättigte γ-Ketosäuren oder -ester werden unter den Reaktionsbedingungen zwar hydriert, nehmen aber wegen der Anwesenheit elektronenanziehender Substituenten kein CO auf.

An Stelle von Allylhalogeniden können auch Allylalkohole, -äther und -ester eingesetzt werden. Sie führen ebenfalls zu ungesättigten Säuren oder Estern, z. B.

$$RCH=CH-CH_2OH + HC\equiv CH + CO \xrightarrow[HCl]{Ni(CO)_4}$$
$$RCH=CH-CH_2-CH=CH-COOH$$

(RCH=CH-CH$_2$-CH=CH-CO-OCH$_2$-CH=CHR als Nebenprodukt
in Wasser/Aceton).

In diesen Fällen arbeitet man in Gegenwart von Chlorwasserstoff in geringerer als der zur Bildung von Allylchloriden benötigten Menge. Die Ausbeuten sind meistens höher ($\approx$80–85%) als beim Arbeiten mit Allylchloriden, wo das in der Nebenreaktion gebildete Nickelchlorid das Fortschreiten der Reaktion behindert.

Bei Allylestern gelingt die Reaktion auch in Abwesenheit von Chlorwasserstoff, wenn man höhere Temperaturen ($\approx$130 °C) anwendet, bei denen die Ester und Nickeltetracarbonyl unter Bildung von Allylgruppen, Kohlenoxyd und Nickelsalzen reagieren [*750*].

Die Hydrocarboxylierung von Acetylenen ist nach H. W. STERNBERG [*440*] auch in alkalischem Milieu möglich, wobei (Ni$_3$(CO)$_8$)$^-$ als Kohlenoxyd-Lieferant fungieren soll. STERNBERG erhielt so aus Diphenylacetylen 25% trans-α-Phenylzimtsäure neben 67% Tetraphenylbutadien. Bei Octinen fand J. M. J. TETTEROO dagegen weit schlechtere Ausbeuten [*146*].

Wie schon erwähnt wurde (s. S. 78), entstehen bei der Hydrocarboxylierung von Acetylenen mit Co- oder Fe-Carbonylen häufig andere Endprodukte als mit Ni(CO)$_4$. Kobaltcarbonyle sind im Gegensatz zu Nickelcarbonyl aktiv genug, um die bei der primären Acetylen-hydrocarboxylierung entstehenden ungesättigten Carbonsäuren erneut, nunmehr an der Doppelbindung, zu hydrocarboxylieren. So liefert die Hydrocarboxylierung von Acetylenen mit Kobaltcarbonyl-Katalysatoren Dicarbonsäuren oder ihre Derivate [226, 388–391, 393–396, 397, 441] (Tab. 39).

Tabelle 39 [146]. *Hydrocarboxylierung von Acetylen mit Kobalt-Katalysatoren*

	Ausb. (%) bez. auf Acetylen
Acrylsäuremethylester *	3,6–7,3
Cyclopentanon	Spuren
Cyclopentenon	bis 3
Fumarsäure-dimethylester	bis 2,5
Bernsteinsäure-dimethylester	13–44
Äthantricarbonsäure-methylester	4,5–6
γ-Ketopimelinsäure-dimethylester	5,5–8,5

* Reaktion bei 90–110 °C und 200–300 at in Methanol. An Stelle der freien Carbonsäure entstanden dabei die Ester (siehe den folgenden Abschnitt).

Eisenpentacarbonyl-Katalysatoren lassen aus Acetylenen, CO und Wasser in Alkoholen neben der erwarteten Acrylsäure, besonders in alkalischem Milieu, überraschenderweise in Ausbeuten von 20 bis 30% Hydrochinon [239, 400, 444, 445] entstehen.

$$Fe(CO)_5 + 4 C_2H_2 + 2 H_2O \xrightarrow{Base} 2 HO-\langle\bigcirc\rangle-HO + FeCO_3$$

bzw.

$$H_2Fe(CO)_4 + 4 C_2H_2 + 2 H_2O \longrightarrow 2 HO-\langle\bigcirc\rangle-OH + Fe(OH)_2$$

Hydrochinonbildung wurde (in geringem Maße) auch bei der Einwirkung von Kobalthydrocarbonyl auf Acetylen und eine Reihe substituierter Acetylene in Gegenwart von Phosphorsäure beobachtet [239].

6.2. Acetylene und Substitutionsprodukte in Gegenwart von Alkoholen [382]

Nimmt man die Hydrocarboxylierung von Acetylenen in Anwesenheit von Alkoholen vor, so können konjugierte ungesättigte Carbonsäureester erhalten werden.

Die Reaktion verläuft nicht, wie zunächst angenommen werden könnte, nach Gleichung (1)

$$HC \equiv CH + CO + HOR \xrightarrow{Kat.} H_2C=CH-COOR, \qquad (1)$$

sondern vielmehr nach (2) und (3). Es findet also zunächst eine Hydrocarboxylierung statt, gefolgt von der Veresterung der entstandenen Carbonsäure mit dem im Reaktionsgemisch befindlichen Alkohol.

$$HC \equiv CH + CO + H_2O \xrightarrow{Kat.} H_2C = CH-COOH \quad (2)$$

$$H_2C = CH-COOH + HOR \xrightarrow{Kat.} H_2C = CH-COOR + H_2O \quad (3)$$

Wie nachgewiesen wurde, unterbleibt die Carbonylierung in absolut wasserfreiem Medium bei den üblichen Reaktionsbedingungen [146, 367]. Sie setzt erst bei hohen Temperaturen ein, wenn aus dem anwesenden Alkohol durch Ätherbildung Wasser entsteht [146, 367].

Fügt man den Reaktionspartnern nur kleine Wassermengen hinzu, so wird die wasserliefernde Veresterung zum reaktionsgeschwindigkeitsbestimmenden Schritt [146] des Umsatzes. Eine weitere wichtige Voraussetzung für das Gelingen der Esterbildung ist die ausreichende Stärke der verwendeten Säure. So unterbleibt bei der Reaktion von Alkinen mit CO und H_2O/HOR unter Verwendung von Essigsäure (PK 4,7) oder Pivalinsäure (PK 5) die Esterbildung fast völlig, und es werden als Reaktionsprodukte ausschließlich die ungesättigten Säuren erhalten. Selbst die Säurestärke von Chloressigsäure (PK 2,8) reicht noch nicht völlig aus, es werden etwa gleiche Teile Säure und Ester gebildet. Salzsäure (PK < 0) führt dagegen in hohen Ausbeuten zu ungesättigten Estern [367].

Die beschriebene Estersynthese kann im Prinzip mit den gleichen Metallcarbonyl-Katalysatoren erreicht werden, wie sie zur Hydrocarboxylierung benutzt werden. Als besonders aktiv haben sich neuerdings die Systeme Pd/HCl, $PdCl_2$ [446] und Pd/HJ erwiesen [447].

Mit diesen Katalysatoren lassen sich auch die sonst relativ reaktionsträgen Acetylencarbonsäureester umsetzen. Ähnlich wie Kobaltkatalysatoren bewirkt Pd bevorzugt eine zweifache Hydrocarboxylierung der Alkine:

$$HC \equiv C-COOC_2H_5 + CO/HOC_2H_5 \longrightarrow$$
$$C_2H_5OOC-CH = CH-COOC_2H_5 + (C_2H_5OOC)_2-CH-CH_2-COOC_2H_5$$

Als Folge- bzw. Nebenreaktionsprodukte werden dabei isoliert:

$(C_2H_5OOC)_2-C = CH-COOC_2H_5$ und
$(C_2H_5OOC)_2-C = CH-CH = C-(COOC_2H_5)_2$

Acetylendicarbonsäureester reagieren analog [446]. Mit Bis-triphenylphosphin-palladium(II)-dichlorid als Katalysator erhält man aus Methylbutenin bei 80 °C und 700 at 1,2-Dimethylpropen-(1)-dicarbonsäure-(1,3)-diäthylester [448].

$$\underset{\underset{CH_3}{|}}{HC \equiv C-C} = CH_2 + 2\ CO + 2\ HOR \xrightarrow{(P(C_6H_5)_3)_2PdCl_2} \underset{\underset{CH_3\ CH_3}{|\ \ |}}{H_5C_2OOC-C = C-CH_2-COOC_2H_5}$$

Tabelle 40 zeigt die Zusammenstellung einiger durch Hydrocarboxylierung von Alkinen in Wasser-Alkohol hergestellter Ester.

Tabelle 40. *Ungesättigte Carbonsäureester durch Hydrocarboxylierung von Alkinen in Gemischen von Wasser und Alkoholen*

Alkin	Alkohol	Ester	Lit.
Acetylen	Methanol	Acrylsäuremethylester	[449]
Acetylen	Äthanol	Acrylsäureäthylester	[450]
Acetylen	Butanol	Acrylsäurebutylester	[451, 452]
Acetylen	2-Äthylhexanol	Acrylsäure-2-äthylhexyl-ester	[454]
Acetylen	Tetrahydrofurfurylalkohol	Acrylsäuretetrahydrofurfurylester	[455]
Acetylen	Glykol	Äthylenglykol-diacrylsäureester	[455]
Acetylen	Butandiol-1,4	Butandiol-monoacrylsäureester Butandiol-diacrylsäureester	[455]
Methylacetylen	Äthanol	Methacrylsäure-äthylester	[456]
Hexylacetylen	Äthanol	Octen-1-carbonsäure-2-äthylester	[457]
Phenylacetylen	Äthanol	α-Phenylacrylsäureäthylester	[457]
Methylphenylacetylen	Äthanol	α-Methylzimtsäurcäthylester	[457]
Diphenylacetylen	Äthanol	α,β-Diphenyl-γ-crotonolacton + Diphenylmaleinsäurediäthylester	[458]

6.3. Acetylene und Substitutionsprodukte in Gegenwart von Carbonsäuren, Halogenwasserstoffen, Mercaptanen oder Aminen

Setzt man an Stelle der Alkohole Carbonsäuren bei der Acetylencarbonylierung ein, so werden Carbonsäureanhydride gebildet (1). Mit Thioalkoholen oder Thiophenolen erhält man analog Thioester (2), und mit Aminen entstehen Carbonsäureamide (3). Halogenwasserstoff gibt folgerichtig Carbonsäurehalogenide (4) [459, 460].

$$HC\equiv CH + CO + HOOCR \xrightarrow{Kat.} H_2C=CH-\underset{O}{\underset{\|}{C}}-O-\underset{O}{\underset{\|}{C}}-R \quad (1)$$

$$HC\equiv CH + CO + HSR \longrightarrow H_2C=CH-\underset{O}{\underset{\|}{C}}-SR \quad (2)$$

$$HC\equiv CH + CO + HNR_1R_2 \longrightarrow H_2C=CH-\underset{O}{\underset{\|}{C}}-NR_1R_2 \quad (3)$$

$$HC\equiv CH + CO + HCl \longrightarrow H_2C=CH-\underset{O}{\underset{\|}{C}}-Cl \quad (4)$$

94 Carbonylierungen mit Metallcarbonylkatalysatoren (Reppe-Reaktionen)

Diese vier Reaktionen wurden bisher weit weniger ausführlich untersucht als die Bildung *ungesättigter Säuren oder ungesättigter Ester*. Es finden sich daher nur wenige experimentelle Beispiele in der Literatur.

W. A. RACZYNSKI [*461*] erhielt bei 40 bis 50 °C eine Ausbeute von 88,3% an Acrylsäureanhydrid aus Acrylsäure, Acetylen und $Ni(CO)_4$ in inerten Lösungsmitteln. Acrylsäureanhydrid läßt sich auch direkt aus Acetylen, Kohlenoxyd und Wasser bilden [*462*]. Die Umsetzung von Alkinen mit Kohlenoxyd und Mercaptanen erfordert $Ni(CO)_4$ im Überschuß, da Teile des $Ni(CO)_4$ durch Nickelsulfid-Bildung verlorengehen [*1, 3*]. Acetylen gibt mit Chlorwasserstoff und Kohlenoxyd in Anwesenheit von Rhodiumtrichlorid als Katalysator Acrylsäurechlorid [*459*], mit komplexen Palladiumsalzen überwiegend Bernsteinsäuredichlorid [*460*] und etwas β-Chlorpropionylchlorid. Ersetzt man Chlorwasserstoff durch Phosgen, so erhält man trans-trans-Muconsäuredichlorid neben Fumarsäuredichlorid [*463*].

$$\begin{matrix}CH\\\parallel\\CH\end{matrix} + CO + COCl_2 \longrightarrow \begin{matrix}ClOC\\\diagdown\\CH\\\parallel\\HC\\\diagdown\\COCl\end{matrix} + \begin{matrix}ClOC\\\diagdown\\CH\\\diagup\\HC\\\mid\\CH\\\diagup\\HC\\\diagdown\\COCl\end{matrix}$$

Zu den gleichen Produkten gelangt man, wenn man an Stelle von Phosgen stöchiometrische Mengen Palladiumchlorid benutzt; das $PdCl_2$ wird dabei zu elementarem Palladium reduziert [*464*].

$$\begin{matrix}CH\\\parallel\\CH\end{matrix} + 2\,CO + PdCl_2 \longrightarrow \begin{matrix}ClOC\\\diagdown\\CH\\\parallel\\HC\\\diagdown\\COCl\end{matrix} + Pd$$

$$2\begin{matrix}CH\\\parallel\\CH\end{matrix} + 2\,CO + PdCl_2 \longrightarrow \begin{matrix}ClOC\\\diagdown\\CH\\\diagup\\HC\\\mid\\CH\\\diagup\\HC\\\diagdown\\COCl\end{matrix} + Pd$$

An den beiden zuletzt genannten Reaktionen nimmt keine Verbindung mit aktivem Wasserstoffatom teil; trotzdem handelt es sich um eine Carbonylierungsreaktion, die direkt zu Carbonsäure-Derivaten führt.

Tabelle 41 zeigt einige aus Acetylen hergestellte ungesättigte Thioester; die Ausbeuten betragen bis zu 77%.

Tabelle 41 [465]. *Thiolester aus Alkinen, Kohlenoxyd und SH-Verbindungen*

Alkin	Thiol	erhalten
Acetylen	Schwefelwasserstoff	Thioacrylsäure
Acetylen	Dodecylmercaptan	Acrylsäure-thiododecylester
Acetylen	Benzylmercaptan	Acrylsäure-thiobenzylester
Acetylen	Thiophenol	Acrylsäure-thiophenylester
Acetylen	p-Thiokresol	Acrylsäurethio-p-tolylester
Acetylen	Thioglykolsäure	S-Acryl-thioglykolsäure
Phenylacetylen	Äthylmercaptan	α-Phenylacrylsäure-thioäthylester

Bei den gleichen Reaktionsbedingungen, wie sie bei der Thioester-Synthese gebräuchlich sind, lassen sich Alkine sowohl mittels der stöchiometrischen als auch der katalytischen Arbeitsweise mit primären und sekundären Aminen zu ungesättigten Carbonsäureamiden umsetzen [465–468]. Auch Säureamide, die noch ein reaktionsfähiges H-Atom am Stickstoff tragen, sind zur Reaktion befähigt [465].

Das unsubstituierte Acrylamid konnte allerdings aus Acetylen, Kohlenoxyd und NH_3 bisher nicht dargestellt werden. Diese Umsetzung lieferte stets Polymere. Tabelle 42 faßt einige mit primären und sekundären Aminen bzw. Amiden erhaltene ungesättigte Amide zusammen.

Tabelle 42 [465]. *Ungesättigte Carbonsäureamide durch Reaktion von Alkinen mit Kohlenoxyd und Aminen bzw. Amiden*

Alkin	Amin	erhalten
Acetylen	Äthylamin	N-Äthylacrylamid (dimer)
Acetylen	Butylamin	N-Butylacrylamid (dimer)
Acetylen	Anilin	Acrylanilid
Acetylen	Pyrrolidin	N-Acrylpyrrolidid
Acetylen	Bicyclohexylamin	N-Bicyclohexylacrylamid
Acetylen	Diphenylamin	N-Diphenylacrylamid (polymer)
Acetylen	Harnstoff	N-Acrylharnstoff (polymer)
Phenylacetylen	Anilin	α-Phenylacrylanilid
Acetylen	Acetamid	N-Acetylacrylamid

Die Ausbeuten an ungesättigten Amiden betragen – sofern nicht polymere Produkte gebildet werden – etwa 40 bis 70%.

6.4. Olefine und funktionelle Derivate in Gegenwart von Wasser

Die Carbonylierung von Olefinen mit CO/H_2O hatten schon vor REPPES Arbeiten zahlreiche Autoren in den USA untersucht*. Die Umsetzung

---

* H. KRÖPER: Ullmanns Encyklopädie der technischen Chemie, Bd. 5, S. 121, 1954.

gelang jedoch nur unter drastischen Bedingungen (Drucke von 700 bis 900 at) in Gegenwart von Mineralsäuren, BF_3 oder Metallhalogeniden. Zu jener Zeit wurden Metallcarbonyle als reaktionshemmend betrachtet. REPPE konnte dann zeigen, daß Olefine mit Kohlenoxyd und Wasser in Gegenwart von Metallcarbonylen analog den Acetylenen reagieren. Sie liefern gesättigte Carbonsäuren. Während bei der Carbonylierung von Acetylenen

$$H_2C=CH_2 + CO + H_2O \xrightarrow{Kat.} H_3C-CH_2-COOH$$

$Ni(CO)_4$ eindeutig der bevorzugte Katalysator ist, sind bei der Carbonylierung von Olefinen Kobalt-, Rhodium- und Ruthenium-Katalysatoren gleichwertig oder überlegen. Auch Palladium und Salzsäure enthaltende Katalysatorsysteme sind für die Hydrocarboxylierung außerordentlich wirksam [469-471]. Eisen wirkt als Beschleuniger [472]. Borsäure als Zusatz zu Nickel- und Kobalt-Katalysatoren soll die Lebensdauer der Katalysatoren erhöhen und die Bildung unlöslicher Harze verhindern [473].

Im allgemeinen verlangt die Olefincarbonylierung „härtere" Reaktionsbedingungen als die Acetylencarbonylierung. Mit $Ni(CO)_4$ sind für die stöchiometrische Umsetzung ca. 150 °C bei Kohlenoxyddrucken um 50 at und für die katalytische Umsetzung ca. 250 °C bei Drucken um 200 at gebräuchlich. Palladium enthaltende Katalysatorsysteme sind bereits bei 80 bis 150 °C wirksam [469-471].

Drucklos und bei niederen Temperaturen gelingt dagegen die Olefincarbonylierung, insbes. zur Herstellung von Estern, wenn man stöchiometrisch mit Kobalthydrocarbonyl arbeitet.

Im Unterschied zu den Acetylenen, bei denen keine Isomerisierungen intermediärer Acetylen-Metallkomplexe beobachtet werden, kommt es bei Olefinen, selbst mit $Ni(CO)_4$, häufig zu *Isomerisierungen*, als deren Folge Reaktionsprodukte erhalten werden, in denen die Carboxylgruppe an C-Atome gebunden ist, die ursprünglich nicht an der Kohlenstoffdoppelbindung beteiligt waren [146] (Tab. 43).

Tabelle 43 [146]. *Zusammensetzung der aus der stöchiometrischen Hydrocarboxylierung von n-Octenen mit $Ni(CO)_4$ erhaltenen n-Octancarbonsäuren*

Octen	Octancarbonsäure (%)			
	-(1)	-(2)	-(3)	-(4)
cis-(4)	–	2,5	4,3	93,2
cis-(1)	37,6	61,0	0,8	0,8

Bei Verwendung von Kobaltcarbonylen können Isomerisierungen in noch weit größerem Maße auftreten.

Es hat nicht an Versuchen gefehlt, die relativ drastischen Reaktionsbedingungen, die zur Carbonylierung von Olefinen nötig sind, zu mildern.

Carbonylierung spezieller Verbindungen

Tabelle 44 [477]. *Erhöhung der Reaktionsgeschwindigkeit bei der Hydrocarboxylierung von Olefinen durch Jodzusätze*

Olefin	Mol	Ni(OAc)$_2$ (Mol)	H$_2$O (Mol)	HJ (Mol)	Temp. (°C)	Druck (at)	Rkt.-Zeit (h)	Umsatz bez. auf Olefin	Raumzeitausb. g Mol/l/h
Penten-1	1,5	0,05	2,0	–	300	406–420	8,0	93,5	0,5
	1,5	0,05	2,0	–	300	406–420	8,5	92,8	0,5
	2,9	0,07	2,6	0,013	300	406–420	0,2	80,6	20,5
	2,0	0,07	2,6	0,013	300	406–420	13,0	82,0	0,2
Hexen-1	1,2	0,05	1,6	–	296	406–420	13,0	82,0	0,2
	1,2	0,05	1,6	–	300	406–420	12,0	79,0	0,2
Penten-2	2,0	0,05	2,5	–	300	406–420	12,5	66,0	0,2
	2,0	0,05	2,5	–	300	406–420	14,5	71,4	0,2
	2,0	0,05	2,5	0,013	300	406–420	0,4	88,0	10,0
	2,0	0,05	2,6	0,013	300	406–420	0,4	88,6	10,1
2-Methylbuten-2	1,5	0,05	2,0	–	300	406–420	2,0	keine Rkt.	
	1,5	0,05	2,0	–	300	406–420	5,0	keine Rkt.	
	2,0	0,05	2,5	0,013	300	406–420	0,4	81,5	8,1
Cyclohexen	1,7	0,05	2,2	0,013	320	420	0,2	72,2	8,2
Penten-Gemisch	2,0	0,074	2,3	0,01	320	420	0,6	73,0	4,3

7 Falbe, Synthesen mit Kohlenmonoxyd

98 Carbonylierungen mit Metallcarbonylkatalysatoren (Reppe-Reaktionen)

Einen Erfolg erzielte in dieser Richtung TETTEROO [474], dem die Carbonylierung mit $Ni(CO)_4$ unter UV-Bestrahlung gelang und der die stöchiometrische Hydrocarboxylierung von Olefinen so bei 55–60 °C und Normaldruck ausführen konnte. Bei Arbeiten mit Kobaltkatalysatoren beschleunigt ein Zusatz von etwa 5 bis 10% Wasserstoff zum Kohlenoxyd die Reaktion erheblich (etwa um den Faktor 3). Die Beschleunigung beruht offensichtlich auf einer schnelleren Hydrocarbonyl-Bildung aus $Co_2(CO)_8$ und H_2. Auch Pyridin-Zusätze wirken reaktionsbeschleunigend (Näheres s. im folgenden Abschnitt).

Olefine reagieren mit $Ni(CO)_4$ im allgemeinen auch ohne Zusatz von Halogen oder Halogenverbindungen. Lediglich Olefine, die an der Kohlenstoffdoppelbindung verzweigt sind, wie Isobutylen, benötigen stets Halogenzusätze [475, 476]. Derart verzweigte Olefine liefern sowohl unter Reaktionsbedingungen der stöchiometrischen als auch der katalytischen Carbonylierung mit $Ni(CO)_4$ etwa 10% Trialkylessigsäure neben 90% β-verzweigter Säure [35]. Hohe Ausbeuten an Trialkylessigsäure wurden bisher nur bei tieferen Temperaturen mit Kobalthydrocarbonyl erhalten [35].

Nach LEVERING und GLASERBROOK [477] verlaufen die Reaktionen von Olefinen mit CO und H_2O bei Zusatz von Jod etwa um den Faktor 40 schneller als ohne Halogenzusatz (Tab. 44).

Tabelle 45 [477]. *Änderung des Verhältnisses von gradkettigen zu verzweigten Säuren bei der Hydrocarboxylierung von Olefinen bei Zusätzen von Jod*

Olefin	Promotor	gradkett. Säure	verzw. Säure
Penten-1	–	40,2	59,8
Penten-1	HJ	47,4	52,6
Hexen-1	–	39,9	60,1
Penten-2	–	28,8	71,2
Penten-2	HJ	44,3	55,7
2-Methyl-buten-2	–	–	–
2-Methyl-buten-2	HJ	–	100

Tabelle 46 gibt eine Übersicht über einige durch Hydrocarboxylierung von Olefinen herstellbare Produkte.

Lange Zeit mißlangen Versuche, normale Carbonylierungsprodukte aus konjugierten Dienen herzustellen. Vielfach gingen die konjugierten Diene unter den üblichen Bedingungen der Hydrocarboxylierung zunächst Diels-Alder-Reaktion ein; die daraus resultierenden isolierten alicyclischen Diene wurden dann hydrocarboxyliert. So entstand z. B. aus Butadien zunächst Vinylcyclohexen und daraus ein Gemisch von Dicarbonsäuren [493]. In anderen Fällen bildeten die Diene mit Kohlenoxyd cyclische Ketone (s. das Kapitel Ringschlußreaktionen mit Kohlenoxyd).

Tabelle 46. *Hydrocarboxylierung von Olefinen*

Olefin	Katalysator	Reaktionsprodukt	Ausb. (%)	Lit.
Äthylen	NiCl$_2$, Co Pd(PC$_6$H$_5$)$_3$/HCl Pd/HJ/J$_2$	Propionsäure	90	[470, 471, 478–483, 490]
Propen	Ni(CO)$_4$	Buttersäure + Isobuttersäure (2:1)	60	[478, 480, 483]
Propen	Co$_2$(CO)$_8$	Buttersäure	88	[484]
Buten-1	Ni(CO)$_4$	n- und iso-Valeriansäure	–	[483]
Isobuten	Ni(CO)$_4$/NiJ$_2$	Isovaleriansäure + Trimethylessigsäure (6:1)	100	[478, 483]
Hexen-1		2-Methylhexansäure + Heptansäure	70	[485]
Octen-1	Ni auf Kieselgel	2-Methyloctansäure + Nonansäuren	84	[483, 486]
2-Äthylhexen-1	Raney-Ni, NiJ$_2$, CuJ	2-Äthylheptansäuren	60	[483]
2-Äthylhexen-1	Co$_2$(CO)$_8$	Nonansäuren	57	[484]
1-Vinylcyclohexen-3	Pd(P(C$_6$H$_5$)$_3$)$_2$Cl$_2$/HCl	isomere (Carboxycyclohexyl)-propionsäuren		[469]
Dodecen-1	Ni auf Kieselgel	2-Methyldodecansäure + Tridecansäure	28	[483]
Octadecen-1	Ni(CO)$_4$	2-Methyloctadecansäure	67	[483]
Cyclohexen	Ni(CO)$_4$	Cyclohexancarbonsäure	78	[482, 483, 485, 487]
Cyclohexen	Co$_2$(CO)$_8$	Cyclohexancarbonsäure	89	[484]
Cycloocten	Ni(CO)$_4$	Cyclooctancarbonsäure	31	[488]
Cyclooctadien-1,5	Pd(P(C$_6$H$_5$)$_3$)$_2$Cl$_2$/HCl	Cycloocten-4-carbonsäure-1	51	[469]
Cyclooctadien-1,5	Pd(P(C$_6$H$_5$)$_3$)$_2$Cl$_2$/HCl	Cyclooctandicarbonsäure-1,5		[469]
Bicyclo-(2.2.1)-hepten		Bicyclo-(2.2.1)-heptan-2-carbonsäure	80	[489]
cis,trans,trans-Cyclododecatrien-1,5,9	Pd(P(C$_6$H$_5$)$_3$)$_2$Cl$_2$	Cyclododecadienmonocarbonsäure		[469]
Bicyclo-(2.2.1)-heptadien	Pd(P(C$_6$H$_5$)$_3$)$_2$Cl$_2$/HCl	Bicyclo-(2.2.1)-hepten-5-carbonsäure	80	[489]

Tabelle 46 (Fortsetzung)

Olefin	Katalysator	Reaktionsprodukt	Ausb. (%)	Lit.
Cyclododecatrien-1,5,9	$PdJ_2/HJ/J_2$	Cyclododeca-5,9-dicarbonsäure + Cyclododecen-9-dicarbonsäure-1,5		[471]
Cyclooctadien		Cyclooctancarbonsäure		[491]
Hexadien-1,5	$Ni(CO)_4$	2-Methylhexen-5-säure-1	20	[482, 483]
Cyclododecatrien	$Co/CoSO_4$ 5:1	Cyclododecancarbonsäure + Cyclododecadiencarbonsäure	16	[492]
Butadien-1,3	$(Pd(P(C_6H_5)_3)_2Cl_2/HCl$	Buten-2-carbonsäure-1	70	[469]
Butadien-1,3	$Pd/HCl/O_2$	Buten-2-carbonsäure-1		[471]
Butadien-1,3	$Ni(CO)_4$	2-(Carboxycyclohexyl)-propionsäure		[482]
Butadien-1,3	$Pd(PC_6H_5)_3/HCl$	Buten-2-carbonsäure-1		[470]
Undecylensäure	$Ni(CO)_4$	Dodecan-1,12-disäure	54	[483, 485]
Undecylensäure	$Co_2(CO)_8$	Dodecandisäure	76	[484]
Buten-3-on-2	$Ni(CO)_4$	Lävulinsäure + 2-Methylacetessigsäure	20	[483]
Dihydrofuran	$Ni(CO)_4$	Tetrahydrofurancarbonsäure		[483]
Styrol	$Pd/P(C_6H_5)_3/HCl$	α-Phenylpropionsäure		[470]

Neuerdings gelang die direkte Hydrocarboxylierung des Butadiens bei mäßigen Temperaturen (um 120 °C) mit Palladium enthaltenden Katalysatorsystemen [469–471]. Auch hier verläuft die Reaktion formal wie die Hydrochlorierung; unter 1,4-Addition der Bestandteile der Ameisensäure entsteht Buten-2-carbonsäure-1.

Kürzlich glückte nun IMYANITOW et al. die direkte Dicarboxylierung von konjugierten Diolefinen [494, 495] mit Kobalthydrocarbonyl in Gegenwart von Pyridin bei 200 bis 210 °C und 250 at. Andere Stickstoffbasen sind weniger wirksam. Die Autoren konnten nachweisen, daß zunächst auch hier eine 1,4-Addition des Hydrocarbonyls an das Dien erfolgt (1), wobei sich das konjugierte Dien als wesentlich reaktiver als Monoolefine oder isolierte Diene erweist. Anschließend reagiert das Pyridin mit dem ungesättigten Acyl-kobalttetracarbonyl unter Ausbildung eines Salzes nach (2).

(1) $H_2C=CH-CH=CH_2 + HCo(CO)_4 \xrightarrow{CO} H_3C-CH=CH-CH_2-\underset{\underset{O}{\|}}{C}-Co(CO)_4$

(2) $H_3C-CH=CH-CH_2-\underset{\underset{O}{\|}}{C}-Co(CO)_4 + N\hspace{-2pt}\diagup\hspace{-8pt}\bigcirc \longrightarrow$

$\left(CH_3-CH=CH-CH_2-\underset{\underset{O}{\|}}{C}-N\hspace{-2pt}\diagup\hspace{-8pt}\bigcirc\right)^{\oplus} \left(Co(CO)_4\right)^{\ominus}$

Das Entstehen dieses Salzes verhindert die normalerweise ablaufende Bildung cyclischer Ketone aus Dien und Kohlenoxyd. Unter schärferen Bedingungen reagiert der in (2) formulierte Komplex weiter zur Diacyl-Verbindung, die mit Wasser die Dicarbonsäure gibt. Aus Butadien entsteht ein Gemisch aus Adipinsäure, Methylglutarsäure und Äthylbernsteinsäure. Es ist anzunehmen, daß die Bildung der isomeren Säuren auf Isomerisierung intermediärer π-Komplexe beruht, wie sie auch bei der Hydroformylierung von ungesättigten Estern beobachtet wurde. An Stelle der Dicarbonsäure können auch die ungesättigten Monocarbonsäuren erhalten werden, z. B. wenn man das in der ersten Stufe erhaltene Salz mit Wasser weiterreagieren läßt [*494, 495*].

$H_2C=CH-CH=CH_2 \xrightarrow[HCo(CO)_4/Py]{CO} \left[H_3C-CH=CH-CH_2-\underset{\underset{O}{\|}}{C}-N\hspace{-2pt}\diagup\hspace{-8pt}\bigcirc\right]^{\oplus} Co(CO)_4^{\ominus}$

CO/HCo(CO)₄Py / H₂O ↙ ↘ H₂O

HOOC–(CH₂)₄–COOH   H₃C–CH=CH–CH₂–C–OH
HOOC–CH–CH₂–CH₂–COOH   ‖
          | O
         CH₃

HOOC–CH–CH₂–COOH
         |
        C₂H₅

Mit Rhodiumkatalysatoren können konjugierte Diene auch ohne Gegenwart von Pyridin in ungesättigte Ester überführt werden [*496*].

Diolefine mit isolierten Doppelbindungen lassen sich dagegen wie Monoolefine normal carbonylieren und ergeben Dicarbonsäuren. Mit den hochaktiven komplexen Palladiumkatalysatoren, z. B. Bis-triphenylphosphin-palladium(II)-dichlorid, gelingt es, von den zwei bzw. drei Doppelbindungen des Cyclooctadiens-1,5 bzw. Cyclododecatriens-1,5,9 selektiv eine Doppelbindung zu hydrocarboxylieren, die anderen Doppelbindungen bleiben erhalten [*469*].

102 Carbonylierungen mit Metallcarbonylkatalysatoren (Reppe-Reaktionen)

Allen liefert in Gegenwart von Ruthenium-Katalysatoren Methacrylsäure [497, 498].

$$H_2C=C=CH_2 \xrightarrow[Ru_2(CO)_9]{CO/H_2O} H_2C=C-COOH$$
$$\phantom{H_2C=C=CH_2 \xrightarrow[Ru_2(CO)_9]{CO/H_2O} H_2C=C-}|$$
$$\phantom{H_2C=C=CH_2 \xrightarrow[Ru_2(CO)_9]{CO/H_2O} H_2C=C-}CH_3$$

Ungesättigte Carbonsäuren und ungesättigte Alkohole gehen mit Nickel- oder Kobalt-Katalysatoren die erwarteten Reaktionen ein und bilden Dicarbonsäuren oder Hydroxycarbonsäuren bzw. deren Lactone [499–502].

$$H_2C=CH(CH_2)_8COOH \xrightarrow{CO/H_2O}$$
$$HOOC-(CH_2)_{10}-COOH + HOOC-CH-(CH_2)_8-COOH$$
$$\phantom{HOOC-(CH_2)_{10}-COOH + HOOC-}|$$
$$\phantom{HOOC-(CH_2)_{10}-COOH + HOOC-}CH_3$$

$$H_3C-(CH_2)_7-CH=CH-(CH_2)_7-COOH \xrightarrow[Ni/J^\ominus]{CO/H_2O}$$
$$H_3C-(CH_2)_7-CH-(CH_2)_8-COOH + H_3C-(CH_2)_8-CH-(CH_2)_7-COOH$$
$$||$$
$$COOHCOOH$$

$$H_2C=CH-CH_2-CH_2-OH \xrightarrow{CO/H_2O}$$ γ-Methyl-γ-butyrolacton + δ-valerolacton

Die letztgenannte Reaktion könnte allerdings auch nach dem im 4. Kapitel dieses Buches formulierten Mechanismus der Ringschlußreaktionen mit Kohlenoxyd ablaufen. Es wird darauf noch näher eingegangen. Als Katalysatoren für die Carbonylierung α,β-ungesättigter Säuren empfiehlt W. Reppe $K_2(Ni(CN)_4)$ und $K_2(Ni(CN)_3)$ in Gegenwart von Alkalicarbonaten [503].

$$H_2C=CH-COONa \xrightarrow[150°C / 200\,at]{CO,\,Alkalicarbonat} NaOOC-CH_2-CH_2-COONa$$

6.5. Olefine und funktionelle Derivate in Gegenwart von Alkoholen

Die Reaktion von Olefinen und ihren funktionellen Derivaten mit Kohlenoxyd und Alkoholen zu gesättigten Carbonsäureestern verläuft im allgemeinen mit geringerer Geschwindigkeit als die im vorhergehenden Abschnitt behandelte Bildung der freien Carbonsäuren [504]. Bei Verwendung von Nickelhalogenid-Katalysatoren sind Reaktionstemperaturen zwischen 180 und 200 °C und Drucke von 100 bis 200 at gebräuchlich, wobei Ausbeuten über 90% erreichbar sind.

Bei Verwendung von Kobaltkatalysatoren werden optimale Arbeitstemperaturen von 140 bis 170 °C empfohlen [505]. Die Reaktionszeit soll möglichst kurz sein, um Nebenreaktionen zu vermeiden. Insbesondere die im folgenden noch zu behandelnde Umsetzung von Alkoholen in die um ein C-Atom reicheren Carbonsäuren sowie Ätherbildung und Bildung von freien Carbonsäuren können sich störend bemerkbar machen [504]. Die Reaktionsgeschwindigkeit der Carbonylierung von Olefinen mit CO/ROH in Gegenwart von Kobaltcarbonylen kann sehr wesentlich beschleunigt werden, wenn man dem Kohlenoxyd einen kleinen Anteil Wasserstoff zusetzt, der die Hydrocarbonylbildung fördert. Auch Pyridin-Zusätze beschleunigen die Reaktion. Durch Kombination beider Mittel kann bei der Carbonylierung von Olefinen nahezu die gleiche Reaktionsgeschwindigkeit erreicht werden, die man bei Hydroformylierungsreaktionen beobachtet [506, 507]. Außer Nickel und Kobalt können im Prinzip auch alle anderen für die Bildung freier Carbonsäuren im vorangegangenen Abschnitt beschriebenen Katalysatoren verwendet werden, z. B. Rhodium, Palladium und mit Einschränkung auch Eisen. Mit Kobalthydrocarbonyl läßt sich die stöchiometrische Estersynthese schon bei sehr schonenden Bedingungen ausführen [35, 121].

Die zunächst gebildeten Acylkobaltcarbonyle liefern mit Alkoholen schon bei 50 °C und in Gegenwart von Natriumalkoholat sogar schon bei 0 °C schnell die Ester [121]. Diene mit isolierten Doppelbindungen geben mit Pd/HCl, Kohlenoxyd und Alkohol bei schonender Arbeitsweise ungesättigte Monocarbonsäureester und bei schärferen Bedingungen gesättigte Dicarbonsäureester [508].

$$\underset{Pd/HCl}{\xrightarrow{CO/HOR}} \quad \underset{Pd/HCl}{\xrightarrow{CO/HOR}}$$

Auch Triene wie das 1,5,9-Cyclododecatrien liefern Mono- und Dicarbonsäureester [488, 509]. Cyclododecan-tricarbonsäureester entstehen mit Bis-triphenylphosphin-palladiumdichlorid als Katalysator [448]. Eine mehrfache Wiederverwendung dieses Katalysators ist möglich [517]. Mit Palladiumkomplex-Katalysatoren gelingt die Herstellung der Monocarbonsäureester des Cyclododecadiens und der Tricarbonsäureester des Cyclododecans weitgehend selektiv.

Nickel- und Kobaltkatalysatoren ließen bisher sowohl aus Cyclooctadien [491] als auch aus Cyclododecatrien [492] stets nur die gesättigten Monocarbonsäuren entstehen. Diene mit konjugierter Doppelbindung können mit Palladium-Katalysatoren umgesetzt werden [448, 511]. Es entsteht aus Butadien, $PdCl_2$ oder Dibenzonitril-palladiumdichlorid, Kohlenoxyd und Äthanol bei 70 °C der Äthylester der Penten-3-säure-1:

$$H_2C=CH-CH=CH_2 \xrightarrow[CO/C_2H_5OH]{PdCl} H_3C-CH=CH-CH_2-COOC_2H_5$$

und aus Isopren ein Gemisch aus 4-Methylpenten-3-säure-1-äthylester und seinem Äthanol-Addukt – 4-Äthoxy-4-methylpentansäure-1-äthylester – neben einigen anderen Produkten.

104 Carbonylierungen mit Metallcarbonylkatalysatoren (Reppe-Reaktionen)

Allen läßt sich sowohl in Gegenwart von Platinchlorid-Zinnchlorid [*498*] als auch in Gegenwart von $Ru_2(CO)_9$ [*512*] mit Kohlenoxyd und Alkoholen zu Methacrylsäureestern umsetzen. Die Ausbeuten betragen 40 bis 50% [*497*].

$$H_2C=C=CH_2 \xrightarrow{CO/HOR} CH_2=\underset{\underset{CH_3}{|}}{C}-COOR$$

Setzt man Monoolefine, $PdCl_2$ und Kohlenoxyd in unpolaren Lösungsmitteln um und behandelt das Reaktionsprodukt anschließend mit Alkoholen, so können Chlorcarbonsäureester isoliert werden [*513, 514*]. $PdCl_2$ muß in diesem Falle als Chlor-Lieferant in stöchiometrischen Mengen vorhanden sein.

$$H_2C=CH_2 \xrightarrow[-Pd]{PdCl_2/CO} Cl-CH_2-CH_2-COCl \xrightarrow[-HCl]{+HOR} Cl-CH_2-CH_2-COOR$$

Das intermediär auftretende β-Chlor-propionylchlorid wurde als Anilid nachgewiesen [*515*].

Tabelle 47 [*514*]. *Herstellung von Chlorcarbonsäureestern durch Carboxylierung von Monoolefinen in Gegenwart von $PdCl_2$*

Olefin	Alkohol	Reaktionsprodukt	Ausb. (%)
Äthylen	Äthanol	$Cl-CH_2-CH_2-COOC_2H_5$	41
Propylen	Methanol	$H_3C-CHCl-CH_2-COOCH_3$	27
Buten-1	Methanol	$H_3C-CH_2-CHCl-CH_2-COOCH_3$	11
Penten-1	Methanol	$H_3C-CH_2-CH_2-CHCl-CH_2-COOCH_3$	10
Buten-2	Methanol	$H_3C-CHCl-CH(CH_3)-COOCH_3$	13
Isobuten	Methanol	$H_3C-C(CH_3)(Cl)-CH_2-COOCH_3$	12
Cyclohexen	Methanol	2-Chlor-cyclohexan-carbonsäure-1-methylester	36
Allylchlorid	Methanol	$Cl-CH_2-CHCl-CH_2-COOCH_3$	5
Hexen-1	Methanol	$C_4H_9-CHCl-CH_2-COOCH_3$	9
Isobuten	Äthanol	$(CH_3)_2-CCl-CH_2-COOC_2H_5$	
Vinylchlorid	Methanol	$Cl_2CH-CH_2-COOCH_3$	5

An Stelle der Olefine können auch die sehr reaktiven Cyclopropane umgesetzt werden. So ergeben Cyclopropan und Propylen die gleichen Reaktionsprodukte [*516*].

Ungesättigte Ester lassen sich ganz analog den Olefinen carbonylieren [*35, 121, 448*] (siehe Tab. 48).

Tabelle 48. *Carbonylierung von Olefinen in Gegenwart von Alkoholen*

Olefin	Alkohol	Katalysator	Reaktionsprodukt	Ausb. (%)	Lit.
Äthylen	Methanol	$PtCl_2/SnCl_2 \cdot 2\ H_2O$/HCl	Propionsäuremethylester	72	[512]
Äthylen	Methanol	$CoJ_2/NiJ_2/FeJ_2$	Propionsäuremethylester		[519]
Äthylen	Methanol	Co-Propionat	Propionsäuremethylester		[520]
Äthylen	Äthanol	$PdCl_2$/HCl oder Pd/HCl	Propionsäureäthylester		[522]
Äthylen	Äthanol	$Pd(P(C_6H_5)_3)_2Cl_2$	Propionsäureäthylester		[406]
Äthylen	Äthanol	$PtCl_2/SnCl_2 \cdot 2\ H_2O$/HCl	Propionsäureäthylester	85	[512]
Äthylen	Äthanol	Co-Propionat	Propionsäureäthylester		[520]
Äthylen	Isopropanol	$PtCl_2/SnCl_2 \cdot 2\ H_2O$/HCl	Propionsäureisopropylester	46	[512]
Äthylen	Butanol	$Ni(CO)_4$	Propionsäurebutylester	72	[521]
Propylen	Methanol	Co-Propionat	Buttersäure-methylester		[520]
Propylen	Methanol	$Co_2(CO)_8$	Buttersäure- und Isobuttersäuremethylester	85	[523]
Propylen	Äthanol	$PdCl_2$/HCl oder Pd/HCl	Buttersäure- und Isobuttersäureäthylester		[522]
Propylen	Laurylalkohol	$Pd(P(C_6H_5)_3)_2Cl_2$	Buttersäurelaurylester	95	[448]
Propylen	Glykol	$Pd(P(C_6H_5)_3)_2Cl_2$	Buttersäure- und Isobuttersäureglykolester	15	[448]
Propylen	Phenol	$Pd(P(C_6H_5)_3)_2Cl_2$	Buttersäurephenylester	68	[448]
Buten-2	Methanol	$PtCl_2/SnCl_2 \cdot 2\ H_2O$/HCl	Valeriansäuremethylester		[512]
Buten-1	Methanol	Co-Propionat	Valeriansäuremethylester		[520]
Buten-2	Methanol	$Pd(P(C_6H_5)_3)_2Cl_2$	2-Methylbuttersäuremethylester		[520]

Tabelle 48 (Fortsetzung)

Olefin	Alkohol	Katalysator	Reaktionsprodukt	Ausb. (%)	Lit.
Isobuten	Methanol	Co-Propionat	Isovaleriansäuremethylester		[520]
Isobuten	Äthanol	Pd(P(C$_6$H$_5$)$_3$)$_2$Cl$_2$	Pivalinsäureäthylester		[448]
Octen-1	Äthanol	NiJ$_2$	Isopelargonsäureäthylester	95	[524]
Octen-1	Phenol	Ni(CO)$_4$	Octancarbonsäure-1 und -2-phenylester	26	[525]
Isoocten	Äthanol	Pd(P(C$_6$H$_5$)$_3$)$_2$Cl$_2$	Octancarbonsäureäthylester (Isomerengemisch)		[448]
Ceten-1	Äthanol	Ni/NiJ$_2$	Gemisch aus Undecansäureestern	61	[525]
Cyclohexen	Methanol	Kobalt	Hexahydrobenzoesäuremethylester	76–86	[526]
Cyclohexen	Methanol	Co$_2$(CO)$_8$	Hexahydrobenzoesäuremethylester	82	[522]
Cyclohexen	Methanol	PtCl$_2$/SnCl$_2$·2 H$_2$O/ HCl	Hexahydrobenzoesäuremethylester	1	[512]
Octadecen-1	Methanol	Ni(CO)$_4$	Octadecancarbonsäuremethylester	70	[525]
Octadecen-1	Äthanol	NiJ$_2$	Octadecancarbonsäureäthylester	65	[525]
Octadecen	Äthanol	Ni/CuJ$_2$ auf Kieselgel	α-Methylstearinsäureäthylester	75	[525]
Allen	Methanol	PtCl$_2$/SnCl$_2$·2 H$_2$O	Methacrylsäuremethylester	46	[512]
Butadien	Methanol	(P(C$_4$H$_9$)$_3$PdCl$_2$)$_2$	Buten-2-carbonsäure-(1)-methylester	71	[527]
Butadien	Äthanol	PdCl$_2$/HCl	Buten-2-carbonsäure-(1)-äthylester		[511]
Butadien	Äthanol	(C$_6$H$_5$CN)$_2$PdCl$_2$/ HCl	Buten-2-carbonsäure-(1)-äthylester	72	[448]
Butadien	Äthanol	PtCl$_2$/SnCl$_2$·2 H$_2$O	Buten-2-carbonsäure-(1)-äthylester		[512]
Isopren	Methanol	(P(C$_4$H$_9$)$_3$PdCl$_2$)$_2$	4-Methylpent-(3)-en-säuremethylester u. a.	38	[527]
Pentadien-1,3	Methanol	(P(C$_4$H$_9$)$_3$PdCl$_2$)$_2$	2-Methylpent-(3)-en-säuremethylester	34	[527]

Tabelle 48 (Fortsetzung)

Olefin	Alkohol	Katalysator	Reaktionsprodukt	Ausb. (%)	Lit.
Hexadien-1,5	Methanol	$Pd(P(C_4H_9)_3)_2J_2$	2-Keto-3-methylcyclopentylessigsäuremethylester	50	[527]
2,3-Dimethylbutadien-1,3	Methanol	$(P(C_4H_9)_3PdCl_2)_2$	3,4-Dimethylpent-(3)-en-säuremethylester	50	[527]
3-Methylheptatrien-(1,4,6)	Äthanol	$Pd(P(C_6H_5)_3)_2Cl_2$/ HCl	3-Methylheptadiencarbonsäureäthylester	28	[448]
1-Vinylcyclohexen-3	Methanol	$Pd(P(C_6H_5)_3)_2Cl_2$/ HCl	α-(Cyclohexen-(3)-yl-(1))-propionsäuremethylester Isomerengemisch		[448]
Styrol	Äthanol	$Pd(P(C_6H_5)_3)_2Cl_2$/ HCl	α-Phenylpropionsäureäthylester	36	[448]
p-Diisopropenylbenzol	Äthanol	$Pd(P(C_6H_5)_3)_2Cl_2$/ HCl	p-Phenylen-di-(2)-isobuttersäurediäthylester	47	[448]
Cycloocten	Methanol	$Pd(P(C_6H_5)_3)_2Cl_2$	Cyclooctancarbonsäuremethylester	50	[448]
Cyclododecen	Äthanol	$PdCl_2$/HCl	Cyclododecancarbonsäureäthylester	93	[509]
Cyclopentadien	Methanol	$(P(C_4H_9)_3PdCl_2)_2$	Cyclopent-2-encarbonsäuremethylester	73	[527]
Cyclooctadien-1,3	Methanol	$(P(C_4H_9)_3)_2PdJ_2$	Cycloocten-2-carbonsäuremethylester	14	[528]
Cyclooctadien-1,3	Äthanol	$PdCl_2$/HCl	Cycloocten-2-carbonsäure-1-äthylester	19	[529]
Cyclooctadien-1,5	Methanol	$Pd(P(C_4H_9)_3)_2J_2$	Cycloocten-4-carbonsäuremethylester und Cyclooctandicarbonsäuredimethylester	45 / 30	[528]
Cyclooctadien-1,5	Äthanol	Pd-Acetylacetonat	Cycloocten-4-carbonsäure-1-äthylester	75	[529]
Cyclooctadien-1,5	Äthanol	PdJ_2	Cyclooctandicarbonsäurediäthylester	95	[529]
Cyclooctadien-1,5	Chloräthanol	$Pd(P(C_6H_5)_3)_2Cl_2$	2-Chlor-cycloocten-4-carbonsäure-(1)-äthylester	37	[448]

Tabelle 48 (Fortsetzung)

Olefin	Alkohol	Katalysator	Reaktionsprodukt	Ausb. (%)	Lit.
1-Phenyldecatrien-(1,4,8)	Methanol	$Pd(P(C_6H_5)_3)_2Cl_2$	1-Phenyldecadiencarbonsäuremethylester		[448]
Cyclododecatrien-(1,5,9)	Methanol	$(P(C_6H_5)_3)_2PdBr_2$	Cyclododeca-5,9-diencarbonsäure-1-methylester und	40	[448, 512]
			Cyclodecen-9-dicarbonsäure-1,5-dimethylester	10	
Cyclododecatrien	Äthanol	$PdCl_2$/HCl	Cyclododeca-5,9-diencarbonsäureäthylester + Cyclodecen-9-dicarbonsäurediäthylester	91	[509]
Cyclododecatrien	Äthanol	$(Pd(P(C_6H_5)_3)_2Cl_2$/HCl	Cyclodecantricarbonsäuretriäthylester	4	[448]
Vinylessigsäuremethylester	Methanol	$(P(C_6H_5)_3)_2PdCl_2$/HCl	Methylbernsteinsäuredimethylester	67	[448]
Undecylensäureäthylester	Äthanol	$Ni(CO)_4$/CuJ	Dodecansäurediäthylester	78	[525]
Ölsäuremethylester	Methanol	$Ni(CO)_4$	Heptadecandicarbonsäure-dimethylester	36	[525]
Tetrahydrophthalsäurediäthylester	Äthanol	$(P(C_6H_5)_3)_2PdCl_2$/HCl	Perhydrotrimellitsäure-triäthylester	86	[448]
Bicyclo-(2.2.1)-hepten-(4)-dicarbonsäure-(1,2)-diäthylester	Äthanol	$(P(C_6H_5)_3)_2PdCl_2$/HCl	Bicycloheptan-(2.2.1)-tricarbonsäure-triäthylester-(1,2,4)	52	[448]
Vinylchlorid	Äthanol	$(Pd(P(C_6H_5)_3)_2Cl_2$/HCl	α-Chlorpropionsäureäthylester	37	[406]
Vinylsulfonsäurephenylester	Äthanol	$(P(C_6H_5)_3)_2PdCl_2$ + $(P(C_6H_5)_3)$ $(C_5H_{11}N)PdCl_2$	(Carbäthoxy)-äthansulfonsäure-phenylester	55	[406]

Mit dem bereits ab 40 °C wirksamen Katalysator Bis-triphenylphosphinpalladium(II)-dichlorid gelingt sogar die Carbonylierung von Diels-Alder-Produkten wie Tetrahydrophthalsäurediäthylester oder Bicyclo-(2.2.1)-hepten-(4)-dicarbonsäure-(1,2)-diäthylester, die unter den sonst üblichen härteren Bedingungen zur Rückspaltung neigen. Eine Kombination von $(P(C_6H_5)_3)_2PdCl_2$ und Piperidin-triphenylphosphin-palladiumdichlorid erlaubt die Carbonylierung von Vinylsulfonsäure-phenylester [406]. Eine mehrfache Wiederverwendung [517] des relativ teuren, aber leicht herstellbaren [518] Katalysators ist möglich.

6.6. Olefine und funktionelle Derivate in Gegenwart von Carbonsäuren, Thiolen, Aminen oder Chlorwasserstoff

W. REPPE und H. KRÖPER [483] isolierten bei der Propionsäure-Synthese aus Äthylen, Kohlenmonoxyd und Wasser größere Anteile Propionsäureanhydrid, wenn sie mit Wasserunterschuß arbeiteten. Sie bestätigten ihre Vermutung, daß es sich hier um eine Reaktion von Äthylen und Kohlenoxyd mit schon gebildeter Propionsäure handelte durch Wiederholung des Versuchs unter Verwendung von Propionsäure als Ausgangsmaterial (1).

$$H_2C=CH_2 + CO + H_3C-CH_2-COOH \xrightarrow{Kat.} (H_3C-CH_2-C)_2O \quad (1)$$
$$\qquad\qquad\qquad\qquad\qquad\qquad\qquad\qquad\qquad\qquad\qquad \overset{\|}{O}$$

Die Anhydridbildung gelingt mit Nickelkatalysatoren schon bei tieferen Temperaturen (230 bis 250 °C) als die Bildung von Propionsäure aus Äthylen. Nimmt man anstelle der Carbonsäure Thiole, so erhält man analog Thiolcarbonsäureester (2). Mit Aminen und Kohlenoxyd bilden Olefine gesättigte Carbonsäureamide (3), mit Chlorwasserstoff und Kohlenoxyd entstehen bei Verwendung von Edelmetallkatalysatoren der 8. Nebengruppe Säurechloride (4).

$$H_2C=CH_2 + CO + HS-R \xrightarrow{Kat.} H_3C-CH_2-\underset{\underset{O}{\|}}{C}-SR \quad (2)$$

$$H_2C=CH_2 + CO + HNRR' \xrightarrow{Kat.} H_3C-CH_2-\underset{\underset{O}{\|}}{C}-NRR' \quad (3)$$

$$H_2C=CH_2 + CO + HCl \longrightarrow H_3C-CH_2-COCl \quad (4)$$

Die Reaktionen (2) und (3) erfordern höhere Temperaturen (280 °C). Statt Ammoniak und Kohlenoxyd kann auch Formamid verwendet werden [501]. Tabelle 49 faßt einige mit Carbonsäuren, Thiolen, Aminen und HCl erhaltene gesättigte Carbonsäure-Derivate zusammen. Die Reaktion (4) erfordert nur mäßige Temperaturen, z. B. um 170 °C [531] oder um 100 °C [512, 532], der Katalysator ist mehrmals verwendbar [512].

Tabelle 49. *Reaktion von Olefinen und Kohlenoxyd mit Carbonsäuren, Thiolen, Aminen oder Chlorwasserstoff in Gegenwart von Übergangsmetallcarbonyl-Katalysatoren*

Olefin	C-H-acide Komp.	Katalysator	Reaktionsprod.	Ausb. (%)	Lit.
Äthylen	Propionsäure	Ni oder Co	Propionsäure-anhydrid	63	[533–536]
Äthylen	Chlor-wasserstoff	Ru- oder Rh-halogenid	Propionyl-chlorid		[531]
Äthylen	Chlor-wasserstoff	Pd(P(C$_6$H$_5$)$_3$)$_2$Cl$_2$	Propionyl-chlorid		[512, 532]
Octen	Äthylmer-captan	Ni(CO)$_4$	α-Methylcapryl-säurethioäthyl-ester	15	[537]
Butadien	Chlor-wasserstoff	Pd(P(C$_6$H$_5$)$_3$)$_2$Cl$_2$	Buten-2-carbon-säure-1-chlorid		[532]
Octadecen	Äthylmer-captan	NiJ$_2$	α-Methylstearin-säurethioäthyl-ester	23	[537]
Äthylen	Thiophenol	Ni(CO)$_4$	Propionsäure-thiophenolester		[537]
Undecensäure-äthylester	Äthyl-mercaptan	Ni(CO)$_4$/NiJ$_2$	Carbäthoxy-dodecansäure-thioäthylester	30	[537]
Äthylen	Ammoniak	HCo(CO)$_4$	Propionamid	90	[540]
Propen	Anilin	HCo(CO)$_4$	Buttersäure-anilid, Isobuttersäure-anilid (4 : 1)	87	[538]
Octen-1	Anilin	Co$_2$(CO)$_8$	Nonansäure-anilid	69	[539]
Cyclohexen	Ammoniak	Co	Cyclohexan-carbonsäureamid	90	[540]
Undecen-säure	Ammoniak oder Form-amid	Ni	Dodecansäure-diamid	19–70	[533]

6.7. Alkohole, Äther und Carbonsäureester

An Stelle der Olefine können auch Alkohole, Äther und Ester als Ausgangsprodukte der Carbonsäure- oder Ester-Synthese dienen (Zum Mechanismus s. S. 77).

Aus Alkoholen entstehen um ein C-Atom reichere gesättigte Carbonsäuren. Die Reaktion kann mit Nickel-Katalysatoren in Anwesenheit von

Halogen bei etwa 280 bis 300 °C und Drucken von 200 bis 700 at durchgeführt werden. Auch Eisencarbonyle sind katalytisch aktiv. Kobalt-Katalysatoren sind jedoch wesentlich wirksamer [375, 541, 542, 543] und lassen schon bei 180 °C hohe Reaktionsgeschwindigkeiten zu. Ein Zusatz von Jod zum Reaktionsgemisch steigert die Reaktionsgeschwindigkeit beträchtlich. Sekundäre und tert. Alkohole reagieren leichter als primäre. Die Hauptreaktion (1) – aufgezeigt am Beispiel des Methanols – wird von Nebenreaktionen begleitet [543], unter denen (2, 3, 4, 5) erwähnt werden sollen.

$$H_3COH + CO \xrightarrow{HCo(CO)_4, J_2} H_3CCOOH \quad (1)$$
$$H_3CCOOH + CH_3OH \rightleftharpoons H_3CCOOCH_3 + H_2O \quad (2)$$
$$2\ CH_3OH \rightleftharpoons H_3C-O-CH_3 + H_2O \quad (3)$$
$$CO + H_2O \rightleftharpoons HCOOH \quad (4)$$
$$CO + H_2O \rightleftharpoons CO_2 + H_2 \quad (5)$$

Die Nebenreaktionen (2) und (3) können stark unterdrückt werden, wenn man die Reaktion in Gegenwart von Wasser vornimmt. Auch die Bildung von Wassergas nach (5) wird in Gegenwart größerer Wassermengen gehemmt [543]. Damit werden zugleich die durch den freien Wasserstoff verursachten Nebenreaktionen wie die Homologisierung und Aldehydbildung aus Methanol vermieden. In technischen Verfahren können die aus (2), (3) und (4) resultierenden Reaktionsprodukte abgetrennt und wieder dem Reaktionsturm zugeführt werden, da alle drei Reaktionen reversibel sind [543].

Wie aus Tabelle 50 ersichtlich ist, bleibt die Reaktion nicht auf Monoole beschränkt, sondern läßt sich auch auf Diole übertragen. Werden unverzweigte Diole mit primären OH-Gruppen verwendet, so entstehen vorzugsweise unverzweigte Dicarbonsäuren.

Bei entsprechender Reaktionsführung können auch (analog den Beispielen aus dem Kapitel über die Carbonylierung von Olefinen) Carbonsäureanhydride oder Ester [549] hergestellt werden.

Ungesättigte Alkohole vom Typ des Allylalkohols lassen sich in Gegenwart von $PdCl_2$ oder Bis-triphenylphosphin-palladium-dichlorid zu ungesättigten Estern carbonylieren [448, 550].

$$H_2C=CH-CH_2OH + CO + HOR \xrightarrow{PdCl_2} H_2C=CH-CH_2-COOR + H_2O$$

Läßt man Allylalkohol ohne Zusatz eines anderen Alkohols mit Kohlenoxyd in Gegenwart von Tris-(tri-(p-fluorphenyl)-phosphin)-platin bei 200 °C reagieren, so wird Vinylessigsäure-allylester als Hauptprodukt erhalten. Bei 250 °C entsteht infolge thermischer Isomerisierung Crotonsäure-allylester [551].

112 Carbonylierungen mit Metallcarbonylkatalysatoren (Reppe-Reaktionen)

$$2\ H_2C=CH-CH_2-OH\ +\ CO\ \xrightarrow[220\,°C]{Kat.}$$

$$H_2C=CH-CH_2-\underset{\underset{O}{\|}}{C}-O-CH_2-CH_2-CH=CH_2$$

$$\downarrow 250\,°C$$

$$H_3C-CH=CH-\underset{\underset{O}{\|}}{C}-O-CH_2-CH_2-CH=CH_2$$

Tabelle 50. *Carbonylierung von Alkoholen*

Alkohol	Reaktionsprodukte	Ausb. (%)	Lit.
Methanol	Essigsäure	93	[*312, 347, 370, 480, 490, 543, 544*]
Äthanol	Propionsäure	82	[*347, 370, 480, 545*]
Propanol	n- und iso-Buttersäure (4 : 1)	82	[*347, 546*]
Propanol-2	Isobuttersäure	68	[*480*]
Butanol	2-Methylbuttersäure	93	[*222, 546, 547*]
Butanol-2	2-Methylbuttersäure	70	[*547*]
iso-Butanol	Isovaleriansäure und Trimethylessigsäure	57	[*347*]
Pentanol	α-Methylvaleriansäure	16	[*547*]
Neopentanol	C_6-Säuren	21	[*547*]
2-Methylbutanol-2	Dimethyl-äthylessigsäure	35	[*547*]
Hexanol	2-Methylhexansäure	55	[*547*]
2-Äthylbutanol-1	Diäthylmethylessigsäure	40	[*547*]
Heptanol	2-Methylheptansäure	33	[*547*]
Heptanol-2	2-Methylheptansäure	70	[*547*]
Octanol	2-Methyloctansäure	30	[*547*]
Octanol-2	2-Methyloctansäure	76	[*547*]
3-Cyclohexylpropanol	3-Cyclohexyl-2-methyl-propionsäure	49	[*547*]
Cyclopentanol	Cyclopentancarbonsäure	84	[*547*]
4-Methylcyclohexanol	4-Methylcyclohexancarbonsäure	53	[*547*]
Decalol-2	Decahydro-1 und -2-naphthensäure	77	[*547*]
2-Phenyläthanol	Äthylbenzol	12	[*547*]
3-Phenylpropanol	n-Propylbenzol	40	[*547*]
4-Phenylbutanol	n-Butylbenzol	40	[*547*]
Äthan-1,2-diol	Bernsteinsäure		[*347*]
Butan-1,3-diol	Adipinsäure und Methylglutarsäure (2 : 3)	12,5	[*347*]

Tabelle 50 (Fortsetzung)

Alkohol	Reaktionsprodukte	Ausb. (%)	Lit.
Butan-1,4-diol	Adipinsäure	69	[347, 548]
Pentan-1,5-diol	Pimelinsäure α-Methylvaleriansäure	10	[347, 547]
Hexan-1,6-diol	Suberinsäure 2-Methylhexansäure	30	[347, 547]
Decan-1,10-diol	Decan-1,10-dicarbonsäure	57	[347]
Dodecan-1,12-diol	Dodecan-1,12-dicarbonsäure	60	[347]
Tetradecan-1,14-diol	Tetradecan-1,14-dicarbonsäure	66	[347]

Tabelle 51. *Carbonylierung von Äthern und Carbonsäureestern*

Ausgangsprodukt	Katalysator	Reaktionsprodukte	Ausb. (%)	Lit.
Dimethyläther	Ni/J$_2$	Essigsäuremethylester + Essigsäure	37	[347]
Äthylenoxyd	Co	β-Hydroxypropionsäure-äthylester	13	[297]
Propylenoxyd	Co	β-Hydroxybuttersäure-methylester	40	[554]
Propylenoxyd	Co	β-Hydroxybuttersäure-methylester	11	[297]
Cyclohexenoxyd	Co	2-Hydroxy-cyclohexan-carbonsäure-1-äthylester	23	[297]
Epichlorhydrin	Co	γ-Chlor-β-hydroxypropion-säureäthylester	3	[297]
Tetrahydrofuran	Ni	Adipinsäure Valeriansäure δ-Valerolacton	74 17 9	[348]
Tetrahydrofuran	Co	Valerolacton	75	[348]
2-Methyltetra-hydrofuran	Ni	2-Methyladipinsäure		[348]
2,5-Dimethyl-tetrahydrofuran	Ni	2,5-Dimethyl-adipinsäure		[348]
Tetrahydropyran	Ni	Pimelinsäure		[348]
Dioxan	Ni	Bernsteinsäure		[348]
α-Methyl-γ-butyrolacton	Ni	α-Methyl-glutarsäure	20	[348]
Valerolacton	Ni	Adipinsäure Valeriansäure	65–75	[348]
Essigsäuremethylester	Ni	Essigsäureanhydrid	43	[555]

114 Carbonylierungen mit Metallcarbonylkatalysatoren (Reppe-Reaktionen)

Auch Äther und Ester können analog Alkoholen umgesetzt werden. Zum Reaktionsmechanismus darf angenommen werden, daß zunächst die Kohlenstoff-Sauerstoffbindung durch den Katalysator unter Bildung von Alkylkobalt- bzw. Alkyl-nickelcarbonylen oder auch bei Anwesenheit von Halogensäuren in die Halogenide [*552*] aufgespalten werden (1) (2).

$$H_3C-O-CH_3 + HCo(CO)_4 \longrightarrow H_3C-Co(CO)_4 + CH_3OH \quad (1)$$

$$H_3C-O-CH_3 + HJ \longrightarrow CH_3J + CH_3OH \quad (2)$$

Anschließend verlaufen die Reaktionen nach dem auf Seite 77 dieses Kapitels angegebenen Mechanismus weiter. Sie können durch die folgenden Bruttogleichungen wiedergegeben werden.

$$ROR' + 2\,CO + H_2O \xrightarrow{Kat.} RCOOH + R'COOH$$

$$ROR' + CO \xrightarrow{Kat.} RCOOR'$$

$$\underset{O}{\bigcirc} + 2\,CO + H_2O \xrightarrow{Kat.} HOOC-(CH_2)_4-COOH$$

$$H_2C\underset{O}{\overset{}{-}}CH_2 + CO + H_2O \xrightarrow{Kat.} \underset{OH}{H_2C-CH_2-COOH} \xrightarrow{-H_2O} H_2C=CH-COOH$$

$$RCOOR + CO \xrightarrow{Kat.} (RCO)_2O$$

Cyclische Äther reagieren leichter als acylische [*347, 348, 553*]. Besonders reaktiv sind Epoxyde. Die aus ihnen gebildeten Hydroxycarbonsäuren bzw. -ester reagieren leicht unter Wasserabspaltung weiter zu den ungesättigten Säuren oder Estern.

6.8. Gesättigte Aldehyde

Daß auch die Kohlenstoff-Sauerstoff-Doppelbindung Reaktionen mit Kohlenoxyd zugänglich ist, wurde bereits bei der Behandlung der Hydrierung von Aldehydgruppen unter Hydroformylierungsbedingungen erwähnt, bei der es in untergeordnetem Maße zur Bildung von Ameisensäureestern kommen kann (S. 61).

Unter Carbonylierungsbedingungen können gute Ausbeuten an Hydroxycarbonsäuren und ihren Derivaten erhalten werden.

So läßt sich Formaldehyd mit Kohlenoxyd und Wasser zu Glykolsäure umsetzen [*556*].

$$HCHO + CO + H_2O \xrightarrow{Kat.} \underset{OH}{CH_2-COOH}$$

Als Katalysatoren sind Nickel-, Kobalt- und Eisenhalogenide wirksam. Ihre Aktivität nimmt in der Reihe Ni > Co > Fe ab. Unter den Halogeniden sind die Jodide am wirksamsten. Die Reaktionstemperaturen liegen zwischen 150 bis 275 °C bei 150 bis 650 at. Die Ausbeuten sind gut. So liefert Formaldehyd mit NiJ_2 bei 200 °C und 610 at bei 47%igem Umsatz 90% Glykolsäure neben 5% Ameisensäure und 5% Methanol [*556*].

I. KATO et al. [*557*] beschrieben die Synthese von Essigsäure aus wäßrigen Formaldehydlösungen und Kohlenoxyd in Gegenwart von NiJ_2 in 82% Ausbeute. Ob die Essigsäure in diesem Fall über die Glykolsäure durch anschließende Hydrierung oder aber über die primäre Hydrierung des Formaldehyds zu Methanol und dessen Carbonylierung entstanden ist, kann noch nicht mit Sicherheit entschieden werden.

6.9. Halogenide

Als letzte Reaktion dieses Kapitels sei die Carbonylierung von Halogeniden besprochen. Die Reaktion ist sowohl mit aliphatischen als auch mit aromatischen Halogenverbindungen möglich. Der Mechanismus dieser Reaktion ist nach R. F. HECK [*558-561*] gemäß (1)-(4) zu formulieren.

$$RX + Ni(CO)_4 \longrightarrow RNi(CO)_2X + 2\,CO \qquad (1)$$

$$RNi(CO)_2X + CO \longrightarrow RCONi(CO)_2X \qquad (2)$$

$$RCONi(CO)_2X + 2\,CO \longrightarrow RCOX + Ni(CO)_4 \qquad (3)$$

$$RCOX + HOR \longrightarrow RCOOR + HX \qquad (4)$$

bzw.

$$RCOX + HNRR' \longrightarrow RCONRR' + HX \qquad (4a)$$

Sowohl Nickel als auch Kobalt-, Eisen-, Palladium- [*438, 550, 562*] und Rhodium-Verbindungen [*550*] katalysieren die Umsetzung. Als Reaktionstemperaturen werden 200 bis 300 °C und als Drucke 600 bis 1000 at angegeben. Wesentlich schonender kann vorgegangen werden, wenn man mit $NaCo(CO)_4$ und den Ausgangs-Halogeniden äquimolaren Mengen an tert. Aminen oder Alkoholaten arbeitet. Dann gelingt die Reaktion bereits bei 0 bis 100 °C unter Normaldruck [*121*].

$$RX + CO + R'OH + B \xrightarrow{Co(CO)_4^\ominus} RCOOR' + HB^\oplus X^\ominus$$

Die Ausbeuten betragen bis zu 80%. Statt der Halogenide können auch Sulfate oder Sulfonate benutzt werden. In Gegenwart von Alkohol entstehen Ester und bei Benutzung von Aminen analog Carbonsäureamide (s. Tab. 52).

Säurechloride lassen sich herstellen, wenn man Kohlenoxyd auf Allylchloride ohne Lösungsmittel einwirken läßt [*121, 562*].

116 Carbonylierungen mit Metallcarbonylkatalysatoren (Reppe-Reaktionen)

Tabelle 52. *Carbonylierung von Halogeniden, Sulfaten und Sulfonaten*

Ausgangsverbindung	Reaktionsprodukte	Lit.
Methyljodid	Essigsäuremethylester	[121]
Methyl-p-toluolsulfonat	Essigsäuremethylester	[121]
Diäthylsulfat	Propionsäuremethylester	[121]
Amyljodid	Capronsäureäthylester	[121]
1-Chloroctan	Pelargonsäuremethylester α-Methylcaprylsäuremethylester	[121]
1-Jodoctan	Pelargonsäuremethylester	[121]
2-Jodoctan	α-Methylcaprylsäuremethylester	[121]
Allylbromid	Vinylessigsäuremethylester	[121, 562]
Allylchlorid	Vinylessigsäuremethylester	[550]
Allylchlorid	Crotonsäure	[438]
Allylchlorid	Vinylessigsäurechlorid	[563]
Crotylchlorid	3-Pentensäure	[438]
3-Chlorbuten-1	3-Pentensäurechlorid	[563]
1-Chlor-2-methylpropen-2	3-Methylbut-3-enoylchlorid	[563]
Propargylchlorid	Butadien-2,3-säure-1-äthylester	[564, 565]
Propargylchlorid	Itaconsäuremethylester 66% + wenig 3-Chlorbuten-3-säure-1-methylester	[566]
3-Bromcycloocten	Cycloocten-2-carbonsäure-1-äthylester	[529]
1-Chlor-4-cyan-buten-2	Dihydromuconsäuremononitril	[438]
Benzylbromid	Phenylessigsäuremethylester	[121]
α,α-Dichlor-p-xylol	p-Phenyldiessigsäure-dimethylester	[121]
α-Chlormethylnaphthalin	α-Naphthylessigsäuremethylester	[121]
α-Chloressigsäuremethylester	Malonsäuredimethylester	[121]
α-Brompropionsäuremethylester	Methylmalonsäuredimethylester	[121]
Jodbenzol	Benzoesäuremethylester	[567]
Jodbenzol	Benzoesäure	[568]
Chlorbenzol	Benzoesäuremethylester	[569–575]
p-Chlortoluol	p-Toluylsäure	[576]
m-Chlor-jodbenzol	m-Chlorbenzoesäuremethylester	[567]
p-Dichlorbenzol	p-Chlorbenzoesäure + Terephthalsäure	[568–575]
p-Dichlorbenzol	p-Chlorbenzoesäuremethylester + Terephthalsäuremethylester	[569]
m-Dichlorbenzol	Isophthalsäure	[570–575]

Tabelle 52 (Fortsetzung)

Ausgangsverbindung	Reaktionsprodukte	Lit.
p-Dibrombenzol	p-Brombenzoesäure + Terephthalsäure	[577]
o-Dichlorbenzol	o-Chlorbenzoesäure + Phthalsäure	[568]
p-Chloranisol	Anissäure	[570–575]
1-Chlornaphthalin	Naphthalincarbonsäure-1	[568]
1-Jodnaphthalin	Naphthalincarbonsäure-1-methylester	[567]
Benzylchlorid	Phenylessigsäureanilid	[121]

7. Technische Carbonylierungsreaktionen und wirtschaftliche Bedeutung der Reaktionsprodukte

Obwohl viele der durch Reppe-Reaktionen zugänglichen Carbonylverbindungen großes wirtschaftliches Interesse beanspruchen können – es sei an die Acrylester und die gesättigten Carbonsäuren erinnert –, haben die Carbonylierungsverfahren doch bei weitem nicht die Produktionsziffern erreicht wie die Hydroformylierungsprozesse.

Die Gründe mögen darin liegen, daß die gleichen Produkte in vielen Fällen anstatt aus Acetylenen wirtschaftlicher mit Hilfe anderer Verfahren aus den leichter zugänglichen Olefinen gewonnen werden können.

Genaue Produktionsziffern der nach REPPE durchgeführten Carbonylierungen liegen aus den letzten Jahren nicht vor. Es ist jedoch bekannt, daß einige der Reaktionen in größerem Maßstab technisch angewendet werden: die Acrylester-Synthese aus Acetylen, Kohlenoxyd und Alkoholen, die Essigsäure-Synthese aus Methanol und Kohlenoxyd und die Synthese höherer gesättigter Carbonsäuren aus Olefinen, Kohlenoxyd und Wasser. In der BASF werden auch Propionsäure (ca. 30 000 to/Jahr) und in kleinerem Umfange Heptadecan-dicarbonsäure nach der Carbonylierungssynthese hergestellt.

Rohm & Haas in USA [578, 579] und Montecatini in Italien [580] entwickelten für die Acrylester-Synthese ein Verfahren, das eine Kombination aus stöchiometrischem und katalytischem Verfahren darstellt und die Vorteile beider – drucklose Arbeitsweise beim stöchiometrischen Verfahren und geringer $Ni(CO)_4$-Verbrauch beim katalytischen Verfahren – zu kombinieren sucht. Bei Atmosphärendruck und 30 bis 50 °C liefert dieses Verfahren Acrylsäureester-Ausbeuten zwischen 80–90%. Nur 15% des benötigten Kohlenoxyds stammt bei dieser Verfahrensweise aus dem $Ni(CO)_4$.

Insbesondere das Vermeiden der nicht ungefährlichen Arbeitsweise unter höheren Acetylen-Drucken, die besondere Sicherheitsvorrichtungen und Techniken erfordert [581, 582], senkt die Kosten des Endprodukts. Wirtschaftliche Betrachtungen über die Acrylester-Synthese aus Acetylen, Kohlenoxyd und Alkoholen sind vor einiger Zeit in „European Chemical News" [583] publiziert worden. Auf Einzelheiten der technischen Prozeßführung für das Acrylester-Verfahren soll hier nicht eingegangen werden. Eine gute Zusammenfassung wurde von M. Sittig erstellt [584].

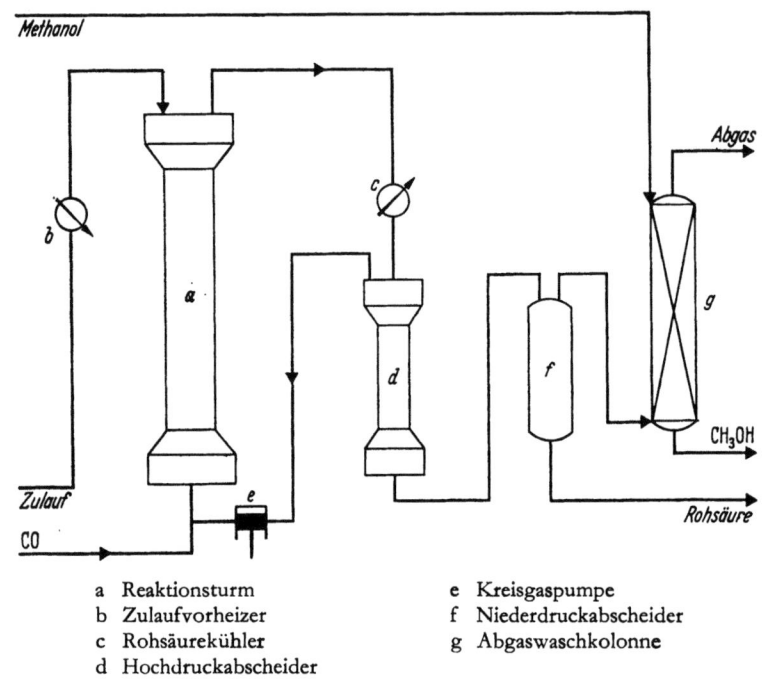

a Reaktionsturm
b Zulaufvorheizer
c Rohsäurekühler
d Hochdruckabscheider
e Kreisgaspumpe
f Niederdruckabscheider
g Abgaswaschkolonne

Abb. 16

Die Essigsäure-Synthese aus Methanol wurde in der BASF im Werk Ludwigshafen ausgearbeitet und in die Technik eingeführt [543]. Das Verfahren arbeitet mit Kobalt/Jod als Katalysator und unter Zusatz von Wasser. Ein Hauptproblem war die Aggressivität des Reaktionsgemischs, dem weder Sonderstähle noch Platin-, Titan- oder Tantal-Auskleidungen standhielten. Beständige Materialien wurden schließlich mit Hastelloy C (Ni, Mo, Cr) [585] und dem etwas weniger beständigen Hastelloy B (Ni, Mo) gefunden. Die Umsetzung geschieht in den üblichen zylindrischen Hochdruckreaktoren unter Verwendung von Umlaufrohren. Die Zirkulation wird dabei durch das Frischgas angetrieben. Die bei der Reaktion freiwerdende Reaktionswärme von 530000 Kcal/t Essigsäure deckt fast den gesamten Wärmebedarf der Anlage. Die Katalysatorrückgewinnung arbeitet mit sehr hohem Wirkungsgrad. Das Kobalt wird praktisch 100%ig zurückerhalten. Die Essigsäure-Ausbeute beträgt 90% bezogen auf Methanol und 70% bezogen auf Kohlenoxyd. 3,5% des Methanols werden in Methan und 4,5% in flüssige Nebenprodukte verwandelt; 2% gehen im Abgas verloren; 10% des CO werden in CO_2 verwandelt.

Abbildung 16 zeigt eine vereinfachte Darstellung der BASF-Anlage [543].

Für die Anlage der BASF wurden Produktionsziffern von 3600 to für 1963 und 12000 to im Jahr 1964 angegeben. Seit einigen Jahren werden bis zu 70% des Ausgangsprodukts Methanol durch den bei der Methanol-Synthese als Nebenprodukt anfallenden Dimethyläther ersetzt.

Die Produktion von gesättigten Carbonsäuren aus Olefinen, CO und Wasser wird in einigen US-Firmen durchgeführt. Man bedient sich dabei weitgehend der für die Hydroformylierungsreaktion entwickelten Technik, die bereits auf Seite 63 ff beschrieben wurde.

III. Carbonylierungen mit sauren Katalysatoren (Koch-Reaktion)

1. Allgemeines zur Reaktion

Die durch Metallcarbonyle katalysierte Synthese von Carbonsäuren aus Olefinen, Kohlenoxyd und Wasser wurde ausführlich im vorstehenden Kapitel besprochen. Die gleichen Reaktionspartner reagieren auch in Gegenwart *saurer Katalysatoren* zu Carbonsäuren. Die Firma DuPont ließ sich dieses Verfahren bereits in den 30iger Jahren schützen.

Setzt man Olefin, Wasser und sauren Katalysator, z. B. H_2SO_4, H_3PO_4, HCl oder $ZnCl_2$, gleichzeitig ein, so gelingt die Umsetzung bei Temperaturen zwischen 100 und 350 °C und Drucken von 500 bis 1000 at [*725–731*]. Eine Vielzahl von Patenten beschreibt analoge Reaktionen [*375, 593*]. Diese drastischen Reaktionsbedingungen warfen schwierige Korrosionsprobleme auf und standen der technischen Anwendung der Reaktion im Wege. Auch mit anderen Katalysatoren (wie BF_3) konnten die Umsetzungsbedingungen nicht wesentlich gemildert werden [*586, 587*]. Mit sehr wenigen Ausnahmen blieben selbst die unter so drastischen Bedingungen erzielten Ausbeuten völlig unzureichend für eine wirtschaftliche Ausnutzung der Reaktion. Lediglich die Umsetzung von Tetramethyläthylen mit Hilfe von Borfluorid·$3 H_2O$ als Katalysator gelang Ford und Mitarbeitern bei 600 at und 75 °C mit praktisch quantitativer Ausbeute [*586*].

Eine wesentliche Verbesserung dieser Synthesen blieb den Arbeiten von H. Koch, W. Gilfert und W. Huisken vorbehalten [*588, 589*]. Sie fanden, daß die gewünschte Umsetzung bei sehr milden Bedingungen möglich wird, wenn man nicht alle drei Reaktionspartner gleichzeitig einsetzt, sondern die Umsetzung *in zwei Stufen* vornimmt. In der ersten Stufe reagiert das Olefin zunächst mit dem sauren Katalysator und Kohlenoxyd unter weitgehender Abwesenheit von Wasser, und in der zweiten Stufe wird das aus Olefin, Kohlenoxyd und saurem Katalysator gebildete Reaktionsprodukt mit Wasser zersetzt:

$$H_2C=C(CH_3)-CH_3 \xrightarrow[\text{2. }H_2O]{\text{1. }H_2SO_4,\,CO} H_3C-C(CH_3)(CH_3)-COOH$$

Derart gelingt es, nahezu alle Olefine und eine große Zahl von Dienen, ungesättigten Carbonsäureestern, ungesättigten und gesättigten Alkoholen und Diolen, reaktiven Cycloparaffinen, gesättigten und ungesättigten Halogeniden, N-tert.-Alkylacylaminen, Carbonsäureestern und gesättigten Aldehyden zwischen —20 und + 80 °C und 1 bis 100 at Kohlenoxyd-Druck in Ausbeuten von 85 bis 95% in die um ein Kohlenstoffatom reicheren Carbonsäuren zu überführen. Geht man von Gemischen von Olefinen und Isoparaffinen aus, so kann es durch Hydridübertragung auch zur Carbonylierung der Isoparaffine kommen. Die Kochsche Carbonsäuresynthese läuft auch bei Normaldruck und Temperaturen zwischen 0 und 40 °C ab, wenn man Ameisensäure als Kohlenoxyd-Quelle benutzt. Die Ameisensäure wird dabei gleichzeitig mit dem Olefin in Schwefelsäure eingetropft [*590–592*] und durch die Schwefelsäure zu Kohlenoxyd dehydratisiert.

Carbonsäureester entstehen statt Carbonsäuren, wenn das aus Ausgangsprodukt, Kohlenoxyd und Katalysator gebildete Reaktionsprodukt in der zweiten Stufe nicht mit Wasser, sondern mit Alkoholen umgesetzt wird. Da hierbei gegenüber der Umsetzung mit Wasser keine grundsätzlich verschiedenen Resultate hinsichtlich der Ausbeuten oder der Entstehung von Isomerengemischen auftreten, werden beide Umsetzungen nebeneinander in den einzelnen speziellen Abschnitten des Kapitels behandelt.

2. Reaktionsmechanismus

H. KOCH [*593*] formuliert den Mechanismus der von ihm gefundenen Carbonsäuresynthese über die Ausbildung von Carbonium-Ionen aus Ausgangsprodukt und saurem Katalysator und Anlagerung von Kohlenoxyd an die Carbonium-Ionen unter Ausbildung von Acylium-Kationen in der ersten Reaktionsstufe (1), gefolgt von einer Reaktion der Acylium-Kationen mit Wasser oder Alkohol in der zweiten Stufe (2).

$$H_2C=CHR + H^{\oplus} \dashrightarrow H_3C-\overset{\ominus}{C}HR \xrightarrow{CO} H_3C-CHR-CO^{\oplus} \quad (1)$$

$$H_3C-CHR-CO^{\ominus} + HOR' \dashrightarrow H_3C-CHR-COOR' + H^{\oplus} \quad (2)$$

R' = H, Alkyl

EIDUS et al. [*594*] schlugen für die gleiche Reaktion einen Mechanismus vor, bei dem es unter Verwendung von Schwefelsäure als Katalysator in der ersten Stufe zur Ausbildung einer Acylsulfonsäure kommt (3), die in der zweiten Stufe dann ebenfalls mit Wasser oder Alkoholen zur Carbonsäure oder zum Carbonsäureester umgewandelt wird (4).

$$H_2C=CHR + H_2SO_4 + CO \dashrightarrow H_3C-CHRCOHSO_4 \quad (3)$$

$$H_3C-CHRCOHSO_4 + HOR' \to H_3C-CHR-COOR' + H_2SO_4 \quad (4)$$

R' = H, Alkyl

Die Existenz derartiger gemischter Anhydride ist allerdings experimentell noch nicht bewiesen worden [*595*].

122 Carbonylierungen mit sauren Katalysatoren (Koch-Reaktion)

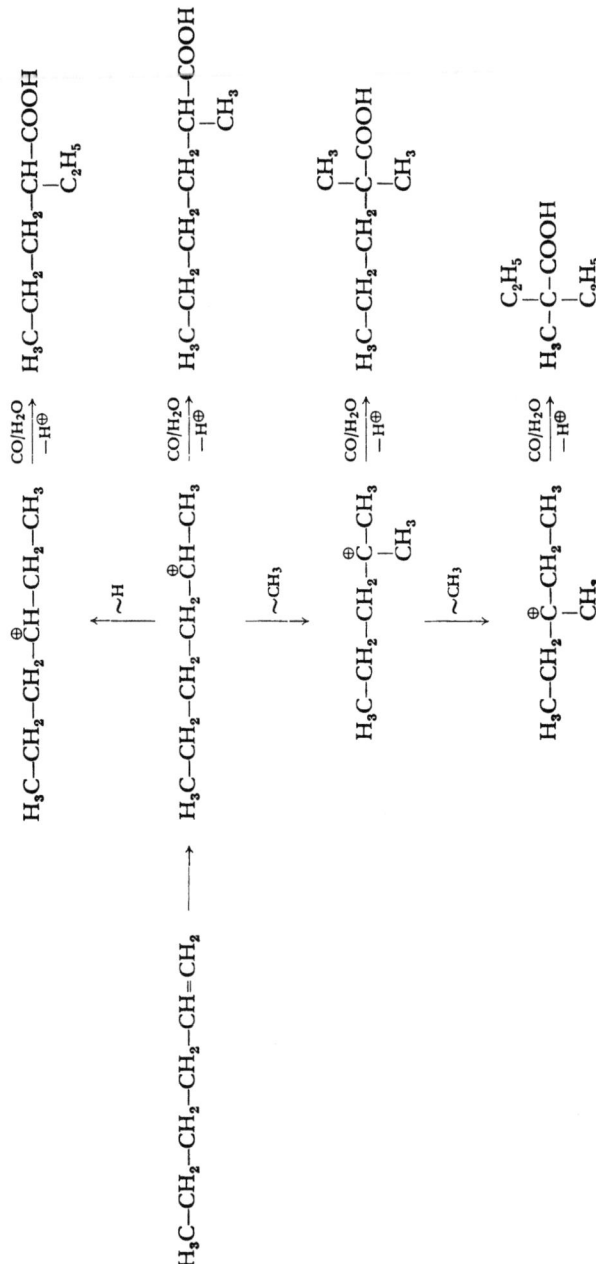

Während der Reaktion verlaufen meist in größerem Ausmaß über die Carbonium-Ionen *Isomerisierungen* der Doppelbindung und Isomerisierungen des Kohlenstoffgerüsts unter Wanderung von Alkylgruppen, siehe z. B. Schema auf Seite 122.

Auf die besonderen Verhältnisse bei ringförmigen Verbindungen, bei denen es zur Veränderung der Ringgröße kommen kann, wird später eingegangen.

Da die Addition der Carboxylgruppe stets streng im Markownikoff-Sinn abläuft und – abgesehen vom Äthylen – keine unverzweigten Carbonsäuren durch Anlagerung der Carboxylgruppe an endständige C-Atome entstehen, ergibt sich bei normaler Reaktionsführung die Zahl der möglichen Carbonsäure-Isomeren zu $Z = N - 2$, wobei N die Zahl der C-Atome im Ausgangs-Olefin bedeutet. In der Praxis ist die Zahl der erhaltenen Carbonsäuren oft höher, da es besonders bei niederen Kohlenoxyd-Drucken häufig erst nach Di- oder Oligomerisation des Olefins zur Carbonylierung kommt und damit größere Anteile höhermolekularer Carbonsäuren gebildet werden. Auf der anderen Seite kann die anwesende starke Säure auch Spaltungen der eingesetzten Produkte katalysieren. Besonders leicht werden tert.-Butyl-Gruppen abgespalten, und es kommt zur Bildung von Carbonsäuren, die eine *geringere* Kohlenstoffatomzahl aufweisen als die Ausgangsprodukte.

3. Katalysatoren

Als Katalysatoren für die Kochsche Carbonsäuresynthese sind geeignet: konz. Schwefelsäure, konz. Phosphorsäure, Fluorwasserstoff und die jeweiligen Mischungen von Bortrifluorid mit Wasser, Methanol, Fluorwasserstoff, Schwefelsäure oder Phosphorsäure, sowie Gemische von HF und SbF_5. Bei Verwendung der Mischung BF_3/Methanol enstehen überwiegend die Methylester der Carbonsäuren, daneben werden jedoch stets auch die freien Carbonsäuren in geringerer Menge erhalten [596].

Es wurde eingangs erwähnt, daß die Katalysatoren zur Erzielung hoher Ausbeuten möglichst wasserfrei sein müssen. Mit Schwefelsäure werden im Falle des Propylens z. B. optimale Ergebnisse bei einer Säurekonzentration von 96% (handelsübliche Schwefelsäure) erhalten. Bei Säurekonzentrationen von 90% und darunter, sinken die Ausbeuten stark ab. Gleiches gilt auch für die anderen Katalysatoren. Bei Olefinen vom Typ des Isobutens und des Tetramethyläthylens werden optimale Ausbeuten mit 82 bis 88% Schwefelsäure erreicht [597].

In Gegenwart größerer Wassermengen kann es in Konkurrenzreaktion zur Carbonylierung zu einer Hydroxylierung der Olefine unter *Alkoholbildung* kommen. Als Folgereaktion erhält man dann aus so entstandenem Alkohol und der entstandenen Säure die Carbonsäureester [598].

Wie K. E. MÖLLER zeigte, beeinflußt der Katalysator auch die Isomerenverteilung der gewonnenen Carbonsäuren [*599*]. Bortrifluorid-haltige Katalysatoren zeigen, verglichen mit Schwefelsäure, schwächere Isomerisierungswirkung und ergeben mehr sekundäre und weniger tertiäre Carbonsäuren [*600*], Schwefelsäure bewirkt auch – verglichen mit BF$_3$-Katalysatoren – das Entstehen größerer Anteile sekundärer Carbonsäuren, bei denen die Carboxylgruppe näher zur Molekülmitte steht.

Einen nicht unerheblichen Einfluß auf die Ausbeute hat ferner das Verhältnis Katalysatorsäure zu eingesetztem Olefin. Wie EIDUS et al. bei Versuchen zur Estersynthese zeigten, nimmt die Ausbeute mit zunehmendem Katalysatorüberschuß zu [*601*]. Bei stöchiometrischem Unterschuß an Katalysatorsäure sind die Ausbeuten an Carbonsäuren schlecht, und als Hauptprodukte entstehen aus den Olefinen Alkohole [*602*].

Bei der Umsetzung von verzweigten Olefinen kann im Gegensatz zu den unverzweigten Olefinen, sowohl mit der Gesamtmenge an Säure (Mol zu Mol) heruntergegangen werden als auch mit höherer Konzentration an Wasser in der Katalysatorsäure gearbeitet werden [*603–605*].

Läßt man Kohlenoxyd und konz. Säure sehr lange auf die Ausgangsverbindungen einwirken, bevor man mit Wasser oder Alkoholen die Umsetzung beendet, so können – insbesondere bei Gemischen von Olefinen und Paraffinen – auch in beträchtlichem Maße *Ketone* entstehen [*606*].

$$\begin{array}{c} R \\ | \\ H_3C-C-R' \\ | \\ {}^\oplus C{=}O \end{array} + \begin{array}{c} R'' \\ | \\ H_3C-C-R''' \\ | \\ H \end{array} \longrightarrow \begin{array}{c} R \quad\; R'' \\ | \qquad | \\ H_3C-C-C-C-CH_3 \\ | \;\;\; \| \;\;\; | \\ R' \; O \; R''' \end{array} + H^\oplus$$

Die technische Anwendung der beschriebenen Katalysatoren in kontinuierlichen Verfahren verlangt ihre glatte Abtrennung vom Reaktionsprodukt nach der Umsetzung des Carbonyl-Produktes mit Wasser oder Alkohol. Diese Abtrennung gelingt bei konz. Schwefelsäure erst nach Verdünnung des homogenen Reaktionsproduktes mit Wasser. Es verbleibt also eine 60 bis 70%ige Schwefelsäure, die nicht als solche wiederverwendet werden kann. Für die Umsetzung verzweigter Olefine läßt sich ein Gemisch von H$_2$SO$_4$/BF$_3$ verwenden, das eine ausreichende Abtrennung ohne Verdünnung gestattet [*607–609*]. Als allgemein verwendbar, weil aus dem Reaktionsgemisch besonders gut abtrennbar, erweist sich das System H$_3$PO$_4$/BF$_3$, das durch Sättigen von z. B. 85% Phosphorsäure mit BF$_3$ bis zu einem Molverhältnis von 1,2 : 0,8 bis 0,8 : 1,2 hergestellt wird [*607, 608*]. Dieses Katalysatorsystem wird deshalb auch in der Technik bevorzugt benutzt [*610*]. Ein ausführlicher Vergleich der einzelnen Katalysatortypen findet sich in einer Veröffentlichung von MÖLLER [*611*].

4. Einfluß der Temperatur und des Druckes

Temperatur und Druck und die dadurch bestimmte CO-Konzentration im Reaktionsgemisch haben einen sehr deutlichen Einfluß auf die Ausbeuten und die Zusammensetzung des Reaktionsproduktes in der Kochschen Carbonsäuresynthese.

Die Reaktionstemperaturen liegen je nach Olefin und gewünschtem Endprodukt zwischen −20 und +80 °C. Wie bereits erwähnt, verläuft die erste Stufe der Reaktion über die aus Ausgangsprodukt und Proton gebildeten Carbonium-Ionen. Es ist bekannt, daß derartige Carbonium-Ionen rasch und ohne großen Energiebedarf isomerisieren und dabei jeweils ein Gleichgewicht unter Bevorzugung der stabilsten Carbonium-Ionen bilden [612]. Es hängt nun u. a. von der Reaktionstemperatur ab, ob dieses Gleichgewicht erreicht wird oder ob die Carbonium-Ionen schon vorher von CO unter Bildung von Acylium-Kationen abgefangen werden. Ganz allgemein ergeben niedere Reaktionstemperaturen mehr sekundäre und hohe Reaktionstemperaturen mehr tertiäre Carbonsäuren [613, 614].

Tabelle 53 [*613*]. *Mengenverhältnis der tertiären und sekundären Säuren in Abhängigkeit von der Temperatur; CO-Druck 100 at*

Olefin	H_2SO_4 (96%)				$BF_3 \cdot CH_3OH$			
	tert. Säure (%)		sek. Säure (%)		tert. Säure (%)		sek. Säure (%)	
	−5 °C	+15 °C	−5 °C	+15 °C	−5 °C	+15 °C	−5 °C	+15 °C
Hexen-1	43	58	57	42	22	35	78	65
Hepten-1	54	68	46	32	26	42	74	58
Octen-1	50	64	50	36	30	43	70	57
Nonen-1					34	44	66	56
Decen-1					33	50	67	50

Der Einfluß des Kohlenoxyd-Druckes ist aus Abb. 17 abzulesen:

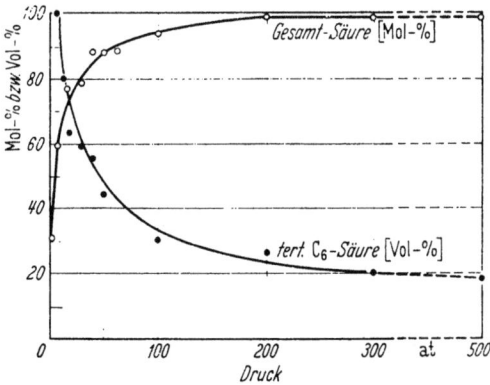

Abb. 17 [*615*]. Einfluß des CO-Druckes auf die Methylgruppen-Wanderung (Penten-2, konz. H_2SO_4)

Ganz allgemein bewirkt Drucksteigerung eine Erhöhung des Umsatzes und der Ausbeute an Carbonsäuren [615, 616]. Während bei Atmosphärendruck und geringem Überdruck fast ausschließlich tertiäre Säuren erhalten werden, sind bei höheren Drucken die sekundären Säuren die Hauptreaktionsprodukte [617].

Wie weitgehend die Zusammensetzung der Reaktionsprodukte durch Druck, Temperatur und Katalysator beeinflußt werden kann, geht sehr deutlich aus der von Möller veröffentlichten Tabelle 54 [600] hervor.

Tabelle 54. *Einfluß der Reaktionsbedingungen auf Ausbeute und Isomerenverteilung bei der Carbonylierung von Cyclohexen*

Katalysator	Temp. (°C)	CO-Druck (at)	Ausb. C_7-Säuren (%)*	Isomerenverteilung ⟨COOH	⟩C-COOH
HCOOH/H_2SO_4 **	10	–	75	–	100%
H_2SO_4	15	150	78	78%	22%
H_2SO_4	–13	150	72	93%	7%
$BF_3 \cdot CH_3OH$	15	150	80	93%	7%

* Die Ausbeute bezieht sich auf die Menge an eingesetztem Cyclohexen.
** unter gleichen Bedingungen läßt sich umgekehrte Isomerenverteilung erreichen (vgl. W. Haaf, Chem. Ber. **99**, 1149 (1966)), wenn die Rührgeschwindigkeit vermindert wird [651].

Ganz allgemein bewirken also niedere Temperaturen und hohe Drucke die bevorzugte Bildung der ein C-Atom mehr als die Ausgangsverbindung enthaltenden Carbonsäure [600, 601, 614–616]. Bei niederen Drucken und höheren Temperaturen entstehen durch vorausgehende Di- oder Oligomerisierung der Olefine größere Anteile an höhermolekularen Säuren. So konnten z. B. bei der Estersynthese oberhalb 75 °C nur noch Harze isoliert werden [601]. Der Einfluß des Druckes geht aus Tabelle 55 [618] hervor.

Tabelle 55. *Einfluß des CO-Druckes auf die Reaktion von Penten-2* (96%ige H_2SO_4 als Katalysator)

CO-Druck	Ausb. Carbons. (Mol-%)	Aufteil. d. Carbonsäuren nach C-Zahl in Vol-%					Zusammensetz. d. C_6-Säuren in Mol-%	
		C_6	C_{11}	C_{16}	C_{21}	C_{26}	tert.	sek.
1	31,5	11,1	25,6	19,8	18,7	24,5	100,0	–
5	59,0	24,3	24,7	18,2	32,8	–	100,0	–
10	77,5	95,0	5,0	–	–	–	79,7	20,3
20	78,0	100,0	–	–	–	–	64,5	35,5
30	88,0	100,0	–	–	–	–	60,0	40,0

Bei Drucken oberhalb von 20 at werden z. B. aus Penten-2 ausschließlich C_6-Säuren erhalten, bei niederen Drucken entstehen größere Anteile an höhermolekularen Säuren, die schließlich bei 1 at fast 90% der erhaltenen Carbonsäuren ausmachen.

Durch besondere Vorkehrungen gelingt es jedoch auch bei der Ameisensäure-Methode größere Anteile sekundärer Carbonsäuren zu erhalten [619], nämlich wenn man dafür sorgt, daß die CO-Konzentration im Reaktionsgemisch hoch ist. HAAF konnte zeigen, daß bei Verringerung der Durchmischung der Reaktionspartner eine Übersättigung des Reaktionsgemisches an CO um etwa 2 Zehnerpotenzen der Konzentration erreicht werden kann. Diese Steigerung genügt, um große Teile der zunächst gebildeten sek. Carbonium-Ionen vor ihrer Umlagerung zu tert. Carbonium-Ionen abzufangen und in sek. Carbonsäuren zu überführen (siehe Tab. 56).

Der Effekt kann noch gesteigert werden, wenn man dafür sorgt, daß die örtliche Konzentration des zu carbonylierenden Ausgangsproduktes im Reaktionsgemisch niedrig ist, z. B. durch Überschichten der Schwefelsäure mit CCl_4 und Auftropfen der Ausgangssubstanz auf die CCl_4-Schicht [619].

Tabelle 56. *Einfluß der Rührgeschwindigkeit auf die Carbonsäure-Ausbeute bei der Ameisensäure-Methode*
Versuchstemp. 5 °C, Zutropfzeit ca. 1,3 h, Nachreaktion 2 h

Ausgangsprodukt	% Ausb. bei langsamem Rühren * ( ) = Ausbeute bei schnellem Rühren	
Pentanol-2	30 (79)	2-Methyl-butancarbonsäure-2
	26 (1)	Pentancarbonsäure-3
	26 (1)	Pentancarbonsäure-2
Heptanol-2	17 (29)	2-Methylhexancarbonsäure-2
	28 (48)	3-Methylhexancarbonsäure-3
	9 (3)	Heptancarbonsäure-4
	23 (1)	Heptancarbonsäure-3
	8 (1)	Heptancarbonsäure-2
Cyclohexanol	14 (61)	1-Methylcyclopentancarbonsäure-1
	75 (8)	Cyclohexancarbonsäure

* etwa 20 U/min.

5. Lösungs- oder Verdünnungsmittel

Die Kochsche Carbonsäuresynthese verläuft bei entsprechend guter Durchmischung der Reaktionspartner mit ausreichender Geschwindigkeit. Auf Zugabe der stöchiometrisch erforderlichen Wassermenge nach Beendigung der Acyliumkationen-Bildung trennen sich die gebildeten

Carbonsäuren bei geeignet gewähltem Katalysator meist glatt ab. Es ergibt sich somit nur selten die Notwendigkeit, Lösungs- oder Verdünnungsmittel zu verwenden.

Die Zahl der Lösungsmittel ist durch die Art der aggressiven Katalysatoren stark eingeschränkt. Als Verdünnungsmittel eignen sich nur Verbindungen, die mit den sauren Katalysatoren nicht oder nur in sehr untergeordnetem Maße Carbonium-Ionen bilden können, z. B. CCl$_4$ [*619*], unverzweigte Paraffine [*615, 620, 621*] oder – mit Einschränkungen und nur bei bestimmten Katalysatoren – Gemische von solchen Paraffinen und aromatischen Kohlenwasserstoffen [*622*].

6. Carbonylierung spezieller Verbindungen
6.1. Olefine und Diene

Wie erwähnt, können alle Arten von Olefinen mit der Kochschen Carbonsäuresynthese in Carbonsäuren überführt werden, und nur nicht isomerisierbare Olefine wie Äthylen und Propylen ergeben einheitliche Reaktionsprodukte – Propionsäure und Isobuttersäure –. Infolge der beschriebenen Doppelbindungs- und Gerüstisomerisierungen kommt es bei gradkettigen und isomerisierbaren Olefinen stets zur Ausbildung von Isomerengemischen (s. Formelschema S. 122). Die Lage der Doppelbindung im eingesetzten Olefin ist ohne Belang für die Verteilung der Isomeren im Carbonsäuregemisch. So erhält man aus Hexen-2 und Hexen-3 Carbonsäuren der gleichen Isomerenverteilung wie aus Hexen-1 [*613*]. Es werden jedoch nur Carbonsäuren erhalten, die aus der Addition der Carboxylgruppe im Markownikoff-Sinne resultieren: aus unverzweigten Olefinen sekundäre und tertiäre Carbonsäuren, aus verzweigten Olefinen nur tertiäre Carbonsäuren [*611*].

Auch aus symmetrischen und nicht isomerisierbaren Olefinen können unter bestimmten Reaktionsbedingungen (s. S. 123) durch der Carbonylierung vorangehende Di- oder Oligomerisierung oder durch Spaltung der Olefine Gemische von Carbonsäuren erhalten werden. Besonders neigen verzweigte Olefine zur Dimerisierung, und es überrascht daher nicht, daß beispielsweise aus Isobuten neben der erwarteten Pivalinsäure auch größere Anteile an 2,2,4,4-Tetramethylpentansäure-1 entstehen können.

$$H_3C-C(CH_3)=CH_2 \longrightarrow \begin{cases} (CH_3)_3-C-COOH \\ (CH_3)_3-C-CH_2-C(CH_3)_2-COOH \end{cases}$$

Bei verzweigten Olefinen niederer C-Zahl kommt es in Gegenwart konz. Schwefelsäure darüber hinaus oft zu Disproportionierungsreaktionen.

So liefert die Carbonylierung von 2-Methyl-buten-1 neben der erwähnten 2-Methylbuten-carbonsäure-2 und einem Gemisch tertiärer C_{11}-Säuren auch noch äquivalente Anteile an Trimethylessigsäure und 2-Methylpentancarbonsäure-2 [*617*]. Die Entstehung dieser beiden Säuren wird durch Aufspaltung des durch Dimerisation von 2-Methylbuten zunächst gebildeten Isodecens erklärt.

```
                          ┌→ H₃C–CH₂–C(CH₃)₂–COOH
                          │
2-Methylbuten-1    ──┤        ┌→ tert. C₁₁-Säuren
                          │        │
                          └→ Isodecen ──┼→ (CH₃)₃–C–COOH
                                   │
                                   └→ H₃C–CH₂–CH₂–C(CH₃)₂–COOH
```

Für cyclische Monoolefine gilt die eingangs für die Carbonylierung gradkettiger Olefine erwähnte mögliche Carbonsäuren-Isomerenzahl von $Z = N - 2$ nicht mehr.

Bei Cycloolefinen wird die Zusammensetzung der Isomeren nicht nur durch die Reaktionsbedingungen, sondern auch durch Ringgröße und Ringspannung beeinflußt [*623*]. Die Ringgröße des Ausgangsolefins bestimmt das Maß der *Ringgerüstumlagerungen*. So gelingt es beispielsweise im Falle des Cyclooctens selbst unter optimalen Synthesebedingungen nicht, auch nur Spuren der zunächst erwarteten Cyclooctancarbonsäure zu isolieren. Es entstehen stets nur 1-Methyl-cycloheptancarbonsäure-1 und 1-Äthyl-cyclohexancarbonsäure-1 [*611, 624*].

Dagegen wird aus Cyclopenten fast ausschließlich Cyclopentencarbonsäure erhalten [*600*].

Als Nebenreaktion tritt auch bei Cycloolefinen die Bildung dimerer Säuren, jedoch keine Disproportionierung auf [*592*].

Für die Carbonylierung von Cycloolefinen nach der normalen Ameisensäure-Methode wurden die folgenden Regeln aufgestellt [*592*]. (Auf die Möglichkeit, durch Übersättigung des Reaktionsgemisches andere Isomerenverteilungen zu erzielen, wurde bereits im Kapitel über Druck und Temperatur hingewiesen, s. S. 125.)

1. Es bilden sich, von wenigen Ausnahmen abgesehen, bei denen dies wegen der Ringspannung nicht möglich ist, fast ausschließlich tertiäre Säuren.

2. Es entstehen, wenn irgend möglich, verzweigte Cyclohexan-Ringsysteme.

Das Verhältnis von gebildeten sekundären und tertiären Säuren aus cyclischen Olefinen verschiedener Ringgröße geht aus Abb. 18 hervor.

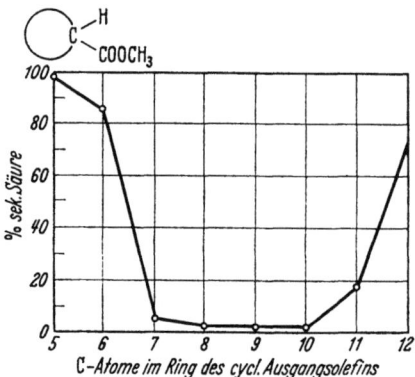

Abb. 18 [600]. Methylester aus Cycloalkenen

Cyclopenten reagiert also ausschließlich zu Cyclopentan-carbonsäureester. Die Bildung eines methyl-substituierten Vierringes wird nicht beobachtet. Aus Cyclohexen entstehen auch noch ca. 90% Cyclohexancarbonsäure. Dagegen bilden Cycloolefine mit 8, 9 und 10 C-Atomen im Ring überhaupt keine sekundären Säuren.

Das Verhalten der methylierten Cycloalkene geht aus Abb. 19 hervor.

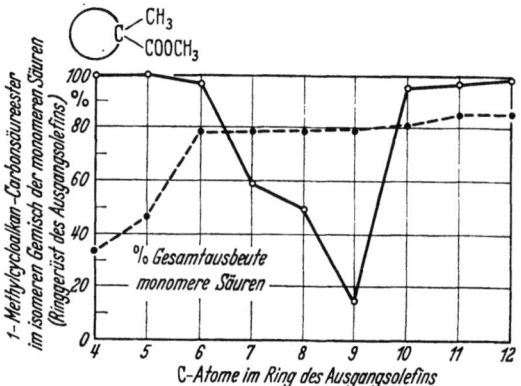

Abb. 19 [600]. Methylester aus 1-Methyl-cycloalkenen
(Katalysator $BF_3 \cdot CH_3OH$, CO-Druck 150 at, Temp. 15°)

Es zeigt sich also, daß eine Verzweigung am Ringgerüst die Carbonsäurebildung unter Erhaltung der ursprünglichen Ringgröße begünstigt. Cycloolefine mit 4, 5, 6, 10, 11 und 12 C-Atomen im Ring reagieren ausschließlich unter Erhalt des Ringgerüsts. Unter den isomerisierenden C$_7$–C$_9$-Ringen ist der 9-Ring mit Abstand am instabilsten. Bei den Vier- und Fünfringen kommt es bevorzugt zur Dimerisierung der Ausgangsprodukte.

Diolefine geben nur dann Dicarbonsäuren in leidlichen Ausbeuten, wenn die Doppelbindungen um 5 bis 8 Kohlenstoffatome voneinander entfernt sind und an der Doppelbindung Kettenverzweigungen bestehen. So entsteht aus 2,11-Dimethyldodecadien-1,11 in etwa 30%iger Ausbeute die 2,11-Dimethyldodecandicarbonsäure-2,11 [620]. Konjugierte Diene sind als Ausgangssubstanzen für die Kochsche Carbonsäuresynthese ungeeignet, da sie in Gegenwart der stark sauren Katalysatoren sofort polymerisieren. Sie sollten deshalb auch nach Möglichkeit aus Gemischen ungesättigter Verbindungen entfernt werden, bevor diese zur Koch-Synthese eingesetzt werden. Leicht gelingt ihre Beseitigung durch selektive Hydrierung zu Olefinen [625].

Mehrfach ungesättigte cyclische Verbindungen ergeben ebenfalls keine Di- oder Tricarbonsäuren. Aus ihnen entstehen vielmehr nach transannularer Reaktion unter Hydridverschiebung und Ausbildung bi- oder tricyclischer Systeme am Brückenkopf mit CO/H$_2$O tertiäre Monocarbonsäuren. So liefert Cyclodecadien-1,5 ein Gemisch aus cis- und trans-Dekalincarbonsäure [624], und aus Cyclododecatrien-1,5,9 erhält man ein Gemisch isomerer tertiärer Perhydro-acenaphthencarbonsäuren [626].

Tabelle 57. *Hydrocarboxylierung von Olefinen und Dienen nach Koch*

Ausgangsprodukt	Katalysator	Reaktionsprodukte	Ausb. (%)	Lit.
Äthylen	HF + BF$_3$	Propionsäure	30	[627]
Propen	97% H$_2$SO$_4$	Isobuttersäure	90	[602]
Buten-1 Buten-2	97% H$_2$SO$_4$	2-Methylbuttersäure	90–95	[602]
Isobuten	BF$_3$·2 H$_2$O	Pivalinsäure (72,5%) C$_9$-Säure (13%) höhermolekulare Säuren (14,5%)		[628]
	82–88% H$_2$SO$_4$	Pivalinsäure		[629]
2-Methylbuten-1	BF$_3$·2 H$_2$O	Äthyl-dimethylessigsäure	75	[628]
2,3-Dimethyl-buten-1	H$_2$SO$_4$	2,2,3-Trimethyl-buttersäure	70	[602]
2-Äthylbuten-1		2-Methyl-2-äthyl-buttersäure		[602]
Penten-1	97,5% H$_2$SO$_4$	2,2-Dimethylbuttersäure (97%) Diäthylessigsäure Methyl-n-propylessigsäure		[184]

Tabelle 57 (Fortsetzung)

Ausgangsprodukt	Katalysator	Reaktionsprodukte	Ausb. (%)	Lit.
2-Methylpenten-1	$H_2SO_4/BF_3/$ H_3PO_4	2,2-Dimethylvaleriansäure, C_{13}-Säure	80	[602]
3-Methylpenten-2		2-Methyl-2-äthylbuttersäure		[602]
2-Äthylpenten-1	$BF_3 \cdot 2\,H_2O$	C_9-Säuren	62	[628]
Hexen-1	H_3PO_4	C_7-Säuren (87%) C_{10}-Säuren (13%)		[630]
Hexen-1		2-Methylvaleriansäure, 2-Äthylbuttersäure		[602]
Hexen-2		2,2-Dimethylbuttersäure		
Hepten-1		2-Methylcapronsäure,		[602]
Hepten-2		2-Äthylvaleriansäure,		
Hepten-3		2,2-Dimethylvaleriansäure		
Diisobutylen	82–88% H_2SO_4	Isononansäure		[629]
Cyclopenten*	H_2SO_4	Cyclopentancarbonsäure cis-Dekalincarbonsäure (9:1)	6	[591]
Cyclohexen*	H_2SO_4	1-Methylcyclopentancarbonsäure	75	[591]
Cycloocten*	H_2SO_4	1-Äthylcyclohexancarbonsäure, höhermolekulare Säuren (36:64)	45	[591]
2,5-Dimethylhexadien-1,5	H_2SO_4	2,2,5,5-Tetramethyladipinsäure, Monocarbonsäuren	2–3 20–40	[620]
Dihydrodicyclopentadien	H_2SO_4	exo-Tricyclo-(5,2,1,0)-decan-2-carbonsäure	74	[632]
2,11-Dimethyldodecadien		2,11-Dimethyl-dodecan-2,11-dicarbonsäure	30	[620, 631]

* Ameisensäuremethode

6.2. Ungesättigte Carbonsäuren

Während Diolefine nur mäßige Ausbeuten an Dicarbonsäuren zu bilden vermögen, werden aus ungesättigten Säuren wie Undecylensäure und Ölsäure höhere Dicarbonsäureausbeuten erhalten [591, 593, 620, 633].

Wie aus den Versuchen mit Olefinen schon zu erwarten war, entstehen auch aus höhermolekularen ungesättigten Carbonsäuren Gemische isomerer Dicarbonsäuren. SCHAUERTE [620] untersuchte das Reaktionsprodukt der Undecylensäure und wies sieben isomere C_{12}-Dicarbonsäuren nach.

Das Verhältnis der primär-sekundären zu den primär-tertiären Carbonsäuren war etwa 1 : 1. Nach der Ameisensäure-Methode entstehen dagegen erwartungsgemäß ausschließlich primär-tertiäre Säuren [*620, 634*] (Tab. 58).

Tabelle 58. *Zusammensetzung der Reaktionsprodukte der Hydrocarboxylierung von Undecylensäure*

A) *Reaktion unter Druck* (Kat.: konz. H_2SO_4 (96%), Temp. 3–16 °C, CO-Druck 180–320 at, Heptan als Verdünnungsmittel)	B) *Ameisensäuremethode* (Kat.: konz. H_2SO_4 (96%), Temp. 13–16 °C)
9% α-Methylundecandisäure	
25,4% α-Äthylsebacinsäure	
14,8% α-n-Propylazelainsäure	
20,2% α,α-Dimethylsebacinsäure	47% α,α-Dimethylsebacinsäure
10% α-Methyl-α-äthylazelainsäure	24% α-Methyl-α-äthylazelainsäure
8,2% α-Methyl-α-n-propylkorksäure	23% α-Methyl-α-n-propylkorksäure
3,4% α-Methyl-α-n-butylpimelinsäure	6% α-Methyl-α-n-butylpimelinsäure

Von besonderem Interesse ist die kürzlich von WEINTRAUB et al. [*635*] beschriebene Synthese von Bernsteinsäure aus Acrylsäure:

$$H_2C=CH-COOH + CO \xrightarrow[\text{2. }H_2O]{\text{1. }SO_3/H_2SO_4} HOOC-CH_2-CH_2-COOH$$

Die Reaktion versagt völlig unter den üblichen Bedingungen mit konz. Schwefelsäure, läßt sich aber in Oleum bei 40 °C und 85 at CO mit 85%iger Ausbeute verwirklichen.

6.3. Paraffine

Auch gesättigte Kohlenwasserstoffe können Ausgangsmaterial für die Herstellung von Carbonsäuren oder Carbonsäureestern nach H. KOCH sein, vorausgesetzt, daß sie unter den angewandten Reaktionsbedingungen Carbonium-Ionen bilden. Leicht gelingt das bei den besonders reaktiven Cyclopropanen [*592, 636*] und Cyclobutanen [*636*]. Sie spalten in Gegenwart von Schwefelsäure leicht in nichtcyclische Carbonium-Ionen auf, die dann in der erwarteten Weise zu gesättigten Carbonsäuren reagieren.

Die Reaktivität der gespannten kleinen Ringe nimmt in der Reihenfolge Cyclopropan > alkyliertes Cyclopropan > Cyclobutan > alkyliertes Cyclobutan

ab [*636*]. Cyclopentan läßt sich mit Schwefelsäure schon nicht mehr umsetzen. Dagegen reagieren sowohl Cyclopentane als auch Cyclohexane in Gegenwart der Kombination HF/SbF$_5$ [637], die, verglichen mit Schwefelsäure, ein weit stärkeres Mittel zur Erzeugung von Carbonium-Ionen aus Paraffinen darstellt.

Tabelle 59 faßt bisher veröffentlichte Umsetzungen von Cyclopropanen und Cyclobutanen zusammen.

Tabelle 59. *Hydrocarboxylierung von reaktiven Cycloaliphaten in Gegenwart von Schwefelsäure*

Ausgangsprodukt	Temp. (°C)	Reaktionsprodukt	Ausb. (%)	Lit.
Cyclopropan	20	Isobuttersäure	80	[636]
Methylcyclopropan	30	2-Methylbuttersäure	78	[592, 636]
1,1-Dimethylcyclopropan	50	2,2-Dimethylbuttersäure	60	[636]
n-Propylcyclopropan	20	2,2-Dimethylvaleriansäure und 2-Methyl-2-äthylbuttersäure	82	[592, 184]
Cyclobutan	50	2-Methylbuttersäure	30	[636]
Methylcyclobutan	70	2-Methylvaleriansäure	17	[636]

Auch bei nicht-cyclischen, verzweigten Kohlenwasserstoffen kann es zur Spaltung der Kohlenstoffkette und Ausbildung von Carbonium-Ionen kommen, z. B. durch Depolymerisations- oder Disproportionierungsreaktionen, auf die schon vorstehend hingewiesen wurde. So werden bei geeigneter Reaktionsführung aus Diisobutylen zwei Mol Pivalinsäure erhalten.

Außer durch Sprengung von Kohlenstoff-Kohlenstoffbindungen können Carbonium-Ionen jedoch aus gesättigten Kohlenwasserstoffen auch durch Hydridübertragung erzeugt werden. Als Hydrid-Donatoren eignen sich besonders niedermolekulare Isoparaffine in Schwefelsäure. Sie geben unter den Bedingungen der Kochschen Carbonsäuresynthese tertiäre Carbonsäuren [598, 606, 638–640]. Man setzt hierzu das Isoparaffin zusammen mit einer Carbonium-Ionen bildenden Verbindung als Hydrid-Acceptor ein. Dabei tritt aus dem Isoparaffin ein tert. Wasserstoffatom auf das zunächst gebildete Carbonium-Ion über und bildet mit diesem einen gesättigten Kohlenwasserstoff. Das neue durch diesen Übertritt aus dem Isoparaffin gebildete Carbonium-Ion wird dann durch Kohlenoxyd abgefangen und bildet die Carbonsäure [640].

$$RH + R_1^\oplus \longrightarrow R^\oplus + R_1H$$
$$R^\oplus + CO + H_2O \longrightarrow RCOOH$$

Tabelle 60 [640]. *Hydrocarboxylierung von Isoparaffinen durch Hydridübertragung* (Katalysator H_2SO_4)

Ausgangsprodukt	Olefin oder Alkohol (als Hydrid-Acceptor)	Temp. (°C)	Carbonsäure Isoparaffin	Carbonsäure-Ausb. (%) aus Olefin oder Alkohol
iso-Pentan	Cyclohexen	15–25*	37% 2,2-Dimethylbuttersäure	52% cycl. C_7-Säuren (90% Methylcyclopentancarbonsäure-(1))
2-Methylpentan	Cyclohexen	15–25	21% C_7-Säuren (nicht cycl.)	59% C_7-Säuren (cycl.)
2,3-Dimethylbutan	Methylcyclohexen	15–25	22% 2,2,3-Trimethylbuttersäure	33% 1-Methylcyclohexancarbonsäure-1
2,3-Dimethylbutan	Hepten-1	15–25	31% 2,2,3-Trimethylbuttersäure	46% C_8-Säuren
Methylcyclopentan	Propen	15–25	28% 1-Methylcyclopentancarbonsäure-1	1% Isobuttersäure
n-Hexan	Cyclohexen	15–25	18% 1-Methylcyclopentancarbonsäure-1	79% cycl. C_7-Säuren (keine nicht cycl. C_7-Säuren)
Methylcyclopentan	iso-Propanol	15–25	7% C_6- und C_7-Säuren, keine nicht cycl. C_7-Säuren	1% Isobuttersäure
Cyclohexan	tert. Butanol	15–25	16% 1-Methylcyclopentancarbonsäure-1 3% Cyclohexancarbonsäure	54% Pivalinsäure
Cyclohexan	Butanol-2	15–25	8% Decalincarbonsäure-9, überwiegend cis	13% 2-Methylbuttersäure
trans-Decalin	Butanol-2	15–25		12% 2-Methylbuttersäure

Tabelle 60 (Fortsetzung)

Ausgangsprodukt	Olefin oder Alkohol (als Hydrid-Acceptor)	Temp. (°C)	Carbonsäure-Ausb. (%) aus Isoparaffin	Carbonsäure-Ausb. (%) aus Olefin oder Alkohol
trans-Dekalin	tert. Butanol	15–25*	5% Decalincarbonsäure-9	47% Pivalinsäure, 19% C_6, C_7–C_9-Säuren
Methylcyclopentan	tert. Butanol	15–25	46% 1-Methylcyclopentancarbonsäure-1	7% Pivalinsäure
Methylcyclohexan	tert. Butanol	15–25	72% 1-Methylcyclohexancarbonsäure-1	16% Pivalinsäure
Methylcyclohexan	Pentanol-2	15–25	36% 1-Methylcyclohexancarbonsäure	30% 2,2-Dimethylbuttersäure
Methylcyclohexan	Butadien-1,3	15–25	15% 1-Methylcyclohexancarbonsäure-1	
C_{15}-Säure aus Tetramerpropen	tert. Butanol	15–25	6% C_{14}-Dicarbonsäure	30% Pivalinsäure 43% C_{15}-Säure
1,4-Dimethylcyclohexancarbonsäure	tert. Butanol	15–25		71% Pivalinsäure
2-Methylbutan [*641*]	tert. Butanol	20	57% 2,2-Dimethylbuttersäuremethylester 2,2-Dimethylbuttersäure (Ester zu Säure ca. 1,5 : 1)	5% Pivalinsäure 5% Pivalinsäuremethylester
Methylcyclohexan [*641*]	tert. Butanol	20	47% 1-Methylcyclohexancarbonsäuremethylester 1-Methylcyclohexancarbonsäure (Ester: Säure ca. 1,4 :1)	11% Pivalinsäure Pivalinsäuremethylester

* drucklos, Ameisensäure-Methode;
bei den Versuchen mit 2-Methylbutan und Methylcyclohexan wurde in der zweiten Stufe mit Methanol zersetzt.

Es können mit dieser Reaktion aus Isoparaffinen bis zu 75% d. Th. an Carbonsäuren erhalten werden. Aus Adamantan mit tert.-Butanol als Hydrid-Acceptor wird Adamantancarbonsäure sogar in 80% Ausbeute erhalten [*642*]. Eine Patentschrift der DuPont beschreibt die Herstellung von Adamantandicarbonsäure in einer Ausbeute von 85% d. Th. [*793*]. Mit steigendem Molekulargewicht des Isoparaffins sinkt allerdings seine Tendenz zur Hydridübertragung und damit auch die Ausbeute an Carbonsäuren. Sie hängt naturgemäß auch stark von der Art des Hydrid-Acceptors ab. Als Acceptoren können Olefine, Alkohole oder Alkylchloride dienen. In der Praxis haben sich tert.- und 2-Butanol [*640*], 2-Methylpropanol [*641*] und Triisobutylen [*641*] als besonders wirksam erwiesen.

Außer Schwefelsäure kann auch HF als Katalysator für die Isoparaffincarboxylierung eingesetzt werden, bringt jedoch schlechtere Ausbeuten [*638, 639*].

Carbonsäuren mit tertiären Wasserstoffatomen reagieren analog zu Dicarbonsäuren [*640*].

6.4. Alkohole und Diole

Sowohl primäre als auch sekundäre und tertiäre Alkohole sind in der Lage, in Gegenwart stark saurer Katalysatoren Carbonium-Ionen zu bilden und können deshalb ebenfalls als Ausgangsprodukte der Kochschen Carbonsäuresynthese dienen [*591, 601, 643–649*]. Auch ihre Umsetzung ist sowohl unter Druck als auch nach der Ameisensäure-Methode möglich. Es entstehen, von wenigen Ausnahmen abgesehen, aus den Alkoholen die gleichen Reaktionsprodukte wie aus den ihnen entsprechenden Olefinen mit gleichem Kohlenstoffgerüst. Unterschiede zeigen sich nur in den Ausbeuten. Aus Alkoholen lassen sich im allgemeinen bessere Carbonsäureausbeuten erzielen, da sie langsamer Carbonium-Ionen bilden und deshalb geringere Tendenz zur Dimerisierung zeigen.

Alkohole, die besonders langsam reagieren, setzt man zweckmäßig unter Druck um. So läßt sich Propanol unter Druck umsetzen, nicht aber nach der Ameisensäure-Methode [*591*]. Methanol [*646, 650*] kann unter drastischen Bedingungen in Essigsäure überführt werden.

n-Butanol liefert ebenso wie n-Buten ausschließlich 2-Methylbuttersäure [*591*]. Eine Umlagerung der n-C_4-Carbonium-Ionen zum tert. Butylcarbonium-Ion findet nicht statt, und Pivalinsäure wird auch nicht in Spuren gebildet [*591*]. Bei den Pentanolen tritt dagegen schon weitgehende Umlagerung ein [*590, 643*] (s. Tab. 56, S. 127).

Tertiäre Alkohole bilden besonders leicht Carbonium-Ionen und eignen sich somit auch gut zur Umsetzung nach der Ameisensäure-Methode.

Interessant ist die Reaktionsweise der Alkohole vom Typ des Neopentylalkohols, die auf Grund ihrer Struktur keine Parallele bei den Olefinen

Tabelle 61. *Hydrocarboxylierung von Alkoholen und Diolen nach Koch*

Ausgangs-Verbindung	Katalys.	Temp. (°C)	Ausb. Carbonsäuren (%)	Reaktionsproduktverteilung (Vol-%)	Lit.
Methanol	BF_3	160–200 (765–1120 at)	92	Essigsäure	[646, 650]
n-Propanol	H_2SO_4			Isobuttersäure	[591]
iso-Propanol	H_2SO_4			Isobuttersäure	[591]
Butanol-1*	H_2SO_4	30	36	85% 2-Methylbuttersäure, 15% C_9-Säuren	[591]
Butanol-2*	H_2SO_4	20	43	100% 2-Methylbuttersäure	[591]
tert.-Butanol*	H_2SO_4	10–15	78	95% Pivalinsäure	[591]
Pentanol-1*	H_2SO_4	10	76	77% 2,2-Dimethylbuttersäure, 23% höhere, haupts. C_{11}-Säuren	[591]
Pentanol-2*	H_2SO_4	5	81	79% 2,2-Dimethylbuttersäure, 21% höhere, haupts. C_{11}-Säuren	[591]
2-Methylbutanol-2*	H_2SO_4	5–10	73	10% Pivalinsäure, 42% 2,2-Dimethylbuttersäure, 12% C_7-Säuren, 36% höhere, haupts. C_{11}-Säuren	[591]
2,2-Dimethylpropanol-1*	H_2SO_4	22–26	83	100% 2,2-Dimethylbuttersäure	[591]
2,2-Dimethylbutanol-1*	H_2SO_4	19–25	80	63% 2-Methyl-2-äthylbuttersäure, 37% 2,2-Dimethylvaleriansäure	[591]
2,2-Dimethylpentanol*	H_2SO_4	18–26	82	65% 2-Methyl-2-äthylvaleriansäure, 35% 2,2-Dimethylcapronsäure	[591]

Tabelle 61 (Fortsetzung)

Ausgangs-Verbindung	Katalys.	Temp. (°C)	Ausb. Carbon-säuren (%)	Reaktions-produkt-verteilung (Vol-%)	Lit.
1,1-Diäthyl-propanol*	H_2SO_4	5–10	64	8% C_6–C_7-Säuren, 45% C_8-Säuren, 9% C_9-C_{10}-Säuren, 38% C_{15}-Säuren	[591]
2,3,3-Tri-methylbutanol-2	H_2SO_4	10	88	100% 2,2,3,3-Tetramethyl-buttersäure	[591]
Hexandiol	H_2SO_4			13% C_8-Dicarbon-säure, 33% 2,4,4-Trimethyl-butyrolacton	[652]
2,5-Dimethyl-2,5-hexandiol	H_2SO_4	20		44% C_{10}-Disäure, 23,5% C_9-Lacton	[652]
1-Hydroxy-methyl-1-methylcyclo-pentan*	H_2SO_4	19–23	95	1-Methyl-cyclohexan-carbonsäure-1	[590, 591]
1-Hydroxy-methyl-1-methylcyclo-hexan	H_2SO_4	20–25	86	1-Äthyl-cyclo-hexancarbon-säure-1	[591, 590]
Hydrindanol-5	H_2SO_4	10–15	56	100% cis-Hydrindan-carbonsäure-8	[643]
β-Decalol	H_2SO_4		95	Decalin-9-carbonsäure	[590, 654]
cis-8-Hydroxy-methyl-hydrindan*	H_2SO_4	15–20	68	Decalincarbon-säure-9	[643]
Decandiol-1,10*	H_2SO_4	25	7	2,2,7,7-Tetra-methyl-korksäure	[620]
2,9-Dimethyl-decandiol-2,9*	H_2SO_4	0–5	87	63% 2,2,9,9-Tetra-methylsebacinsäure	[620]
Pentanol-1	H_2SO_4	20–40 (38–47 at)	85	58 Gew.-% 2,2-Dimethyl-buttersäure-methylester, 27 Gew.-% 2-Äthylbuttersäure-methylester	[601, 655]

* = Ameisensäuremethode

haben. Auch sie bilden keine primären Carbonsäuren, sondern geben unter Umlagerung des Kohlenstoffgerüsts ausschließlich tertiäre Carbonsäuren [*651*].

$$\underset{\text{CH}_2\text{OH}}{\overset{\text{CH}_3}{\bigotimes}} \longrightarrow \underset{\text{COOH}}{\overset{\text{CH}_3}{\bigotimes}} \quad (1)$$

$$\underset{\text{CH}_2\text{OH}}{\overset{\text{CH}_3}{\bigotimes}} \longrightarrow \underset{\text{COOH}}{\overset{\text{CH}_2-\text{CH}_3}{\bigotimes}} \quad (2)$$

$$\overset{\text{CH}_2\text{OH}}{\bigotimes} \longrightarrow \overset{\text{COOH}}{\bigotimes} \quad (3)$$

Auch ditertiäre Diole lassen sich in Dicarbonsäuren überführen, sofern der Abstand zwischen den reaktiven Zentren groß genug ist. Bei einem Abstand von nur 4 CH_2-Gruppen zwischen den Verzweigungsstellen entstehen ausschließlich cyclische Monocarbonsäuren (siehe Tabelle 60). Bei einem Abstand von 5 bis 8 C-Atomen überwiegt dagegen die Dicarbonsäure-Bildung. Sie erreicht ein Maximum bei einem Abstand von 6 bis 7 C-Atomen [*620*]. Bei primären Diolen kommt es hauptsächlich zu Monocarboxylierungen unter Bildung von ω-ungesättigten Säuren, ω-Hydroxysäuren und Lactonen [*652*]. Es gelang SCHAUERTE [*620*] jedoch, aus Decandiol-1,10 neben anderen Produkten auch die 2,2,7,7-Tetramethylkorksäure herzustellen.

Besitzen die Diole einen Aufbau, der bei der Umsetzung mit Kohlenoxyd die Ausbildung eines Lactons ermöglicht, entsteht praktisch ausschließlich dieses. So kann bei der Umsetzung von 2,5-Dimethyl-hexandiol-2,5 ein entsprechendes C_9-Lacton erhalten werden [*652*]. Dagegen bildet z. B. Butandiol-1,3 in einer Ausbeute von etwa 10% Tiglinsäure [*653*].

Während bei der Carbonsäuresynthese nach KOCH durch Isomerisierungen meist komplexere Endprodukte erhalten werden als die Einsatzprodukte, kann bei den cycloaliphatischen Alkoholen die Isomerisierungstendenz auch zu einer Homogenisierung des Reaktionsproduktes beitragen. So liefert das Gemisch der hydrierten Kresole (1,2-, 1,3- und 1,4-Kresol) und auch das 1-Methyl-cyclohexanol-1 nur ein Reaktionsprodukt, und zwar die 1-Methyl-cyclohexancarbonsäure-1. Ähnliches gilt auch für die hydrierten Xylenole.

6.5. Halogenverbindungen

Die Direktsynthese halogenierter Carbonsäuren aus halogenierten Olefinen wurde kürzlich von K. E. MÖLLER beschrieben [*600*]. Es gelang ihm, Methallylchlorid unter Verwendung borfluorid-haltiger Katalysatoren in 70% Ausbeute in Monochlor-pivalinsäure zu überführen.

$$\text{ClCH}_2-\underset{\underset{\text{CH}_3}{|}}{\overset{\overset{\text{CH}_2}{\|}}{\text{C}}} \xrightarrow[\text{H}^{\oplus}]{\text{CO/H}_2\text{O}} \text{ClCH}_2-\underset{\underset{\text{CH}_3}{|}}{\overset{\overset{\text{CH}_3}{|}}{\text{C}}}-\text{COOH}$$

Eine Reihe weiterer halogenierter Olefine reagiert analog (Tab. 62).

Tabelle 62 [600]. *Carbonylierung halogenierter Olefine*

Ausgangsprodukt	Reaktionsprodukt	Ausb. (%)
Methallylchlorid	Chlorpivalinsäure	70
Methallylbromid	Brompivalinsäure	
β-Citronellylchlorid	2,2,6-Trimethyl-8-chloroctansäure-1	90
β-Citronellylbromid	2,2,6-Trimethyl-8-bromoctansäure-1	90
8-Brom-octen-1	2,2-Dimethyl-7-bromheptansäure-1 2-Methyl-2-äthyl-6-bromhexansäure-1	

Setzt man an Stelle der ungesättigten die gesättigten Halogenide ein, so können – vorzugsweise unter energischeren Bedingungen – ebenfalls Carbonsäuren entstehen [591]. Die Alkylhalogenide bilden dann durch Halogenwasserstoffabspaltung Carbonium-Ionen. Allerdings sind primäre und sekundäre Halogenalkyle ziemlich reaktionsträge und nur mit tert. Halogenalkylen lassen sich brauchbare Umsetzungen erzielen. So ergibt sek. Butylchlorid nur 30% 2-Methylbuttersäure, während tert. Butylchlorid 76% Pivalinsäure liefert.

6.6. Sonstige Ausgangsverbindungen

Als weitere Ausgangsverbindungen für die Koch'sche Carbonsäuresynthese wurden Carbonsäureester, N-tert.-Alkylacylamine und ges. Aldehyde beschrieben. KOCH und HAAF [591] erhielten bei der Carbonylierung von tert. Hexylformiat nach der Ameisensäure-Methode ein Carbonsäuregemisch der folgenden Zusammensetzung: 15% C_5- und C_6-Säuren, 28% 2,2-Dimethylvaleriansäure, 14% C_8- und C_9-Säure und 43% höhere – hauptsächlich C_{13}-Säuren – und bei der Carbonylierung von tert. Hexylacetat 11% C_5- und C_6-Säuren, 33% 2,2-Dimethylvaleriansäure, 10% C_8- und C_9-Säuren und 46% höhere, überwiegend C_{13}-Säuren.

Carbonylierungen mit sauren Katalysatoren (Koch-Reaktion)

Die Alkoholkomponente der Ester wurde also weitgehend in Carbonsäuren verwandelt, wobei in beträchtlichem Ausmaß Dimerisierung und Disproportionierung auftrat.

N-tert.-Alkylacylamine lassen sich unter Bildung tert. Carbonium-Ionen spalten und können nach dem folgenden Reaktionsschema in Carbonsäuren überführt werden [*656*].

$$\underset{\underset{CH_3}{|}}{\overset{\overset{CH_3}{|}}{H_3C-C-NH-COCH_3}} \xrightarrow[\substack{-H_2O \\ -CH_2CN}]{H^\oplus} \underset{\underset{CH_3}{|}}{\overset{\overset{CH_3}{|}}{H_3C-C^\oplus}} \xrightarrow{CO/H_2O} \underset{\underset{CH_3}{|}}{\overset{\overset{CH_3}{|}}{H_3C-C-COOH}}$$

Die Umsetzung von Formaldehyd mit CO/H_2O in Gegenwart von Schwefelsäure, Phosphorsäure oder BF_3 als Katalysator bei 200 °C und 700–900 at [*657–659, 744–747*] führt zu Glykolsäure:

$$HC\overset{O}{\underset{H}{\diagdown}} + CO/H_2O \longrightarrow HOCH_2-COOH$$

Dieses Verfahren wurde von DuPont ausgearbeitet und wird technisch durchgeführt (60 000 to/Jahr).

Die Umsetzung von höhermolekularen gesättigten Aldehyden mit Kohlenmonoxyd in Gegenwart von sauren Katalysatoren berichtete HIMMELE [*660*]. Aus 2-Methyl-pentanal bzw. 2-Äthylbutanal erhielt er in 72 bzw. 61% Ausbeute eine Gemisch isomerer γ-Lactone.

Als bevorzugter Katalysator wird Schwefelsäure empfohlen. Zum Mechanismus kann angenommen werden, daß primär die Anlagerung eines Protons an die Aldehydgruppe eintritt und das resultierende Carbonium-Ion nach Isomerisierung Kohlenoxyd einlagert. Das daraus resultierende Acylium-Kation kann dann mit Wasser zur Hydroxycarbonsäure reagieren, die in bekannter Weise spontan in ein γ-Lacton übergeht.

$$H_3C-CH_2-CH_2-\underset{\underset{CH_3}{|}}{CH}-CHO \xrightarrow{H^\oplus} H_3C-CH_2-CH_2-\underset{\underset{CH_3}{|}}{CH}-\overset{\oplus}{C}HOH$$

$$\downarrow\uparrow$$

$$H_3C-CH_2-\overset{\oplus}{C}H-\underset{\underset{CH_3}{|}}{CH}-CH_2OH \rightleftarrows H_3C-CH_2-CH_2-\underset{\underset{CH_3}{|}}{\overset{\oplus}{C}}-CH_2OH$$

$$\downarrow CO$$

$$H_3C-CH_2-\underset{\underset{\oplus C=O}{|}}{CH}-\underset{\underset{CH_3}{|}}{CH}-CH_2OH \xrightarrow{H_2O} H_3C-CH_2-\underset{\underset{COOH}{|}}{CH}-\underset{\underset{CH_3}{|}}{CH}-CH_2OH$$

$$\downarrow$$

[γ-lactone with H₃C and C₂H₅ substituents] + H₂O

Es könnte jedoch auch gemäß dem im nächsten Kapitel behandelten Mechanismus der Ringschlußreaktion zu einer intramolekularen Reaktion des Acylium-Kations mit der Hydroxylgruppe unter Bildung des Lactons und eines Protons kommen (siehe dazu Seite 156).

Cycloaliphatische Aldehyde lassen sich zweifach carbonylieren:

Cyclohexyl-CHO + 2 CO + H₂O ⟶ Cyclohexyl mit CH₃, COOH, COOH

Die Ausbeuten betragen dabei bis zu 80% [*661*].

Ähnlich wie für gesättigte Lactone beschrieben, läßt sich auch die Herstellung von ungesättigten Lactonen aus ungesättigten Aldehyden erreichen [*662*]. Aus 2-Methyl-penten-2-al-1 wird mit Kohlenoxyd und konzentrierter Schwefelsäure als Katalysator ein ungesättigtes Lacton erhalten ($C_7H_{10}O_2$). Die Reaktion fordert jedoch eine Temperatur von 60 bis 80 °C. Beim ungesättigten C_7-Lacton beträgt die Ausbeute etwa 60%. Wird an Stelle von 2-Methyl-penten-2-al-1 2-Äthyl-hexen-2-al-1 verwendet, so läßt sich das ungesättigte Lacton mit einer Ausbeute von 80% bezogen auf den Aldehyd herstellen.

Ungesättigte Ketone wie 2-Methyl-hepten-2-on-6 lassen sich gleichfalls zu einfach ungesättigten Lactonen umsetzen. Die Ausbeuten betragen auch hier etwa 75% [*662*].

7. Technische Carbonylierungsreaktionen und wirtschaftliche Bedeutung der Reaktionsprodukte

Nach Erwerb einer Lizenz von KOCH wurde die beschriebene Carbonsäuresynthese im Königlichen Shell Laboratorium in Amsterdam bis zur technischen Reife entwickelt. Die erste großtechnische Anlage errichtete Shell in Pernis bei Rotterdam. In ihr werden seit einigen Jahren vollkontinuierlich die sog. Versatic-Säuren hergestellt. Die Anlage wurde zunächst für eine Kapazität von 5000 Jahrestonnen ausgelegt. Abb. 20 zeigt eine schematische Darstellung dieser Anlage [*663*].

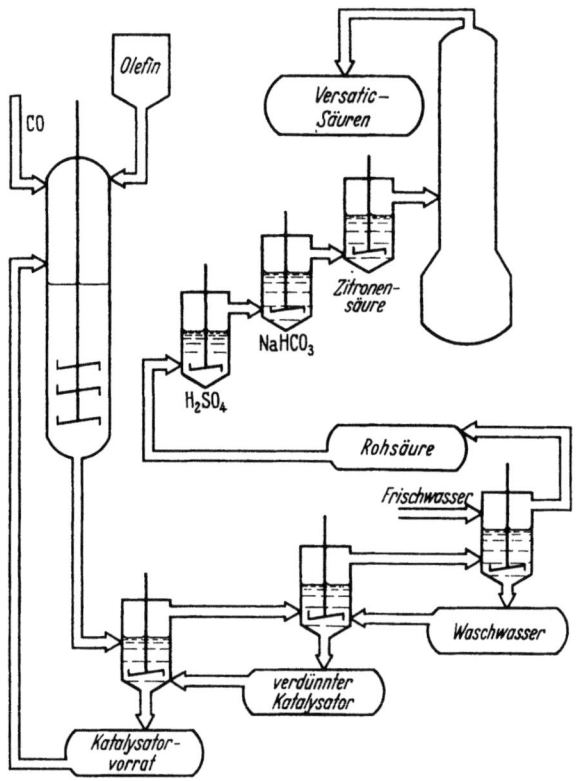

Abb. 20. Schema einer Anlage zur Herstellung von Versatic-Säuren

Als Olefine werden vorzugsweise Isobutylen bzw. Diisobutylen zu Pivalinsäure und Olefinschnitte von C_6–C_{10} zu C_7–C_{11}-Carbonsäuregemischen verarbeitet. Es wird bei 70 °C und ca. 70 at unter Verwendung von H_3PO_4/BF_3 als Katalysator gearbeitet. Dabei entstehen über 90% tertiäre Säuren.

Eine weitere Anlage wurde unter Lizenz von H. KOCH von der Enjay Chemical Co in Baton Rouge in USA 1965 in Betrieb genommen. Sie ist für eine Kapazität von 4500 to an sog. Neo-Säuren (C_5, C_7 und C_{10}-Säuren mit verzweigter Struktur) angelegt und benutzt $BF_3/2\ H_2O$ als Katalysator [796].

Die durch die Koch'sche Carbonsäuresynthese erhältlichen Säuren sind wegen ihrer strukturbedingten Eigenschaften, wie schwere Verseifbarkeit und hohe thermische Stabilität ihrer Ester [664–667], von der Anwendung her besonders interessant. Sie werden bevorzugt zu Harzen und Lacken verarbeitet. Von großem Interesse sind neuerdings auch die aus diesen Säuren und Acetylen erhältlichen Vinylester, die sich als innere Weichmacher in PVC einbauen lassen.

Die von K. E. MÖLLER aus Methallylchlorid hergestellte Chlorpivalinsäure schließlich ist als Vorprodukt für die Herstellung von α,α-Dimethyl-β-propiolacton interessant, an dessen Polymerisation zu Polyesterfasern z. Zt. verschiedene Firmen arbeiten (Shell, Eastman Kodak, ICI, Montecatini [424, 432, 510, 719, 794, 795].

Die Glykolsäureproduktion der Fa. DuPont auf Basis von Formaldehyd wird z. Zt. auf 60000 Jahrestonnen geschätzt.

IV. Ringschlußreaktionen mit Kohlenmonoxyd
1. Allgemeines zur Reaktion

Moleküle, die sowohl eine ungesättigte Bindung als auch eine nucleophile Gruppe und ein für die Reaktion nötiges bewegliches H-Atom in einer für Ringbildung günstigen Stellung enthalten, können sich mit Kohlenmonoxyd zu Fünf- oder Sechsringen umsetzen [668] (1) (2).

(1) $\quad$ A=B–C–Z–H $\quad$ + CO $\quad\longrightarrow\quad$ $\begin{array}{c} H\!-\!B\!-\!C \\ A \quad Z \\ \diagdown C \diagup \\ \| \\ O \end{array}$

(2) $\quad$ A=B–C–C–Z–H $\quad$ + CO $\quad\diagup\quad$ $\begin{array}{c} C\!-\!C \\ H\!-\!A\!-\!B \quad Z \\ \diagdown C \diagup \\ \| \\ O \end{array}$

$\qquad\qquad\qquad\qquad\qquad\qquad\qquad\diagdown\quad$ $\begin{array}{c} C\!-\!C \\ H\!-\!B \quad \quad Z \\ A \diagdown C \diagup \\ \| \\ O \end{array}$

So reagiert Kohlenmonoxyd mit ungesättigten Amiden zu Imiden, mit ungesättigten Aminen zu Lactamen, mit ungesättigten Alkoholen zu Lactonen, mit Schiffschen Basen, aromatischen Ketoximen, Phenylhydrazonen, Semicarbazonen, Azinen und Nitrilen zu Phthalimidinen, mit Azobenzolen zu Indazolonen oder 2,4-Dioxo-1,2,3,4-tetrahydrochinazolinen, mit Tetraphenylallenen zu Indenen und mit Dienen zu ungesättigten Ketonen.

Auch die Bildung von Phenolen, als Nebenreaktion der Synthese zweifach ungesättigter Säuren aus Allylhalogenid, Acetylen und Kohlenmonoxyd nach CHIUSOLI, läßt sich nach diesem Schema erklären.

Eine Reihe von Ausgangsverbindungen der in Gleichung (1) und (2) formulierten Struktur versagen sich der Ringschlußreaktion. Die für ihre thermische Instabilität bekannten Thiole ergeben hauptsächlich polymere Produkte und nur Spuren an Thiolactonen [669]; daneben können eine Reihe anderer Verbindungen entstehen [670]. Schwefelverbindungen neigen zudem stark zur Bildung von Komplexen mit den Carbonylkatalysatoren [135–144]. Ungesättigte Säuren vom Typ der Acrylsäure polymerisieren unter den Bedingungen der Ringschlußreaktion. Längerkettige, ungesättigte Säuren isomerisieren und ergeben dann durch intramolekulare Addition der Carboxylgruppe an die Doppelbindung Lactone:

H₃C—CH₂—CH₂—CH=CH—COOH

H₃C—CH₂—CH=CH—CH₂—COOH ⇌ H₃C—CH=CH—CH₂—CH₂—COOH

↓   ↓

[γ-lactone with C₂H₅]   [δ-lactone with CH₃]

Ungesättigte Sulfonamide bleiben bei den für die Ringschlußreaktion gebräuchlichen Temperaturen unverändert; oberhalb 300 °C tritt Zersetzung ein [669]. Allylharnstoffe zerfallen in eine Vielzahl von Produkten [671]. Allylurethane reagieren unter hydrogenolytischer Spaltung der C—N-Bindung zu Carbamaten und einer großen Anzahl anderer Produkte [671].

Aliphatische Aldoxime lagern sich nach BECKMANN in Carbonsäureamide um. So ergibt Butyraldoxim 38% Butyramid neben 23% 2-Propyl-3,5-diäthylpyridin [672].

Allyl-malonsäurediäthylester, Allyl-acetessigsäureester und Allyl-cyanessigester geben keine cyclischen Ketone; es werden stets nur Verschiebungen von Doppelbindungen und durch Wasertoffübertragung verursachte Hydrierungen beobachtet [669]. Während im Falle ungesättigter Thiole, Säuren, Urethane, Harnstoffe und Aldoxime Nebenreaktionen für das Nichtgelingen der Reaktion verantwortlich gemacht werden müssen, ist für die drei vorstehend genannten Allyl-Verbindungen offensichtlich die verringerte Elektronendichte am Atom Z und der damit nicht mehr mögliche nucleophile Angriff auf das Acylium-Kation die tiefere Ursache für das Versagen der Reaktion (siehe den folgenden Abschnitt über den Reaktionsmechanismus).

Wie die nachfolgend beschriebenen Beispiele zeigen, wird auch die Ringschlußreaktion durch Metallcarbonyle katalysiert. Sie ist nicht auf Kohlenstoffdoppelbindungen beschränkt, sondern gelingt auch mit Kohlenstoff-Stickstoff und Stickstoff-Stickstoff-Doppelbindungen.

2. Reaktionsmechanismus

Der Mechanismus der Ringschlußreaktion ist dem der Hydroformylierungsreaktion eng verwandt und kann vereinfacht durch das Reaktionsschema (1)—(3) (formuliert am Beispiel von Kobaltkatalysatoren) wiedergeben werden [668].

$$A=B-\overset{R}{\underset{|}{C}}-\underset{|}{Z}-H \xrightarrow{+HCo(CO)_4} A-B-\overset{H}{\underset{|}{C}}\overset{R}{\underset{|}{-C}}-\underset{|}{Z}-H \qquad (1)$$
$$\phantom{A=B-C-Z-H \xrightarrow{+HCo(CO)_4} A-B-}\underset{Co(CO)_4}{}$$

$$A-B-\overset{H}{\underset{|}{C}}\overset{R}{\underset{|}{-C}}-\underset{|}{Z}-H \xrightarrow{+CO} A-B-\overset{H}{\underset{|}{C}}\overset{R}{\underset{|}{-C}}-\underset{|}{Z}-H \qquad (2)$$
$$\underset{Co(CO)_4}{} \underset{^\ominus Co(CO)_4}{^\oplus C=O}$$

$$A-B-\overset{H}{\underset{|}{C}}\overset{R}{\underset{|}{-C}}-\underset{|}{Z}-H \longrightarrow \left[\begin{array}{c} \text{(cyclic intermediate)} \\ Co(CO)_4^\ominus \end{array} \right] \xrightarrow{-HCo(CO)_4} \text{(Ringprodukt)} \qquad (3)$$

Primärschritt der Reaktion ist auch hier, wie bei der Hydroformylierung, die Addition des Metallhydrocarbonyls an die Doppelbindung der Ausgangsverbindung nach (1). Die Annahme, daß Metallhydrocarbonyle auch bei Einsatz von Metallcarbonylen die wahren Katalysatoren sind, wird durch die folgenden Befunde gestützt: Nur zur Hydrocarbonyl-Bildung befähigte Metalle wie Kobalt, Rhodium und Eisen sind als Katalysatoren wirksam [123, 280, 673, 674], während z. B. Nickel meist versagt [123, 673]. Es ist ferner bekannt, daß Kobalt-, Rhodium- und Eisencarbonyle Alkoholen, Aminen und selbst weit weniger reaktiven Verbindungen, wie z. B. Cycloparaffinen, unter den Reaktionsbedingungen von Carbonylierungsreaktionen Wasserstoff entreißen können und Hydrocarbonyle bilden [121–124]. Ferner konnte gezeigt werden, daß ungesättigte Amide mit stöchiometrischen Mengen Kobalthydrocarbonyl bereits bei Temperaturen von −30 °C bis −20 °C unter Ringschluß zu Imiden reagieren, während mit $Co_2(CO)_8$ bei diesen Bedingungen keine Reaktion eintritt [668].

Wahrscheinlich ist die durch (1) summarisch wiedergegebene Reaktion dabei in die drei Einzelschritte (1a)–(1c) aufzuteilen:

$$HCo(CO)_4 \rightleftharpoons HCo(CO)_3 + CO \qquad (1a)$$

$$A=B-\overset{R}{\underset{|}{C}}-\underset{|}{Z}-H + HCo(CO)_3 \longrightarrow \underset{(CO)_3CoH}{A=B-\overset{R}{\underset{|}{C}}\downarrow-\underset{|}{Z}-H} \qquad (1b)$$

$$\underset{(CO)_3CoH}{A=B-\overset{R}{\underset{|}{C}}\downarrow-\underset{|}{Z}-H} \longrightarrow A-BH-\overset{R}{\underset{|}{C}}-\underset{|}{Z}-H \xrightarrow{CO} A-BH-\overset{R}{\underset{|}{C}}-\underset{|}{Z}-H \qquad (1c)$$
$$ \underset{Co(CO)_3}{} \underset{Co(CO)_4}{}$$

Das nach (1a) aus dem Kobalttetracarbonyl entstehende koordinativ ungesättigte Kobalthydrocarbonyl lagert nach (1b) die ungesättigte Komponente an Stelle des abgegebenen Kohlenoxyd-Moleküls an. Aus diesem π-Komplex entsteht nach (1c) zunächst eine Kobalttricarbonyl-Verbindung, die durch Aufnahme eines weiteren Kohlenoxydmoleküls eine Kobalttetracarbonyl-Verbindung ergibt.

Das Kobalthydrocarbonyl reagiert bei der Addition nach (1c) bevorzugt aus der Hydridform [*668*]. Damit wird verständlich, daß seine Addition an die Doppelbindung ungesättigter Amine und Alkohole in aromatischen Lösungsmitteln vorzugsweise zu endständigen Metallverbindungen führt.

Auch die Anlagerung der Wasserstoff-metallcarbonyle an Schiffsche Basen, Oxime, Azoverbindungen, Phenylhydrazone, Semicarbazone und Azine läßt sich an Hand polarer Strukturen verstehen. Wird die Elektronendichte am C-Atom der C=N-Doppelbindung der Schiffschen Base durch Methyl-Substitution erhöht, so sinken die Ausbeuten an Ringschlußprodukt, wird die Elektronendichte durch Phenyl-Substitution erniedrigt, so werden sehr hohe Ausbeuten erzielt.

Bei ungesättigten Säureamiden dagegen ist infolge der elektronensaugenden Carbamoyl-Gruppe eine Anlagerung des Hydrid-Ions an das β-C-Atom und damit eine Metallbindung in α-Stellung zu erwarten (Gl. 4). Ganz analog bilden auch ungesättigte Ester bei 50 bis 70 °C α-Co-substituierte Verbindungen [*35, 60, 61*], aus denen mit CO und Wasserstoff oder

$$\underset{|}{C}=C-\overset{O}{\underset{\|}{C}}-NHR \xrightarrow{+HCo(CO)_4} HC-\underset{|}{C}-\overset{O}{\underset{\|}{C}}-NHR \quad\quad (4)$$
$$\quad\quad\quad\quad\quad\quad\quad\quad\quad\quad\quad Co(CO)_4$$

$$\xrightarrow{\Delta} HC-\underset{|}{C}-\overset{O}{\underset{\|}{C}}-NHR \xrightarrow{+CO} HC-\underset{|}{C}-\overset{O}{\underset{\|}{C}}-NHR \quad\quad (5)$$
$$\quad\quad Co(CO)_4 \quad\quad\quad\quad\quad\quad\quad C=O$$
$$\quad\quad\quad\quad\quad\quad\quad\quad\quad\quad\quad Co(CO)_4$$

$$\longrightarrow \underset{[Co(CO)_4]^\ominus}{O=C^\oplus\;\;C=O} \xrightarrow{-HCo(CO)_4} \underset{R}{O\diagup N\diagdown O}$$
$$\quad\quad\quad\quad\quad\quad N-R$$
$$\quad\quad\quad\quad\quad\quad H$$

Alkoholen die entsprechenden α-Formylcarbonsäureester bzw. Malonsäurediester entstehen. Bei 110 bis 150 °C werden jedoch aus den gleichen Ausgangsprodukten β-substituierte Carbonsäureester [*60, 675*] und bei längerkettigen Verbindungen sogar ω-substituierte Verbindungen gebildet, d. h. die intermediären Co-Verbindungen *isomerisieren* bei höheren Temperaturen und der Metallsubstituent wandert gegen das Kettenende. Ganz ähnlich verhalten sich ungesättigte Amide bei der Ringschlußreaktion (4) (5). Auf die Verwandtschaft dieser Isomerisierungen mit den Beobachtungen bei der Hydroformylierungsreaktion (Seite 4 ff.) sowie bei den Isomerisierungen von Bor- [*71, 76*], Silicium- [*77, 79*] und Aluminium-Alkylverbindungen [*80*] sei an dieser Stelle hingewiesen (zur theoretischen Deutung s. S. 5 ff.).

Die aus der Addition des Metallhydrocarbonyls resultierende Metall-Alkylverbindung muß allerdings hypothetisch bleiben. Es ist bisher nicht gelungen, derartige Kobalt-Alkylverbindungen bei der Addition von Kobalthydrotetracarbonyl an die ungesättigten Verbindungen unter den Bedingungen der Hydroformylierung oder der Ringschlußreaktion sicher nachzuweisen [*35, 37*].

Bei der Untersuchung des Hydroformylierungsmechanismus wurde auch die Umlagerung von Alkyl-tetracarbonyl-kobalt-Verbindungen in Acyltricarbonyl-kobalt-Verbindungen ohne CO-Aufnahme aus der Gasphase diskutiert [*35*] (s. Gl. 6). Mit Wasserstoff oder Alkoholen sollte dabei $HCo(CO)_3$ gebildet werden, das entweder als solches katalytisch in den

$$\begin{array}{ccccc} \text{C}-\text{C}-\text{C} & & \text{C}-\text{C}-\text{C} & \xrightarrow[-HCo(CO)_3]{+H_2} & \text{C}-\text{C}-\text{C} \\ | & \longrightarrow & | & & | \\ Co(CO)_4 & & \text{C}=\text{O} & & \text{CHO} \\ & & | & & \\ & & Co(CO)_3 & & \end{array} \qquad (6)$$

Prozeß eingreift oder aber durch CO-Aufnahme aus der Gasphase wieder in $HCo(CO)_4$ überführt wird [*35, 37*]. Ein derartiger Mechanismus ist auch bei den Ringschlußreaktionen nicht mit Sicherheit auszuschließen.

Der letzte Schritt der Reaktion ist der Ringschluß, hervorgerufen durch den Elektronenüberschuß am Atom Z durch nucleophilen Angriff am Acyl-Kation, wobei gleichzeitig der an Z gebundene Wasserstoff als Proton vom $(Co(CO)_4)^{\ominus}$ bzw. $(Co(CO)_3)^{\ominus}$-Anion übernommen und Kobalthydrocarbonyl zurückgebildet wird (3). Der Einfluß der Elektronendichte am Atom Z auf den Ringschluß läßt sich an den experimentellen Befunden leicht ablesen. So werden mit Methyl-allylamin oder N-Methyl-acrylamid bessere Ausbeuten erhalten als mit den Phenyl-Homologen [*673, 674*].

Ebenso ergeben die aus p- oder m-Dimethylamino- sowie p- oder m-Methoxybenzaldehyd erhaltenen Schiffschen Basen oder die analogen Azoverbindungen höhere Ausbeuten [*123*] als die unsubstituierten Verbindungen, was sicherlich auf den induktiven Substitutionseffekt und die damit verbundene höhere Elektronendichte im aromatischen System zurückzuführen ist.

$$\underset{\substack{H_3C-N\\|\\CH_3}}{\overset{}{\bigcirc}}\overset{H}{\underset{}{C}}=N-C_6H_5 \xrightarrow{+HCo(CO)_4} \left[\underset{\substack{H_3C\\\diagdown\\H_3C}}{\overset{}{N}}\bigcirc\underset{Co(CO)_4}{\overset{H_2}{\underset{|}{C}}-N-C_6H_5}\right]$$

$$\xrightarrow{+CO}\left[\underset{\substack{H_3C\\\diagdown\\H_3C}}{\overset{}{N}}\bigcirc\underset{Co(CO)_4}{\overset{\substack{H_2\\C-N-C_6H_5\\|\\C=O}}{}}\right]\longrightarrow\left[\underset{\substack{H_3C\\\diagdown\\H_3C}}{\overset{}{N}}\bigcirc\underset{\ominus Co(CO)_4}{\overset{\substack{H_2\\C\\\diagdown\\\oplus C=O}}{\diagup}N-C_6H_5}\right]$$

$$\longrightarrow \underset{\substack{H_3C\\\diagdown\\H_3C}}{\overset{}{N}}\bigcirc\hspace{-1em}\underset{O}{\overset{}{\diagdown}}N-C_6H_5 + HCo(CO)_4$$

Nur ein Experiment scheint gegen den vorgeschlagenen Mechanismus zu sprechen, nämlich die Reaktion der Schiffschen Base des 2-Naphthaldehyds [123]. Der Ringschluß tritt hier, entgegen den Erwartungen, nicht am C-Atom Nr. 1, sondern am C-Atom Nr. 3 ein. Diese anormale Reaktion ist jedoch auf eine sterische Hinderung am C-Atom 1 zurückzuführen. Es wird darauf noch eingegangen werden.

Ein früher von S. HORIIE und S. MURAHASHI [676] für die Carbonylierung von Schiffschen Basen und Azoverbindungen und von A. ROSENTHAL [122] für die Carbonylierung von Phenylhydrazonen angenommener Mechanismus ist später widerlegt worden. Danach sollte $Co_2(CO)_8$ mit dem freien Elektronenpaar des Stickstoffatoms eine π-Verbindung bilden, aus der unter CO-Einschub eine ungesättigte Co-Acyl-Verbindung mit vierbindigem Stickstoff entstehen sollte. Diese sollte dann in einer Mehrzentren-Reaktion zum Ringschluß führen, wobei das o-ständige aromatische H simultan auf die C=N- oder C=C-Doppelbindung übertragen wird. ROSENTHAL und GERVAY [677] haben bei der Reaktion von Nitrilen mit CO, H_2 und D_2 jedoch später gezeigt, daß der Ringschluß nicht mit simultaner ortho-Übertragung von Wasserstoff auf die Doppelbindung abläuft.

3. Katalysatoren, Reaktionsbedingungen und Lösungsmittel

Geeignete Katalysatoren für die Ringschlußreaktion sind Kobaltcarbonyle [123, 280, 673, 674]. Daneben sind auch Rhodium-Verbindungen [280, 678], Eisencarbonyle [123] und Pd-Verbindungen [679] wirksam. Unbrauchbar sind meist die in den Reppe-Synthesen bewährten Nickelkatalysatoren

[*123, 673*]. Nur in der als Nebenreaktion ablaufenden Phenolbildung aus Allylhalogenid, Acetylen und Kohlenmonoxyd, der Bildung cyclischer Ketosäuren aus Allylhalogeniden, Acetylen und Kohlenmonoxyd sowie der mechanistisch noch ungeklärten Lactonbildung aus Allylcarbinol und Butin-1-ol-4 sind sie aktiv [*438*].

Die Ringschlußreaktionen verlaufen unter Druck (100 bis 300 at) bei Temperaturen von 120 bis 300 °C. Im allgemeinen liegen die günstigsten Reaktionstemperaturen zwischen 170 und 280 °C.

Als Lösungsmittel eignen sich aromatische oder aliphatische Kohlenwasserstoffe und bei stark polaren Ausgangs- oder Endprodukten cyclische Äther wie Tetrahydrofuran oder Dioxan.

4. Spezielle Ringschlußreaktionen mit Kohlenmonoxyd

4.1. Imide aus ungesättigten Amiden

Ungesättigte Amide geben in Gegenwart von Kobaltkatalysatoren mit Kohlenmonoxyd Imide [*673, 681–683*]. Acrylamid liefert in 82% Ausbeute Succinimid. N-monosubstituierte Acrylamide führen zu den entsprechenden N-substituierten Succinimiden (s. Tab. 63). Aromatische Reste können

$$H_2C=CH-\underset{\underset{O}{\|}}{C}-NHR + CO \xrightarrow{Co_2(CO)_8} \quad O\overset{\frown}{\underset{R}{N}}O$$

R = H R = H
R ≠ H R ≠ H

dabei auch halogensubstituiert sein, ohne daß es zur Enthalogenierung kommt. Methacrylamide und N-substituierte Methacrylamide ergeben analog α-Methylsuccinimide (vgl. Tab. 63).

β-Arylsubstituierte Acrylamide reagieren ebenfalls, und man erhält α-substituierte Succinimide. So bekommt man aus Zimtsäureamid α-Phenylsuccinimid.

$$C_6H_5-HC=CH-\underset{\underset{O}{\|}}{C}-NH_2 + CO \xrightarrow{Co_2(CO)_8} \quad O\overset{\frown}{\underset{C_6H_5}{N}}O$$

Setzt man β-alkyl-substituierte Acrylamide ein, so werden nicht nur α-Alkylsuccinimide, sondern auch Glutarimide gebildet. Crotonsäureamid reagiert z. B. zu einem Gemisch aus α-Methylsuccinimid und Glutarsäureimid, β,β-Dimethylacrylamid sogar ausschließlich zu β-Methylglutarsäureimid.

Spezielle Ringschlußreaktionen mit Kohlenmonoxyd

$$H_3C-\underset{R}{C}=CH-\underset{\underset{O}{\|}}{C}-NH_2 + CO \xrightarrow{Co_2(CO)_8}$$

R = H   68%   19%
R = CH$_3$ 67%

Tabelle 63. *Synthese von Succinimiden aus Acrylamiden*

Ausgangsprodukt	Reaktionsprodukt	Ausb. (%)	Lit.
Acrylamid	Succinimid	82	[*673*]
N-Methylacrylamid	N-Methylsuccinimid	94	[*673, 671*]
N-Butylacrylamid	N-Butylsuccinimid	72	[*673*]
N-Isobutylacrylamid	N-Isobutylsuccinimid	80	[*673*]
N-Hexylacrylamid	N-Hexylsuccinimid	77	[*673*]
N-Dodecylacrylamid	N-Dodecylsuccinimid	85	[*673, 681, 671*]
Äthoxycarbonylmethyl-acrylamid	Succinimidoessigsäure-äthylester	70	[*673*]
N-Phenylacrylamid	N-Phenylsuccinimid	64	[*673*]
N-(p-Chlorphenyl)-acrylamid	N-(p-Chlorphenyl)-succinimid	65	[*673*]
N-(2,6-Dichlorphenyl)-acrylamid	N-(2,6-Dichlorphenyl)-succinimid	44	[*673*]
N-Benzylacrylamid	N-Benzylsuccinimid	92	[*673*]
N-Allylacrylamid	N-Allylsuccinimid	55	[*673, 671*]
Methacrylamid	α-Methylsuccinimid	68	[*673*]
N-Methylmethacrylamid	N-Methyl-α-methylsuccinimid	70	[*673*]
N-n-Butylmethacrylamid	N-n-Butyl-α-methylsuccinimid	74	[*673*]
N-Benzylmethacrylamid	N-Benzyl-α-methylsuccinimid	76	[*673*]
Zimtsäureamid	α-Phenylsuccinimid	32	[*673*]

Die Sechsringe entstehen durch Isomerisierung intermediärer Komplexe aus ungesättigter Ausgangskomponente und Katalysator. Ähnliche Isomerisierungen wurden schon bei den vorstehend beschriebenen Hydroformylierungs- und Carbonylierungsreaktionen beobachtet.

Die ausschließliche Sechsringimid-Bildung aus β,β-Dimethylacrylamid hat eine Parallele bei der Oxo-Synthese, wo auch in Gegenwart von Kobalt-Katalysatoren kaum quaternäre C-Atome gebildet werden [*25*]. So ergibt Isobutylen bei Hydroformylierungen nahezu ausschließlich Isopentanol und nur geringe Anteile an Neopentylalkohol [*230*], und 2,6-Dimethyl-5,6-dihydro-4H-pyran ergibt nur 3-Formyl-Produkte, während 5,6-Dihydro-4H-pyran überwiegend 2-Formyl-Produkte liefert [*283*].

β,γ-Ungesättigte Carbonsäureamide lassen sich ebenfalls nach dem beschriebenen Schema umsetzen und ergeben Glutarimide. Alicyclische,

R—CH=CH—C(CH₃)—C(=O)—NH₂ + CO $\xrightarrow{Co_2(CO)_8}$ [Glutarimid mit CH₃, CH₃ Substituenten]

R = H   58%
R = CH₃   64%

ungesättigte Carbonsäureamide führen je nach Lage der Doppelbindung zu bicyclischen Fünf- oder Sechsringimiden.

[Cyclohexenyl-C(=O)-NH₂] + CO $\xrightarrow{Co_2(CO)_8}$ [bicyclisches Fünfringimid]

[Cyclohexenyl-CH₂-C(=O)-NH₂] + CO $\xrightarrow{Co_2(CO)_8}$ [bicyclisches Sechsringimid]

Ungesättigte N,N-Dialkylamide und aromatische Carbonsäureamide, wie z. B. Benzamid, reagieren erwartungsgemäß nicht nach diesem Schema.

4.2. Lactame aus ungesättigten Aminen

Ungesättigte Amine werden mit Kohlenmonoxyd in Gegenwart von Kobalt-Katalysatoren zu Fünf- oder Sechsringlactamen umgesetzt.

$H_2C=CH-CH_2-NH_2$ + CO ⟶ [N-Pyrrolidon mit R]

Die aus Allylchlorid und primären Aminen oder aus Allylamin und Alkylchlorid leicht zugänglichen N-Alkylallylamine [684] führen analog zu N-Alkylpyrrolidonen.

$H_2C=CH-CH_2-NHR$ + CO ⟶ [N-Alkylpyrrolidon]

Tabelle 64. *Reaktionen N-substituierter Allylamine mit Kohlenmonoxyd in Gegenwart von $Co_2(CO)_8$*

Ausgangsprodukt	Reaktionsprodukt	Ausb. (%)	Lit.
N-Methylallylamin	N-Methylpyrrolidon	78	[674]
N-Äthylallylamin	N-Äthylpyrrolidon	61	[674]
N-Isobutylallylamin	N-Isobutylpyrrolidon	61	[674]
N-Octylallylamin	N-Octylpyrrolidon	58	[674]
N-Dodecylallylamin	N-Dodecylpyrrolidon	47	[674]
N-Phenylallylamin	N-Phenylpyrrolidon	26	[681]

Bei der Carbonylierung von Diallylamin wird ein Gemisch von N-Allyl-pyrrolidon-(2), N-Propenylpyrrolidon-(2) und Pyrrolidon-(2) erhalten.

Jedes der drei Lactame kann durch geeignete Wahl der Reaktionsbedingungen zum Hauptprodukt gemacht werden. Die Verschiebung der Doppelbindung dürfte wieder auf Isomerisierungen durch die Metallcarbonyl-Katalysatoren zurückzuführen sein.

Das Entstehen von Pyrrolidon-(2), das erst bei höheren Temperaturen merklich auftritt, wird von Propylen-Bildung begleitet. Offensichtlich wird die C—N-Bindung bei diesen Reaktionsbedingungen durch Wasserstoffübertragungsreaktion hydrogenolytisch gespalten.

N-Alkylierte β-Methyl-allylamine ergeben bei der Carbonylierung β-Methyl-pyrrolidone, z. B.:

γ-Alkyl-allylamine führen zu Gemischen von α-Alkyl-pyrrolidonen und Piperidonen.

Für die Bildung des Sechsringlactams werden ähnlich wie bei der Imid-Synthese Isomerisierungen intermediärer Komplexe aus Katalysator und Ausgangskomponente verantwortlich gemacht.

Isomerisierungen erfolgen auch bei der Carbonylierung von alicyclischen, ungesättigten Aminen; so wird aus 4-(Aminomethyl)-cyclohexen neben dem erwarteten bicyclischen Sechsringlactam auch ein Fünfringlactam erhalten.

Die Bildung von N-Alkylformamiden tritt bei allen beschriebenen Beispielen nur in geringem Maße als Nebenreaktion auf.

4.3. Lactone aus ungesättigten Alkoholen

Ungesättigte primäre Alkohole gehen mit Kohlenmonoxyd Ringschluß zu Lactonen ein [280].

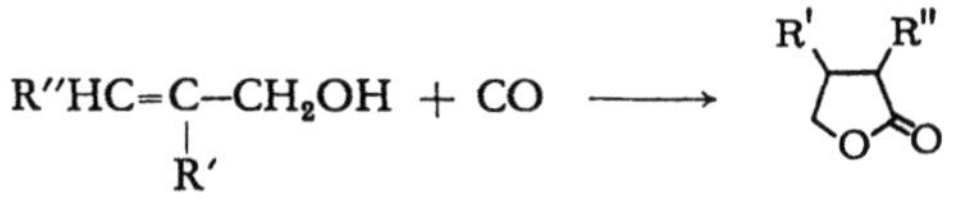

$$R''HC=C-CH_2OH + CO \longrightarrow$$
$$\quad\quad\quad\quad |$$
$$\quad\quad\quad\quad R'$$

R' = R'' = H
R' = CH$_3$ R'' = H
R' = H R'' = CH$_3$

Allerdings tritt hierbei häufig eine unerwünschte Nebenreaktion ein: die durch Metallcarbonyle katalysierte Isomerisierung der ungesättigten Alkohole zu gesättigten Aldehyden.

$$H_2C=CH-CH_2OH \longrightarrow [CH_3-CH=CHOH] \longrightarrow H_3C-CH_2-CHO$$

So werden aus Allylalkohol, Methallylalkohol und Crotylalkohol nur ca. 2% d. Th. an γ-Lacton erhalten, während etwa 50% der Ausgangsprodukte zu den entsprechenden Aldehyden isomerisieren.

Die gebildeten Aldehyde gehen Folgereaktionen wie Aldolkondensation oder Tischtschenko-Reaktion ein oder polymerisieren bei höheren Reaktionstemperaturen.

Ausgangsprodukte, die durch Dialkyl-Substitution in 2-Stellung strukturell zu derartigen Isomerisierungen nicht befähigt sind, führen dagegen in besseren Ausbeuten zu Lactonen.

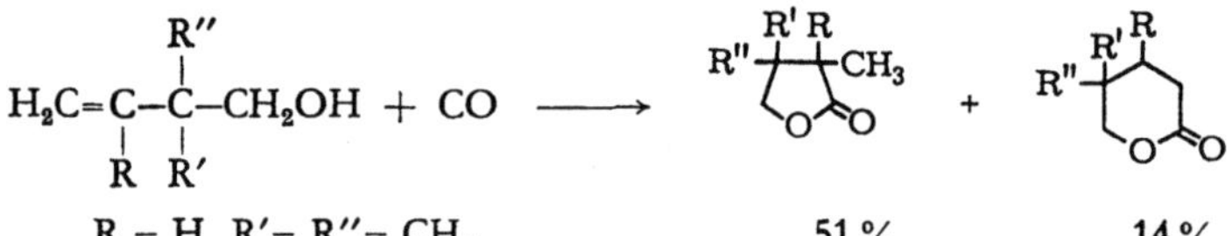

$$\quad\quad R''$$
$$\quad\quad\, |$$
$$H_2C=C-C-CH_2OH + CO \longrightarrow$$
$$\quad\quad\, | \;\;|$$
$$\quad\quad R\;\;R'$$

R = H R' = R'' = CH$_3$	51%	14%
R = R' = R'' = CH$_3$	3%	25%
R = H R' = CH$_3$ R'' = C$_2$H$_5$	40%	13%

Wie bei der Carbonylierung ungesättigter Amine führt auch hier ein Alkyl-Substituent in 3-Stellung zu einer Zunahme des Sechsringanteils.

Cycloaliphatische, ungesättigte Alkohole ergeben ebenfalls Lactone. Aus 1-Hydroxymethyl-cyclohexen-3 wird an Stelle des erwarteten bicyclischen δ-Lactons überraschenderweise nur das isomere bicyclische γ-Lacton erhalten, dessen Bildung wiederum auf Isomerisierungen intermediärer Kobaltkomplexe zurückzuführen sein dürfte.

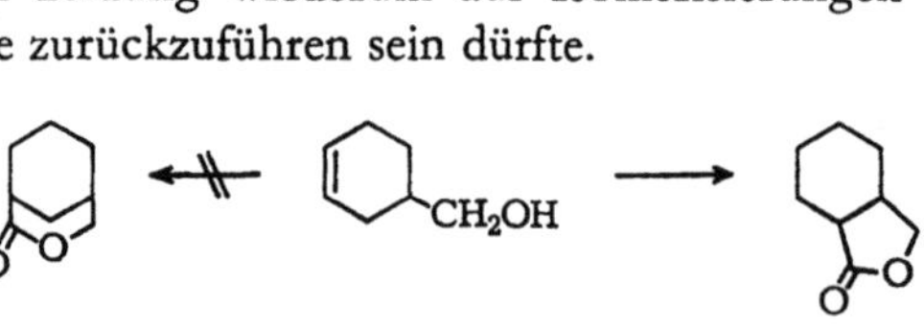

Auch ungesättigte, sekundäre Alkohole führen zu den entspr. Lactonen allerdings nur in geringen Ausbeuten, da die Ausgangsprodukte überwiegend zu Ketonen isomerisieren.

$$H_2C=CH-CH_2-CH-R + CO \longrightarrow$$
$$|$$
$$OH$$

R = C_2H_5
R = C_3H_7

$$\downarrow$$

$$H_3C-CH_2-CH_2-C-R$$
$$\|$$
$$O$$

Da tertiäre, ungesättigte Alkohole nicht zu Carbonylverbindungen isomerisieren können, werden mit ihnen allgemein bessere Lacton-Ausbeuten erhalten.

$$H_2C=CH-CH_2-\underset{\underset{CH_3}{|}}{\overset{\overset{R}{|}}{C}}-OH + CO \longrightarrow$$

R = CH_3	10%	2%
R = C_2H_5	29%	6%
R = i-C_4H_9	10%	2%

Bei der Carbonylierung tertiärer, ungesättigter Alkohole tritt jedoch eine andere Nebenreaktion auf: die Bildung größerer Mengen Monoolefine,

$$H_2C=CH-CH_2-\underset{\underset{CH_3}{|}}{\overset{\overset{CH_3}{|}}{C}}-OH$$

$$\swarrow \quad \downarrow \quad \searrow$$

$$H_3C-CH=CH-\underset{\underset{CH_3}{|}}{\overset{\overset{CH_3}{|}}{CH}} \qquad H_3C-CH_2-CH_2-\underset{\underset{CH_3}{|}}{\overset{\overset{CH_3}{|}}{C}} \qquad H_3C-CH_2-CH=\underset{\underset{CH_3}{|}}{\overset{\overset{CH_3}{|}}{C}}$$
$$\|$$
$$O$$

deutbar durch Wasserabspaltung aus den ungesättigten tertiären Alkoholen mit nachfolgender Hydrierung der entstandenen Diene durch Wasserstoffübertragungsreaktion. Eine verwandte Reaktion beschrieben J. K. NICHOLSON und B. L. SHAW [685], die beim Erhitzen einer wäßrigen Allylalkohol-Lösung mit katalytischen Mengen $RuCl_3$ Propen und Acrolein erhielten.

4.4. Phthalimidine aus Schiffschen Basen oder aus aromatischen Nitrilen

Die Ringschlußreaktion ist nicht nur auf Verbindungen mit Kohlenstoffdoppelbindungen beschränkt, und das in der Ausgangsgleichung mit Z bezeichnete Atom muß nicht unbedingt ein Heteroatom sein. Schiffsche Basen z. B., in denen die ungesättigte Bindung eine C=N-Doppelbindung ist und Z ein C-Atom, reagieren in guten Ausbeuten zu Phthalimidinen [123, 676, 686].

N-Benzylidenanilin ergibt in 84% Ausbeute 2-Phenylphthalimidin. Auch N-Benzylidenaniline mit Substituenten 1. Ordnung gehen diese Reaktion ein.

Enthält das Ausgangsprodukt dagegen Nitrogruppen, so versagt die Reaktion. Offensichtlich wird die Nitrogruppe unter den angewandten Reaktionsbedingungen reduziert und geht dann Folgereaktionen ein. Ist der aus dem Benzaldehyd stammende aromatische Ring des Benzylidenanilins in o-Stellung durch Substituenten 1. Ordnung wie Hydroxy- oder Methoxygruppen substituiert, so sinken die Ausbeuten (Tab. 65).

Tabelle 65. *Reaktion von Schiffschen Basen mit Kohlenmonoxyd zu Phthalimidinen in Gegenwart von $Co_2(CO)_8$*

R'	R''	R	Phthalimidin	Ausb. (%)	Lit.
H	C_6H_5	H	2-C_6H_5	84	[686]
H	p-$CH_3OC_6H_4$	H	2-p-$CH_3OC_6H_4$	86	[123]
H	p-OH–C_6H_4	H	2-p-HOC_6H_4	65	[123]
H	p-ClC_6H_4	H	2-p-ClC_6H_4	75	[123]
H	p-$(C_2H_5)_2NC_6H_4$	H	2-p-$(C_2H_5)_2NC_6H_4$	–	[686]
H	1-Naphthyl	H	2-(1-Naphthyl)	55	[686]
p-$(CH_3)_2N$	C_6H_5	H	2-C_6H_5, 6-$(CH_3)_2N$	82	[123]
p-HO	C_6H_5	H	2-C_6H_5, 6-HO	77	[123]
p-CH_3O	C_6H_5	H	2-C_6H_5, 6-CH_3O	86	[686]
p-Cl	C_6H_5	H	2-C_6H_5, 6-Cl	45	[686]
m-$(CH_3)_2N$	C_6H_5	H	2-C_6H_5, 7-$(CH_3)_2N$	87	[687]
H	C_6H_5	CH_3	2-C_6H_5, 3-CH_3	61	[123, 686]
H	C_6H_5	C_6H_5	2-C_6H_5, 3-C_6H_5	97	[123, 686]
o-CH_3O	C_6H_5	H	2-C_6H_5, 4-CH_3O	18	[123]
m-CH_3O	C_6H_5	H	2-C_6H_5, 5-CH_3O	5	[123]
m-HO	C_6H_5	H	2-C_6H_5, 7-HO	77	[687]

Auch Schiffsche Basen aus aliphatischen Aminen ergeben Phthalimidine.

$$\text{C}_6\text{H}_5\text{-CH=N-R} + \text{CO} \longrightarrow \text{Phthalimidin}$$

R = CH$_3$ 79%
R = CH$_2$-C$_6$H$_5$ 82%

Bis-phthalimidine sind ebenfalls auf diese Weise darstellbar.

$$\text{C}_6\text{H}_5\text{-CH=N-CH}_2\text{-CH}_2\text{-N=CH-C}_6\text{H}_5 + 2\,\text{CO} \longrightarrow$$

49 %

Die Schiffschen Basen aus Naphthaldehyden verhalten sich analog. 1-Naphthaldehydanil reagiert ausschließlich in 2-Stellung. Substitution am C-Atom 8 wurde nicht beobachtet.

2-Naphthaldehydanil reagiert nicht, wie schon im Abschnitt über den Reaktionsmechanismus erwähnt, am C-Atom 1, was gemäß der Ladung zunächst zu erwarten wäre, sondern ausschließlich in 3-Stellung.

Modelle aus Stuart-Briegleb-Kalotten zeigen, daß ein Ringschluß nach Reaktion in 1-Stellung sterisch stark behindert ist, während eine solche Hinderung in 3-Stellung nicht auftritt.

Die Synthese von N-Benzyl-phthalimidin durch Reaktion von Benzonitril [688] mit Kohlenmonoxyd oder Synthesegas in Gegenwart von Kobaltcarbonylen kann als Spezialfall der beschriebenen Reaktion gelten.

Es ist bekannt, daß Nitrile bei der katalytischen Hydrierung intermediär Schiffsche Basen ergeben können [*689*]. Aus der Art der Reaktionsprodukte der Nitrilcarbonylierung, ferner aus der Tatsache, daß bei dieser Reaktion mit Synthesegas höhere Ausbeuten als mit reinem Kohlenmonoxyd erhalten werden [*677*], kann mit großer Sicherheit geschlossen werden, daß die Phthalimidin-Bildung auch in diesem Falle über Schiffsche Basen verläuft. Auch die Tatsache, daß bei Zusatz von 1 Mol Benzylamin pro Mol Benzonitril die besten Ausbeuten erhalten werden [*677*], deutet in diese Richtung.

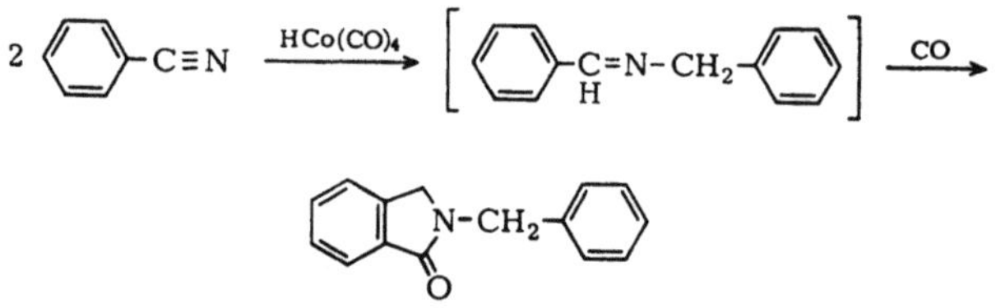

$$2 \, Ph-C\equiv N \xrightarrow{HCo(CO)_4} [Ph-\underset{H}{C}=N-CH_2-Ph] \xrightarrow{CO}$$

Phthalimidin-N-CH$_2$-Ph

22%

4.5. Phthalimidine aus aromatischen Ketoximen, Phenylhydrazonen, Semicarbazonen oder Azinen

Aromatische Ketoxime bilden mit wasserstoff-haltigem Kohlenmonoxyd (98,5 : 1,5) ebenfalls Phthalimidine [*690*]. Wahrscheinlich entstehen zunächst N-Hydroxyphthalimidine, die dann unter den Reaktionsbedingungen zu den Phthalimidinen hydriert werden.

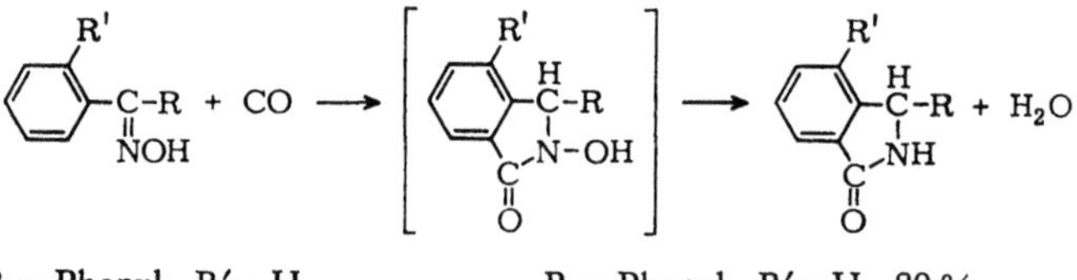

R = Phenyl	R' = H	R = Phenyl	R' = H	80 %
R = Phenyl	R' = COOH	R = Phenyl	R' = H	86 %
		(R' = H nach Decarboxylierung)		
R = CH$_3$	R' = H	R = CH$_3$	R' = H	
R = Benzyl	R' = H	R = Benzyl	R' = H	

Reaktionen mit Alkyl-Aryl-Ketoximen verlaufen weniger selektiv als die Reaktionen mit Diarylketoximen.

Auch Naphthketoxime sind der Reaktion zugänglich. So wurde aus 2-Acetonaphthoxim neben anderen Reaktionsprodukten ein Phthalimidin erhalten.

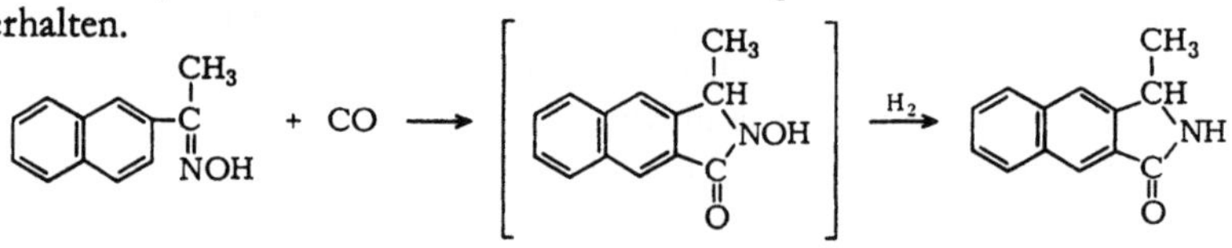

10%

Spezielle Ringschlußreaktionen mit Kohlenmonoxyd 161

Wie bei 2-Naphthaldehydanil erfolgt auch hier wegen sterischer Hinderung der Ringschluß in 3-Stellung. Versuche, die N-Hydroxy- oder N-Methoxy-methylphthalimidine herzustellen, schlugen fehl [*690*]. Es wurden stets nur Phthalimidine erhalten. Offensichtlich wird die N—O-Bindung unter den angewandten Reaktionsbedingungen leicht hydrogenolytisch gespalten.

Auch Phenylhydrazone von Aryl- oder Aryl-alkyl-ketonen gehen die Ringschlußreaktion ein [*122, 691, 692*]. Allerdings sind die zu erwartenden N-Phenylaminophthalimidine nicht isolierbar. Bei Reaktionstemperaturen zwischen 190 und 200 °C wird die N—N-Bindung wie bei den Versuchen mit aromatischen Oximen hydrogenolytisch gespalten. Bei höheren Temperaturen beobachtet man anstelle hydrogenolytischer Spaltung den Einschub von Kohlenmonoxyd in die N—N-Bindung unter Bildung von N-Carboxyanilidophthalimidinen.

R = Phenyl
Benzyl

4-Methyl-benzophenon-phenylhydrazon liefert zwei isomere Reaktionsprodukte.

Der Ringschluß tritt also nicht ausschließlich am substituierten Ring ein, wie bei den Schiffschen Basen und den im folgenden beschriebenen Azokörpern, sondern zu gleichem Anteil auch am unsubstituierten Ring.

Tabelle 66. *Carbonylierung von Phenylhydrazonen aliphatischer und aromatischer Ketone in Gegenwart von $Co_2(CO)_8$*

Ausgangsprodukt	Reaktionsprodukt	Temp. (°C)	Ausb. (%)	Lit.
Benzophenonphenyl-hydrazon	3-Phenylphthalimidin	190–200	25	[*691*]
Benzophenonphenyl-hydrazon	3-Phenylphthalimidin-N-carboxanilid	210–220	12	[*691*]
	3-Phenylphthalimidin		50	
Benzophenonphenyl-hydrazon	3-Phenylphthalimidin-N-carboxanilid	230–240	70	[*691*]
4-Methylbenzophenon-phenylhydrazon	3-(p-Tolyl)-phthal-imidin-N-carboxanilid	230	20	[*691*]
	3-Phenyl-6-methyl-phthalimidin-N-carboxanilid		20	
Acetophenonphenyl-hydrazon	3-Methyl-phthalimidin-N-carboxanilid	230		
	3-Methyl-N-phenyl-phthalimidin			[*691*]
Desoxybenzoinphenyl-hydrazon	3-Benzylphthalimidin-N-carboxanilid	235	22	[*692*]
	3-Benzyl-2-phenyl-phthalimidin		11	

Phenylhydrazone aromatischer Aldehyde ergeben ebenfalls Phthalimidine [*122, 691*]. Mit Hilfe von ^{15}N markierten Verbindungen konnte nachgewiesen werden, daß sich im Indazolon das ursprünglich direkt an den Phenyl-Rest des Phenylhydrazons gebundene Stickstoffatom wiederfindet.

Während in Phenylhydrazonen aromatischer Ketone die C=N-Doppelbindung infolge ihrer Konjugation zu den beiden aromatischen Ringen wenig Tautomerisierungstendenz zu haben scheint und in ihrer ursprünglichen Lage reagiert, liegt bei den Phenylhydrazonen aromatischer Aldehyde die Doppelbindung ähnlich wie bei den Phenylhydrazonen von aliphatischen Aldehyden oder Ketonen [694] teilweise in der tautomeren Azoform vor.

Offenbar reagieren die Phenylhydrazone aromatischer Aldehyde in der Azoform mit Kohlenmonoxyd. Die entsprechend dem vorstehend beschriebenen Reaktionsmechanismus zu erwartenden Sechsring-heterocyclen werden allerdings nicht gefaßt. Ein Stickstoff-Atom wird hydrogenolytisch als Ammoniak herausgespalten.

Tabelle 67. *Carbonylierung von Phenylhydrazonen aromatischer Aldehyde in Gegenwart von $Co_2(CO)_8$*

Ausgangsprodukt	Reaktionsprodukt	Temp. (°C)	Ausb. (%)	Lit.
Benzaldehydphenyl-hydrazon	N-Phenylphthal-imidin	230–240	50	[122]
Benzaldehyd-(m-tolyl)-phenylhydrazon	N-(m-tolyl)-phthal-imidin	230	20	[122]
1-Naphthaldehydphenyl-hydrazon	2-Phenyl-(benz)-e-isoindolin-1-on	230–235	12	[122]

Es wurde versucht, mittels der beschriebenen Reaktion durch Einsatz von 1,3-Diphenyl-2-propanonphenylhydrazon als auch mit 2-Äthoxy-1-naphthaldehydsemicarbazon, die beide auf Grund ihrer Struktur keine Fünfringe bilden können, Sechsringheterocyclen zu synthetisieren. Diese Versuche schlugen jedoch fehl [692].

Semicarbazone aromatischer Ketone reagieren ebenfalls zu Phthalimidinen [693]. Die zunächst zu erwartenden in eckigen Klammern angegebenen Verbindungen sind auch in diesem Falle nicht isolierbar, da offensichtlich hydrogenolytische Spaltung eintritt.

Die Carbonylierung dürfte jedoch nicht ausschließlich am unveränderten Ausgangsprodukt ablaufen. Benzophenon-semicarbazone zersetzen sich nämlich oberhalb ihres Schmelzpunktes zu Benzophenonazinen [695], die, wie A. ROSENTHAL et al. [*693*] nachweisen konnten, auch in guter Ausbeute mit Kohlenmonoxyd zu Phthalimidinen reagieren. Es wurde ebenfalls die Bildung von Benzhydril-semicarbazonen beobachtet, die wiederum in guten Ausbeuten zu Phenyl-phthalimidinen reagieren [*693*].

4.6. Indazolone und 2,4-Dioxo-1,2,3,4-tetrahydrochinazoline aus Azobenzolen

Aromatische Azoverbindungen ergeben mit Kohlenmonoxyd Indazolone. Bei höheren Temperaturen reagieren die Indazolone in einer CO-Einschubreaktion zu 2,4-Dioxo-1,2,3,4-tetrahydro-chinazolinen weiter [*678, 696*].

So erhält man aus Azobenzol bei Temperaturen zwischen 170 und 190 °C 2-Phenyl-indazolon, das sich bei 220 bis 230 °C unter weiterer CO-Aufnahme zu 3-Phenyl-2,4-dioxo-1,2,3,4-tetrahydrochinazolin umsetzt.

Azobenzole mit Substituenten 1. Ordnung reagieren analog. Ist nur ein aromatischer Ring substituiert, so tritt der Ringschluß stets am substituierten Ring ein.

Azobenzole mit Substituenten 2. Ordnung geben keine Ringschlußreaktionen [*123*]. Eine Deutung hierfür wurde bereits im Kapitel über den Reaktionsmechanismus gegeben.

Spezielle Ringschlußreaktionen mit Kohlenmonoxyd

$$\text{Ph-N=N-Ph} + CO \longrightarrow \text{2-Phenylindazolon}$$

Tabelle 68. *Umsetzung von Azobenzolen mit Kohlenmonoxyd in Gegenwart von $Co_2(CO)_8$*

R-C₆H₄-N=N-C₆H₅ R	Reaktionsprodukt	Ausb. (%)	Lit.
H	2-Phenylindazolon	55	[678, 696]
p-CH$_3$	5-Methyl-2-phenylindazolon	35	[678]
p-Cl	5-Chlor-2-phenylindazolon	24	[678]
p-(CH$_3$)$_2$N	5-Dimethylamino-2-phenylindazolon	80	[678]

Die Weiterreaktion der gebildeten Indazolone durch CO-Einschubreaktion kann als Analogie zur Bildung von Dibenzylharnstoff aus Hydrazobenzol und Kohlenmonoxyd aufgefaßt werden [697].

Die 2,4-Dioxo-1,2,3,4-tetrahydrochinazoline können in einer Eintopfreaktion erhalten werden, wenn man die Azobenzole direkt bei Temperaturen über 200 °C umsetzt [678, 696] (Tab. 69).

$$\text{R-C}_6\text{H}_4\text{-N=N-C}_6\text{H}_4\text{-R'} \xrightarrow{2\,CO} \text{2,4-Dioxo-1,2,3,4-tetrahydrochinazolin}$$

Tabelle 69. *Umsetzung von Azobenzolen mit Kohlenmonoxyd bei Temperaturen 200–230 °C in Gegenwart von $Co_2(CO)_8$*

R	R'	Reaktionsprodukt 2,4-Dioxo-1,2,3,4-tetrahydrochinazolin	Ausb. (%)	Lit.
H	H	3-Phenyl	65	[678]
p-CH$_3$	H	6-Methyl-3-phenyl	36	[678]
m-CH$_3$	H	7-Methyl-3-phenyl	26	[678]
p-Cl	H	6-Chlor-2-phenyl	45	[696, 678]
p-(CH$_3$)$_2$N	H	6-Dimethylamino-3-phenyl	18	[678]
p-CH$_3$	p-CH$_3$C$_6$H$_4$	6-Methyl-3-(p-tolyl)	40	[678]
p-Cl	p-ClC$_6$H$_4$	6-Chlor-3-(p-chlorphenyl)	17	[678]
p-CH$_3$O	p-CH$_3$OC$_6$H$_4$	6-Methoxy-3-(p-methoxyphenyl)	28	[678]

4.7. Indone aus Cumulenen

Kim und Hagihara [698] untersuchten die Carbonylierung von Tetraphenylbutatrien in Gegenwart von Dikobalt-octacarbonyl und erhielten bei 230 bis 250 °C und 150 at in Benzol 2-(β,β-Diphenylvinyl)-3-phenylindon in 70% Ausbeute.

$$C_6H_5{-}C{=}C{=}C{=}C(C_6H_5)_2 + CO \longrightarrow \text{Indon-Derivat}$$

In gleicher Weise wurde Tetraphenylallen umgesetzt. In diesem Falle war das Hauptprodukt zu 41% d. Th. 1,1,3-Triphenylinden, das ohne Reaktion des Ausgangsproduktes mit CO entstand (1). In geringen Ausbeuten wurde jedoch auch in diesem Beispiel die Bildung cyclischer Carbonylverbindungen beobachtet; in 23% Ausbeute entstand 2-Diphenylmethyl-3-phenylindon (2), daneben wurde in 17% Ausbeute ein Produkt erhalten, das aufgrund des IR-Spektrums 2,2,4-Triphenylnaphthalinon sein soll (3).

Auch diese Reaktionen dürften über den eingangs erläuterten Mechanismus verlaufen.

4.8. Ketone aus Dienen

Nicht-konjugierte Diene reagieren in guten Ausbeuten zu einem Gemisch ungesättigter und gesättigter Ketone [699]. Auch diese Reaktion läßt sich zwanglos in die Reihe der nach dem vorgeschlagenen Ringschlußmechanismus [668] verlaufenden Umsetzungen einordnen. Vorbedingung für gute Ausbeute ist ein für den Ringschluß günstiger Abstand der beiden Doppelbindungen im Dien. Wie Heck [700] zeigte, gelingt die Reaktion

Spezielle Ringschlußreaktionen mit Kohlenmonoxyd

mit guten Ausbeuten, wenn die Doppelbindungen durch ein oder zwei C- oder Heteroatome voneinander getrennt sind. So erhielt KLEMCHUK [*699*] aus Diallyl ein Gemisch aus 6% 2,4-Dimethyl-cyclopenten-3-on und 2,5-Dimethyl-cyclopentanon.

$$H_2C=CH-CH_2-CH_2-CH=CH_2 \xrightarrow[HCo(CO)_4]{CO} \underset{H_3C \overset{\|}{O} CH_3}{\triangle} \xrightarrow{HCo(CO)_4}$$

$$\underset{H_3C \overset{\|}{O} CH_3}{\triangle}$$

Es reagiert zunächst nur eine der Doppelbindungen des Diens mit Kobalthydrocarbonyl. Dabei kann es zur Ausbildung von π-Komplexen der folgenden Struktur kommen:

$$H_2C=CH-(CH_2)_{1,2}-CH=CH_2 \begin{array}{c} \xrightarrow{HCo(CO)_4} \\ \\ \xrightarrow{HCo(CO)_4} \end{array} \begin{array}{c} CH=CH_2 \\ [CH_2]_{1,2} \quad Co(CO)_3 \\ | \qquad | \\ CH_2-CH_2-C=O \end{array}$$

$$\begin{array}{c} CH=CH_2 \\ [CH_2]_{1,2} \quad Co(CO)_3 \\ | \qquad | \\ CH——C-O \\ | \\ CH_3 \end{array}$$

die dann unter Ringschluß und Abspaltung von Kobalthydrotricarbonyl zu konjugiert ungesättigten cyclischen Ketonen weiterreagieren. HECK [*700*] stellte diese π-Komplexe auf anderem Wege her und wies nach, daß sie schon bei 25 °C mit Ausbeuten bis zu 75% zu den genannten Ketonen abreagieren.

Es überrascht nicht, daß häufig die gesättigten Ketone als Reaktionsprodukte erhalten werden. Auf die auffällig leichte Hydrierung der Doppelbindung konjugiert ungesättigter Ketone durch Kobalthydrocarbonyl wurde bereits im Abschnitt über die Versuche zur Hydroformylierung ungesättigter Ketone hingewiesen.

Wie HECK [*700*] zeigte, erfolgt Ringschluß auch dann, wenn sich in der Kette zwischen Acylium-Kation und Doppelbindung ein Heteroatom befindet.

$$H_2C=CH-CH_2-O-CH_2-\underset{\underset{O}{\|}}{C}-Co(CO)_4 \longrightarrow \underset{H_3C \quad O}{\triangle\!\!\!=\!\!\!O} + HCo(CO)_4$$

Cyclische Diene reagieren ganz analog und bilden ungesättigte cyclische Ketone. So erhielten BREWIS und HUGHES [*679*] aus Cyclooctadien und Kohlenoxyd in Gegenwart von 1% Dijodo-bis-(tributyl-phosphin)-palladium(II) Bicyclo-(3.3.1)-non-2-en-9-on in 40 bis 45% Ausbeute.

[Reaktionsschema: Cyclopenten-Ring mit zwei Vinylgruppen reagiert mit HPd(L)₂X / CO zu bicyclischem Keton C=O + HPd(L)₂X]

Zum gleichen Reaktionstyp muß schließlich auch die von CHIUSOLI und BOTACCIO [*680*] beobachtete Bildung von Methyl-cyclohexenoncarbonsäure bei der Reaktion von Methylacetylen, Allylchlorid und Nickeltetracarbonyl gezählt werden. Sie kann wie folgt formuliert werden:

$$H_3C-C\equiv CH + H_2C=CH-CH_2Cl \xrightarrow{Ni(CO)_4/H_2O}$$

$$H_3C-\underset{\underset{COOH}{|}}{C}=CH-CH_2-CH=CH_2 + HCl \xrightarrow[Kat.]{CO}$$

[Strukturformel: HOOC-substituiertes Cyclohexenon mit CH₃] → [Strukturformel: isomeres HOOC-substituiertes Cyclohexenon mit CH₃]

4.9. Phenole aus Allylhalogeniden, Acetylen und Kohlenoxyd

Die vorstehend angeführte Bildung von Methyl-cyclohexenoncarbonsäure und die im folgenden beschriebene Phenol-Bildung sind neben den mechanistisch noch ungeklärten Lacton-Bildungen aus Allylcarbinol bzw. Butin-1-ol-4 und Kohlenoxyd die beiden einzigen Ringschlußreaktionen, bei denen sich Nickelkatalysatoren als wirksam erwiesen haben.

Phenole entstehen als Nebenprodukte in geringer Ausbeute bei der Umsetzung von Allylchlorid mit Acetylen und Kohlenoxyd in Gegenwart katalytischer Mengen an Ni(CO)₄. Nimmt man die Umsetzung statt in wäßriger oder alkoholischer Lösung in indifferenten Lösungsmitteln vor, so werden höhere Phenol-Ausbeuten erhalten [*680*]. Unter der Annahme, daß der diskutierte Ringschlußmechanismus auch für diese Reaktion gültig ist, kann sie folgendermaßen formuliert werden:

$$H_2C=CH-CH_2Cl + HC\equiv CH + Ni(CO)_4 \xrightarrow{-CO}$$

[Reaktionsschema der Zwischenstufen mit CH=CH₂, Ni(CO)₂Cl, C=O-Gruppen → Phenol-OH]

$$\xrightarrow{-HNi(CO)_2Cl}$$

Analog wird aus Crotylchlorid o-Kresol und aus Methallylchlorid m-Kresol gewonnen [*680*].

Spezielle Ringschlußreaktionen mit Kohlenmonoxyd

4.10. Grenzfälle mit ungeklärtem Reaktionsmechanismus

Eine Reihe ringförmiger Carbonylverbindungen wird unter den Carbonylierungsbedingungen nach REPPE oder KOCH gebildet. Aufgrund der Reaktionsbedingungen, insbesondere durch die Anwesenheit von Wasser, können diese Reaktionen theoretisch sowohl nach dem Mechanismus dieser Reaktionen als auch nach dem Ringschlußreaktionsmechanismus verlaufen. Eine eindeutige Entscheidung zugunsten des einen oder anderen Mechanismus ist auf Grund der z. Zt. vorliegenden experimentellen Daten noch nicht möglich. Es handelt sich im einzelnen dabei um die Bildung von α-Methylen-γ-butyrolacton [*429*] aus Butin-1-ol-4 unter den Bedingungen der Reppe-Reaktion, die entweder nach (1) (Mechanismus der Reppe-Reaktion) oder nach (2) (Mechanismus der Ringschlußreaktion) formuliert werden kann.

$$HC \equiv C-CH_2-CH_2OH$$

$$\downarrow Ni(CO)_4 \bigg| CO/HX$$

$$H_2C=C-CH_2-CH_2OH$$
$$|$$
$$C=O$$
$$|$$
$$Ni(CO)_2X$$

$$\left[\begin{array}{c} H_2C=C-CH_2-CH_2-OH \\ | \\ COOH \end{array} \right] \quad (1)$$

$$\left[\begin{array}{c} H_2C \diagdown \\ C-CH_2 \\ O=C \diagup O \diagdown CH_2 \\ | \\ H \\ [Ni(CO)_2X]^\ominus \end{array} \right] \quad (2)$$

Ähnlich liegen die Dinge bei der Carbonylierung von Allylcarbinol unter den Bedingungen der Reppe-Reaktion [*525*], bei der α-Methyl-γ-butyrolacton und δ-Valerolacton entstehen.

$$H_3C-CH_2-CH_2-CH-CHO \xrightarrow{H^\ominus} H_3C-CH_2-CH_2-CH-\overset{\oplus}{C}HOH$$
$$| |$$
$$CH_3 CH_3$$

$$H_3C-CH_2-CH_2-\overset{\oplus}{C}-CH_2OH$$
$$|$$
$$CH_3$$

$$\begin{array}{c} CH_3 \\ | \\ H_3C-CH_2-CH-CH-CH_2OH \\ | \\ {}^\oplus C=O \end{array} \xleftarrow{CO} H_3C-CH_2-\overset{\oplus}{C}H-CH-CH_2OH$$
$$|$$
$$CH_3$$

$$\left[\begin{array}{c}\text{CH}_3\\\text{H}_3\text{C-CH}_2\text{-CH-CH-CH}_2\text{OH}\\\text{COOH}\end{array}\right]$$

$$\text{H}_3\text{C-CH}_2-\underset{\underset{\overset{\oplus}{\text{C}=\text{O}}}{|}}{\overset{\overset{\text{CH}_3}{|}}{\text{CH}}}-\text{CH-CH}_2\text{OH} \quad\longrightarrow\quad \text{H}_3\text{C}\diagdown\overset{\diagup\text{C}_2\text{H}_5}{\underset{\text{O}}{\bigcirc}}=\text{O}$$

$$\left[\begin{array}{c}\text{C}_2\text{H}_5\text{-CH-CH-CH}_3\\\underset{\underset{\text{H}}{|}}{\overset{\oplus}{\text{O=C}}}\quad\underset{\diagup\text{O}\diagdown}{\text{CH}_2}\end{array}\right]$$

Auch bei der von HIMMELE [660] gefundenen Lacton-Synthese aus gesättigten Aldehyden unter den Bedingungen der Kochschen Carbonsäuresynthese kann z. Zt. noch keine Entscheidung getroffen werden, ob die Lacton-Bildung nach Ablauf einer normalen Koch-Reaktion unter Wasserabspaltung oder aber entsprechend dem Mechanismus der Ringschlußreaktion abläuft.

5. Wirtschaftliche Bedeutung der Ringschlußreaktionsprodukte

Die überwiegende Mehrzahl der Ergebnisse auf dem Gebiet der Ringschlußreaktion ist jüngeren Datums. Es konnte daher noch zu keiner technischen Anwendung kommen.

Eine Reihe der so erhältlichen Produkte erscheinen jedoch interessant als Ausgangsprodukte für Pharmaceutika oder Biocide. So ist das α-Methylen-γ-butyrolacton ein wirksames Antibiotikum [429].

Für eine Herstellung in größerem Umfang bieten sich vor allem zwei der erhaltenen Produkte an. Einmal das aus den Grundstoffen Allylchlorid, Methylamin und Kohlenmonoxyd herstellbare N-Methylpyrrolidon, das in der jüngsten Zeit als Lösungsmittel speziell zur Trennung von Aromaten-Aliphaten und Butadien-Buten sowie als polares Lösungsmittel für schlecht lösliche organische und anorganische Substanzen an Bedeutung gewonnen hat. Zum anderen das Succinimid, das auf dem Weg

$$\text{Acrylnitril} \xrightarrow{\text{Wasser}} \text{Acrylamid} \xrightarrow{\text{CO}} \text{Succinimid}$$

wesentlich wirtschaftlicher als bisher darstellbar erscheint und somit die Möglichkeit der technischen Anwendung seiner wichtigsten Derivate z. B. des N-Bromsuccinimids verbessert.

Ausführung von Synthesen mit Kohlenmonoxyd im Laboratoriumsmaßstab

Die überwiegende Zahl der in der vorliegenden Zusammenfassung beschriebenen Reaktionen verläuft unter Druck. Im Laboratoriumsmaßstab führt man diese Reaktionen zweckmäßig diskontinuierlich in Rühr- oder Schüttelautoklaven durch.

Kohlenmonoxyd und die meisten Übergangsmetallcarbonyle sind *sehr giftig*. Häufig wird auch Wasserstoff im Gemisch mit Kohlenmonoxyd eingesetzt, und bei Auftreten von Lecks können leicht explosive Wasserstoff-Luft-Gemische entstehen. Es ist daher dringend anzuraten, diese Reaktionen in speziellen, dafür geschaffenen Autoklavenbunkern oder hinter Schutzwänden durchzuführen. Dabei ist zur Vermeidung von Unfällen für ausreichende Durchlüftung dieser Autoklavenbunker zu sorgen. Es empfiehlt sich darüber hinaus, Kontroll- und Warneinrichtungen für Kohlenoxyd und Wasserstoff für die Luft in den Versuchsräumen zu installieren. Auf eine Veröffentlichung [8] zur Einrichtung und Ausstattung von derartigen Versuchsräumen und auf die einschlägigen Unfallverhütungsvorschriften der Berufsgenossenschaften, der Gewerbeaufsicht und des Technischen Überwachungsvereins sei an dieser Stelle verwiesen.

Im allgemeinen sind für Hydroformylierungsreaktionen, Ringschlußreaktionen mit Kohlenmonoxyd und auch die Kochsche Carbonsäuresynthese Edelstahlautoklaven geeignet. Will man grundsätzlich jegliche Bildung von Eisencarbonyl streng ausschließen, so verwendet man zweckmäßig Stahlautoklaven mit Silber- oder Kupferblechauskleidung. Werden als Reaktionspartner Halogenwasserstoffsäuren oder halogenwasserstoffbildende Verbindungen eingesetzt, wie z. B. bei vielen Carbonylierungen nach Reppe, so muß mit erhöhter Korrosion gerechnet werden. Normalerweise können derartige Reaktionen nicht in Edelstahlautoklaven durchgeführt werden, sondern verlangen Reaktionsgefäße mit Hastelloy B- oder Hastelloy C-Auskleidung.

Häufig werden die beschriebenen Synthesen durch Entnahme von Proben während der Reaktion über mit Nadelventilen abgesperrte Tauchungen aus den Autoklaven oder Druckrohren analytisch verfolgt.

Kontinuierliche Laborversuche werden meistens in Druckrohren vorgenommen. Die Zusammensetzung der Apparatur entspricht dann im wesentlichen den in den einzelnen Kapiteln beschriebenen Aufbauten der technischen Anlagen. Entsprechende Apparatureinzelteile sind im Handel und werden nach dem Baukastenprinzip zusammengesetzt.

Ausführung von Synthesen mit Kohlenmonoxyd

Das für die Synthesen benötigte Kohlenmonoxyd kann ebenfalls in Stahlflaschen bezogen werden und läßt sich mit Kohlenoxyd-beständigen Kompressoren auf die gewünschten Betriebsdrucke verdichten.

Bezüglich der Durchführung von Laborkleinversuchen vgl. H. ADKINS und G. KRSEK, J. Amer. chem. Soc. **70**, 383 (1948) und J. Amer. chem. Soc. **71**, 351–55 (1949).

Für die Durchführung von Laborarbeiten mit stöchiometrischen Mengen an Metallcarbonylen vgl. L. KIRCH, M. ORCHIN, J. Amer. chem. Soc. **81**, 3597 (1959), und G. L. KARAPINKA, M. ORCHIN, Org. Chemistry **26**, 4187 (1961).

Literatur

1. HECHT, O., u. H. KRÖPER: Naturforschung und Medizin in Deutschland 1939–1946. Bd. 36, Präp. org. Chemie, Teil I, S. 115. Herausgegeben von K. ZIEGLER. Wiesbaden: Dieterich'sche Verlagsbuchhandlung 1948.
2. ROELEN, O.: Naturforschung und Medizin in Deutschland 1939–1946. Bd. 36., Präp. org. Chemie, Teil I, S. 166. Herausgegeben von K. ZIEGLER. Wiesbaden: Dieterich' sche Verlagsbuchhandlung 1948.
3. KRÖPER, H.: Carbonylierung. In: Ullmanns Encyklopädie der technischen Chemie, Bd. 5, S. 122. München-Berlin: Urban & Schwarzenberg 1954.
4. PINO, P., u. L. PALEARI: Oxosynthese. In: Ullmanns Encyklopädie der techn. Chemie, Bd. 13, S. 60. München-Berlin: Urban & Schwarzenberg 1962.
5. SCHUSTER, K.: Oxo-Synthese. In: Fortschr. chem. Forsch. Bd. 2 (1951).
6. KRÖPER, H.: Anlagerung von Kohlenmonoxyd und Wasserstoff an Olefine (Hydroformylierung). In: Houben-Weyl, Bd. IV/2, 367. Stuttgart: Georg Thieme (1955).
7. WENDER, I., H. W. STERNBERG, and M. ORCHIN: Catalysis V, S. 73. New York: Reinhold Publishing Corp. 1957.
8. FALBE, J.: Brennstoff-Chemie **45**, 339–342 (1964).
9. ASINGER, F.: Chemie und Technologie der Monoolefine, S. 650. Berlin: Akademie Verlag 1957.
10. ORCHIN, M.: Advances in Catalysis V, S. 385. New York: Academic Press 1950.
11. ASINGER, F.: Die katalytische Hydrierung des Kohlenoxyds über Kobalt- und Eisenkatalysatoren (Fischer-Tropsch-Synthese). Chem. Techn. der Paraffin-Kohlenwasserstoff. Berlin: Akademie Verlag 1956.
12. PICHLER, H.: In: Advances in Catalysis IV, S.271/341. New York: Academic Press 1952.
13. FELL, B., u. R. ULRICH: Synthesen mit Kohlenmonoxyd. In: Forschungsberichte des Landes Nordrhein-Westfalen Nr. 1303. Köln und Opladen: Westdeutscher Verlag 1964.
14. MOND, L.: D.R.P. 98 643 (15. 1. 1887) Z. 98 II, 1229.
15. BERTHELOT, M.: Liebigs Ann. Chem. **97**, 125 (1856).
16. LOSANITSCH, S. M., u. H. Z. JOVITSCHITSCH: Ber. dtsch. chem. Ges. **30**, 135 (1897).
17. SCHMIDT, J.: Das Kohlenmonoxyd. Leipzig: Akad. Verlagsanstalt Goest und Portig KG, 1950.
18. HOLM, M. M., R. H. NAGEL, E. H. REICHL u. W. E. VAUGHAN: Fiat 1000 (1945).
19. HASCHE, R. C.: Cios 27, 1945.
20. HALL, C. C.: Bios 447, 1945.
21. ROELEN, O.: DBP 849548 (1938), Z. **1953**, 927; U.S. Pat. 2 327 060 (1943), C. A. **38**, 550 (1944); Belg. Pat. 436 625 (1939), Z. **1941** I, 1354; Fr. Pat. 860 289 (1939), Z. **1941** II, 536.
22. — Angew. Chemie, Ausg. A 60, Nr. 3, 213 (1948).
23. — Naturforschung und Medizin in Deutschland. Bd. 36, Präp. org. Chemie, Teil I, S. 157. Herausgegeben von K. ZIEGLER. Wiesbaden: Dieterich'sche Verlagsbuchhandlung 1948.
24. ADKINS, H., and G. J. KRSEK: J. Amer. chem. Soc. **71**, 3051 (1949).
25. KEULEMANS, A. J. M., A. KWANTES, et TH. VAN BAVEL: Recueil Trav. chim. Pays-Bas **67**, 298 (1948).

26. ALDRIDGE, G. L., E. V. FASCE and H. B. JONASSEN: J. of Physical Chemistry **62**, 869–870 (1958).
27. —, and H. B. JONASSEN: Nature **188**, 404 (1960).
28. MACHO, V., E. J. MISTRIK u. M. CIHA: Coll. Czechoslov. Chem. Commun. Vol. **29**, 826 (1964).
29. ADKINS, H., and G. KRSEK: J. Amer. chem. Soc. **70**, 383 (1948).
30. ORCHIN, M., L. KIRCH, and J. GOLDFARB: J. Amer. chem. Soc. **78**, 5450 (1956).
31. KARAPINKA, G., and M. ORCHIN: Abstracts 137th A.C.S. Meeting, S. 92–100. Cleveland Ohio: April 5–14 (1960).
32. KIRCH, L., and M. ORCHIN: J. Amer. chem. Soc. **80**, 4428 (1958).
33. —, and M. ORCHIN: J. Amer. chem. Soc. **81**, 3597 (1959).
34. WENDER, I., H. W. STERNBERG, and M. ORCHIN: J. Amer. chem. Soc. **75**, 3041 (1953).
35. HECK, R. F., and D. S. BRESLOW: J. Amer. chem. Soc. **83**, 4023 (1961).
36. BRESLOW, D. S., and R. F. HECK: Chem. and Ind. **467** (1960).
37. MARKO, L., G. BOR, G. ALMASY u. P. SZABO: Brennstoff-Chemie **44**, 184 (1963).
38. NATTA, G., R. ERCOLI e S. CASTELLANO: Chim. e Ind. (Milan) **37**, 6 (1955).
39. — — —, and F. H. BARBIERI: J. Amer. chem. Soc. **76**, 4049 (1954).
40. MARTIN, A. R.: Chem. and Ind. **1954**, 1536.
41. GREENFIELD, H., S. METLIN, and I. WENDER: Abstract of Papers 126th Meeting of the American Chemical Soc. New York: N.Y. Sept. 1954.
42. CHATT, J., and L. M. VENANZI: J. Chem. Soc. (London) **1957**, 4735.
43. STERNBERG, H. W., and I. WENDER: Chem. Soc. Spec. Publ. No. **13**, 35 (1959).
44. NIWA, M., u. M. YAMAGUCHI: Shobubei (Catalyst) Vol. 3 (3), 264–278 (1961).
45. BRENMAN, A., ZH. HERSKOVITS u. A. M. HERZOG: Zhurnal Prikladnoi Khimii **34**, No. 2, 454 (1961).
46. BLANCHARD, A. A.: Chem. Reviews **21**, 19 (1937).
47. HIEBER, W., u. E. FACK: Z. anorg. allg. Chem. **236**, 83, 106 (1938).
48. —, u. W. HÜBEL: Z. Naturforsch. **7b**, 322 (1952).
49. REPPE, W.: Liebigs Ann. Chem. **582**, 122 (1953).
50. STERNBERG, H. W., I. WENDER, R. A. FRIEDEL, and M. ORCHIN: J. Amer. chem. Soc. **75**, 2717 (1953).
51. HIEBER, W., u. W. HÜBEL: Z. Elektrochem. Ber. Bunsenges. physik. Chem. **57**, 235 (1957).
52. EDGELL, W. F., and G. GALLUP: J. Amer. chem. Soc. **77**, 5762 (1955).
53. — — J. Amer. chem. Soc. **78**, 4188 (1956).
54. —, C. MAGEE and G. GALLUP: J. Amer. chem. Soc. **78**, 4185 (1956).
55. COTTON, F. A., and G. WILKINSON: Chem. and Ind. **1956**, 1305.
56. BOR, G.: Proc. 7th Int. Conf. on Coordination Chem., S. 8. Stockholm 1962.
57. —, u. L. MARKO: MAFKI, Ber. d. Ung. Erdöl- und Erdgasforsch. Inst. **3**, 216 (1962).
58. TAKEGAMI, Y., C. YOKOKAWA, Y. WATANABE, H. MASADA u. Y. OKUDA: Bull. chem. Soc. Japan **37**, 1190 (1964).
59. FALBE, J., N. HUPPES u. F. KORTE: (Shell) DPA 1 186 041 (8. 4. 1961) Z. **1965**, 40–2568.
60. — — — Chem. Ber. **97**, 863 (1964).
61. PIACENTI, F., P. PINO, e P. L. BERTOLACCINI: Chim. e Ind. (Milan) **44**, 600 (1962).
62. PINO, P., F. PIACENTI, and P. P. NEGGIANI: Chem. and Ind. **1961**, 1400.
63. KNIESE, W., (BASF): Privatmitteilung.
64. COFFIELD, T. H., J. KOZIKOWSKI, and R. D. CLOSSEN: J. org. Chem. **22**, 598 (1957).
65. COTTON, F. A., and G. WILKINSON: Advanced Inorganic Chemistry, S. 658. New York: Interscience Publishers, Inc. 1962.
66. CALDERAZZO, F., and F. A. COTTON, Inorg. Chem. **1**, 30 (1962).

67. COFFIELD, T. H., H. D. CLOSSON, and J. KOZIKOWSKI: Abstracts of Conference Papers, Int. Conf. on Coordination Chemistry, London, April 6–11 (1959), Paper No. 26, S. 126.
68. FISCHER, E. O., u. H. WERNER: Angew. Chemie **75**, 57 (1963).
69. HEPNER, F. R., K. N. TRUEBLOOD, and H. W. J. LUENS: J. Amer. chem. Soc. **74**, 1333 (1952).
70. TAKEGAMI, Y., C. YOKOKAWA, Y. WATANABE, H. MASADA u. Y. OKUDA: Bull. chem. Soc. Japan **38**, 787 (1965).
71. BROWN, H. C., and B. C. SUBBARAO, J. org. Chemistry **22**, 1137 (1957).
72. — — J. Amer. chem. Soc. **81**, 6434 (1959).
73. —, G. ZWEIFEL, J. Amer. chem. Soc. **82**, 1504 (1960).
74. —, M. V. BHATT, J. Amer. chem. Soc. **82**, 2074 (1960).
75. —, A. W. MOERIKOFER, J. Amer. chem. Soc. **83**, 3417 (1961).
76. — Hydroboration, S. 140–147. New York: W. A. Benjamin, Inc. Publishers 1962.
77. SPEIER, J. L., J. A. WEBSTER, and G. H. BARNES: J. Amer. chem. Soc. **79**, 974 (1957).
78. SAAM, J. C., and J. L. SPEIER: J. Amer. chem. Soc. **80**, 4104 (1958).
79. SELLIN, T. G., and R. WEST: J. Amer. chem. Soc. **84**, 1863 (1962).
80. ASINGER, F., B. FELL u. R. JANSSEN: Chem. Ber. **97**, 2515 (1964).
81. ASINGER, F., u. O. BERG: Chem. Ber. **88**, 445 (1955).
82. GANKIN, W. J., D. P. KRINKIN, and D. M. RUDKOWSKI: J. org. Chem. **2**, 45–46 (1966).
83. GOLDFARB, J., and M. ORCHIN: Advances in Catalysis IX, S. 609. New York: Academic Press 1957.
84. ASINGER, F.: Chemie und Technologie der Monoolefine, S. 874. Berlin: Akademie Verlag 1957.
85. PIACENTI, F., C. CIONI, e P. PINO: Chim. e Ind. (Milan) **41**, 794 (1959).
86. KARAPINKA, L., and M. ORCHIN, J. org. Chemistry **26**, 4187 (1961).
87. MANUEL, T. A.: J. org. Chemistry **27**, 3941 (1962).
88. JOHNSON, M.: J. Chem. Soc. (London) **1963**, 4859.
89. PINO, P., S. PUCCI, and F. PIACENTI: Chem. and Ind. **1963**, 294.
90. DAVIES, N. R.: Nature (London) **201**, 490 (1964).
91. HARROD, J. F., and A. J. CHALK: J. Amer. chem. Soc. **86**, 1776 (1964).
92. — — Nature (London) **202**, 280 (1965).
93. RINEHART, R. E., and J. S. LASKY: J. Amer. chem. Soc. **86**, 1776 (1964).
94. FALBE, J., u. F. KORTE: Brennstoff-Chemie **45**, 103 (1964).
95. HÖVER, H., H. MERGARD u. F. KORTE: Liebigs Ann. Chem. **685**, 89 (1965).
96. KORTE, F., u. H. HÖVER: Tetrahedron **1965**, 1287.
97. FELL, B., P. KRINGS u. F. ASINGER: Chem. Ber. **99**, 3688 (1966).
98. ROOS, L., and M. ORCHIN: J. Amer. chem. Soc. **87**, 5502 (1965).
99. MARKO, L.: Chem. and Ind. **1962**, 260.
100. WENDER, I., M. ORCHIN, and H. H. STORCH: J. Amer. chem. Soc. **72**, 4842 (1960).
101. PINO, P.: Oxosynthese. In: Ullmanns Encyklopädie der techn. Chemie, Bd. 13, 61. München-Berlin: Urban & Schwarzenberg 1962.
102. ASINGER, F.: Chemie und Technologie der Monoolefine, S. 656. Berlin: Akademie Verlag 1957.
103. TRAMM, H., H. KOLLING, F. SCHNUR, K. BÜCHNER, H. HEGER u. E. STIEBLING: Ruhrchemie AG, Brit. Pat. 736 875 (1955), C. A. **50**, 13 982 (1956).
104. WILSON, W. (Standard Oil): U.S. Pat. 2 695 315 (1954), C. A. **49**, 15 945 (1955).
105. SCHILLER, G. (Chem. Verwertungs-Ges. Oberhausen): DBP 953 605 (1956), C. A. **53**, 11 226 (1959).
106. Esso Research Eng. Co. Brit. Pat. 801 734 (1956), C. A. **53**, 7014 (1959).
107. BÜCHNER, K. (Ruhrchemie AG): DBP 874 304 (1951), Z. **1954**, 188.
108. HIEBER, W.: Angew. Chemie **65**, 534 (1953).

109. GRESHAM, W. F., A. MCALVEY (E. I. du Pont de Nemours & Co.): U.S. Pat. 2 564 104 (1951), C. A. **46**, 4561 (1952).
110. MASON, R. B. (Esso): U.S. Pat. 2 811 567 (1957), C. A. **52**, 4677 (1958).
111. — U.S. Pat. 2 754 332 (1956), C. A. **51**, 2017 (1957).
112. ALDRIDGE, C. L. (Esso): DPA Auslegeschrift 1 125 900 (1962), Brit. Pat. 864 142 (1961), C. A. **55**, 18 597 (1961).
113. KUROKAWA, K., H. INO, R. AIZAWA u. T. AMEMIYA: Nenryo Kyokaishi **41** (422) 539–544 (1962), C. A. **61**, 11 884 (1964).
114. ALDRIDGE, C. L. (Esso): U.S. Pat. 3 091 644 (1963), C. A. **59**, 11 260 (1963).
115. Esso Research & Eng. Co. Brit. Pat. 907 027 (1962), C. A. **59** 3775 (1963).
116. — Brit. Pat. 864 142 (1961), C. A. **55**, 18 597 (1961).
117. HIEBER, W., H. SCHULTEN u. R. MARNI: Z. anorg. allg. Chemie **55**, 7 und 24 (1942).
118. — — — Z. anorg. allg. Chemie **240**, 261, (1939).
119. Gmelins Handbuch der Anorg. Chemie, 8. Aufl., Kobalt Teil A, System Nr. 58, S. 78 und 346. Weinheim: Verlag Chemie 1961.
120. IWANAGA, R.: Bull. chem. Soc. Japan **35**, 778 (1962).
121. HECK, R. F., and D. S. BRESLOW: J. Amer. chem. Soc. **85**, 2779 (1963).
122. ROSENTHAL, A., and M. R. S. WEIR: J. org. Chemistry **28**, 3025 (1963).
123. MURAHASHI, S., u. S. HORIIE: T. Jo. Bull. chem. Soc. Japan **33**, 81 (1960).
124. HIEBER, W.: Chemie **55**, 7 (1942).
125. ASINGER, F.: Chemie und Technologie der Monoolefine, S. 657. Berlin: Akademie Verlag 1957.
126. HUGHES, V. L., and I. KIRSHENBAUM: Ind. Eng. Chem. **49**, 1999 (1957).
127. GEMASSMER, A., Chem. Verwertungsgesellschaft Oberhausen, DBP 884 793 (1953).
128. MACHO, V.: Acta Chimica **1963**, 157/161.
129. — Acta Chimica **1963**, 158.
130. HASEK, R. H., and C. E. WAYMAN (Eastman Kodak Corp.): U.S. Pat. 2 820 059 (1958), C. A. **53**, 13 040 (1959).
131. GOLDFARB, J., and M. ORCHIN: Paper presented at the 1st International Congress on Catalysis, Philadelphia, Pa. Sept. 1956.
132. MACHO, V., u. M. CIHA: Czech. Pat. 103 977 (1962), C. A. **60**, 409 (1964).
133. IWANAGA, R.: Bull. chem. Soc. Japan **35**, 865 (1962).
134. MACHO, V.: Acta Chimica **1963**, 163.
135. — Kandidatska dizertacna praca, 24—46, Chemicka Fakulta SVST, Bratislava, 1961 (Diss, Slow. Tech. Hochschule Bratislava 1961).
136. MACHO, V.: Chem. Zvesti **15**, 181 (1961).
137. MARKO, L., G. BOR, and E. KLUMPP: Chem. and Ind. **1961**, 1491.
138. — —, u. G. ALMASY: Chem. Ber. **94**, 847 (1961).
139. — —, E. KLUMPP, B. MARKO u. G. ALMASY: Chem. Ber. **96**, 955 (1963).
140. — — — Angew. Chemie **75**, 248 (1963).
141. KLUMPP, E., L. MARKO u. G. BOR: Chem. Ber. **97**, 926 (1964).
142. KHATTAB, S. A., u. L. MARKO: Acta Chim. Acad. Sci. hung. **45**, 471 (1964).
143. MARKO, L., and G. BOR: J. org. Chemistry **30**, 162 (1965).
144. LAKY, J., P. SZABO u. L. MARKO: Acta Chim. Acad. Sci. hung. **46**, 247 (1965).
145. MACHO, V.: Acta Chimica **1963**, 165.
146. TETTEROO, J. M. J. Diss. T. H. Aachen 1965.
147. MACHO, V., E. J. MISTRIK u. M. CIHA: Coll. Czech. Chem. Commun. **29**, 826 (1964).
148. CANNEL, L. G., L. H. SLAUGH u. R. D. MULLINEAUX (Shell): DPA: 1 186 455 (1965), C. A. **62**, 16 054 (1965).
149. EISENMANN, J. L., and R. L. YAMARTINO (Diamond Alkali Comp.): Brit. Pat. 941 996 (1963), C. A. **59**, 11 291 (1963).

150. TAYLOR, A. W. C., and N. ACKROYD (I. C. I.): Brit. Pat. 655 976 (1951), C. A. 46, 7584 (1952).
151. EBEL, A., A. GEMASSMER u. W. WENZEL (Chem. Verwertungsges. Oberhausen): DBP 896 341 (1953), C. A. 50, 3500 (1956).
152. ADAMS, C. E., and D. E. BURNEY: Standard Oil Comp. U.S. Pat. 2 464 916 (1947), C. A. 43, 5032 (1949).
153. VLUGHTER, I. C., A. J .M. KEULEMANS, and M. L. HART (Shell): U.S. Pat. 2 564 456 (1951), C. A. 46, 1582 (1952).
154. HOLM, M. M., R. H. NAGEL, E. H. REICHL u. W. E. VAUGHAN: Fiat Report 1000, S. 35.
155. Montecatini: Ital. Pat. 526 559 (1955), C. A. 52, 16 656 (1958).
156. CERVENY, W. J. (Standard Oil): U.S. Pat. 2 686 206 (1954), C. A. 49, 10 999 (1955).
157. MEIS, J., u. H. TUMMES (Ruhrchemie AG): Belg. Pat. 635 884 (1963), C. A. 61, 13 195 (1964).
158. JONES, J. K., G. P. HAMMER, and M. C. FUQUA (Esso): U.S. Pat. 2 757 206 (1956), C. A. 51, 3876 (1957).
159. KREBS, R., and R. A. CATTERALL: U.S. Pat. 2 768 974 (1956), C. A. 51, 9976 (1957).
160. SNETA, H. (Mitsubishi Chem. Ind. Co.): Jap. Pat. 7868 (1954), C. A. 50, 8705 (1956).
161. LEMKE, H.: Supplement mensual a „Chimie et Industrie", Vol. 89, No. 4, 118. Paris: 1963.
162. — Hydrocarbon Processing 1966, 148.
163. STARR, C. E., and E. M. CHARLET (Standard Oil): U.S. Pat. 2 636 904 (1953), C. A. 48, 3385 (1954).
164. ASINGER, F.: Chemie und Technologie der Monoolefine, S. 688. Berlin: Akademie Verlag 1957.
165. KUTEPOW, N. v., H. KINDLER, K. EISFELD, K. DETTKE, H. JENNE u. H. DETZER (BASF): DBP 1 147 796 (1960), C. A. 57, 2076 (1962).
166. — — — — — — DBP 1 147 797 (1960), C. A. 57, 2076 (1962).
167. ROSENTHAL, R.W., L. H. SCHWARTZMAN, N. P. GRECO, and R. PROBER: J. org. Chem. 1963, 2835.
168. GRESHAM, W. F., and R. E. BROOKS: U.S. Pat. 2 497 303 (1950), C. A. 44, 4492 (1950); Brit. Pat. 637 999 (1950), C. A. 44, 9473 (1950).
169. GWYNN, B. H., and J. H. HIRSCH (Gulf Research & Dev. Co.): U.S. Pat. 2 734 922 (1956), C. A. 50, 16 830 (1956).
170. UCHIDA, H., N. TODO, and K. OGAWA: Rept. Govt. Chem. Ind. Research Inst. Tokyo 48, 266 (1953), C. A. 49, 16 266 (1955).
171. BLOCH, B. L., H. GOLDWHITE, and R. N. HASZELDINE: J. chem. Soc. (London) 1966, 1447.
172. WAKAMATSU, H.: Nippon Kagaku Zasshi 85 (3), 227–231 (1964), C. A. 61, 13 173 (1964).
173. IMYANITOV, N. S., u. D. M. RUDKOWSKII: Petr. Chem. USSR, Vol. 3, No. 1 (1964) 91, C. A. 60, 9072 (1964).
174. FALBE, J., N. HUPPES u. F. KORTE: Brennstoff-Chemie 47, 207 (1966).
175. — — Brennstoff-Chemie 48, 24 (1967).
176. — — Belg. Pat. Anm. 33 538 (20. 9. 1966).
177. — — Belg. Pat. Anm. 33 539 (20. 9. 1966).
178. OSBORN, J. A., G. WILKINSON, and J. F. YOUNG: Chem. Commun. Nr. 2, 17 (1965).
179. MILLIDGE, A. F. (Distillers Co. Ltd.): Fr. Pat. 1 411 602 (1965), C. A. 64, 598 (1966).
180. KLOPFER, O. E. (Ethyl Co.): Brit. Pat. 1 111 610 (1961).
181. — U.S. Pat. 3 050 562 (1962), C. A. 57, 13 217 (1963).
182. GRESHAM, W. F., R. E. BROOKS, and W. H. BRUNER: (E. J. du Pont de Nemours & Co): U.S. Pat. 2 473 600 (1948), C. A. 42, 4196 (1948).
183. MISTRIK, E. J., u. M. CIHA: Czech. Pat. 106 476 (1963), C. A. 60, 4011 (1964).

184. HAAF, W.: Privatmitteilung.
185. SMITH, P., and H. H. JAEGER (I. C. I.): Brit. Pat. 966 482 (1960), C. A. **61**, 10 593 (1964).
186. — — DBP 1 159 926 (1963), C. A. **60**, 14 389 (1964).
187. I. C. I. Austr. Appl. 30 352/63.
188. PICHLER, H., B. FIRNHABER u. D. KIOUSSIS: Brennstoff-Chemie **44**, 337 (1964).
189. EVANS, D., J. A. OSBORN, F. H. JARDINE, and G. WILKINSON: Nature, Vol. **208**, 1203 (1965).
190. Lonza: Fr. Pat. 1 381 091 (1963).
191. UCHIDA, H., u. A. MATSUDA: Bull. chem. Soc. Japan **37** (3), 373 (1964).
192. WHITMAN, G. M.: U.S. Pat. 2 462 448 (1946), C. A. **43**, 4287 (1949).
193. PINO, P.: Oxosynthese. In: Ullmanns Encyklopädie der techn. Chemie, Bd. 13, S. 68. München-Berlin: Urban & Schwarzenberg 1962.
194. WENDER, I., H. W. STERNBERG, and M. ORCHIN: The Oxo Reaction in Catalysis. P. H. EMMET. Bd. V, 121. New York: Reinhold Verlag 1955.
195. ASINGER, F.: Chemie und Technologie der Monoolefine, S. 658. Berlin: Akademie Verlag 1957.
196. PIACENTI, F. (Montecatini): Belg. Pat. 613 606 (1962), C. A. **58**, 451 (1963).
197. —, P. PINO, R. LAZZARONI and M. BRANCHI: J. chem. Soc. (London) **1966**, 488.
198. BREWIS, S.: J. chem. Soc. (London) **1964**, 5014.
199. WENDER, I., S. METLIN, S. ERGUN, H. W. STERNBERG, and H. GREENFIELD: J. Amer. chem. Soc. **78**, 5401 (1956).
200. IWANAGA, R.: Bull. chem. Soc. Japan **35**, 869 (1962).
201. WAKAMATSU, H., R. IWANAGA, and J. KATO: 12th Annual Meeting of the Chemical Society Japan, Kyoto, April 1959.
202. BARRICK, P. L., and A. A. PAVLIC (DuPont): U.S. Pat. 2 506 571 (1950), C. A. **44**, 7344 (1950).
203. MCKEEVER, CH. H., and G. H. AGNEW (Rohm & Haas): U.S. Pat. 2 533 276 (1950), C. A. **45**, 3415 (1951).
204. HABESHAW, J., et L. S. THORNES (Anglo Iranian Comp.): Fr. Pat. 1 039 669 (1953); Z. **1955**, 5895.
205. PINO, P.: Gazz. chim. Ital. **81**, 625 (1951).
206. HAGEMEYER, H. J., and D. C. HULL (Eastman Kodak): U.S. Pat. 2 790 832 (1957), C. A. **51**, 15 552 (1957).
207. PRICHARD, WM. W. (Du Pont): U.S. Pat. 2 517 416 (1950), C. A. **45**, 648 (1951).
208. FRITZSCHE, H., u. O. ROELEN (Chem. Verwertungsges. Oberhausen): DRP-Anm. R 2361.
209. BÜCHNER, K., u. P. KÜHNEL (Ruhrchemie AG): DBP 837 847 (1952), C. A. **51**, 11 696 (1957).
210. — — DBP 854 216 (1950), Z. **1953**, 4765.
211. Standard Oil Development: DBP-Anm. St. 3513 (1951).
212. BÜCHNER, K. (Chem. Verwertungsges. Oberhausen): Brit. Pat. 719 573 (1950), C. A. **50**, 2652 (1956).
213. — (Ruhrchemie AG): Holl. Pat. 76 974 (1955), Z. **1958**, 6392.
214. RUDKOVSKII, D. M., and N. S. IMYANITOV: J. Appl. Chemistry USSR **35**, 2611 (1962).
215. IWANAGA, R.: Bull. chem. Soc. Japan **35**, 871 (1962).
216. GUYER, P., u. E. BOSSHARD: Chimia **18**, 131–134 (1964).
217. BIRD, C. W.: Chem. Reviews **62**, 290 (1962).
218. Du Pont: Brit. Pat. 614 010 (1948), C. A. **43**, 4685 (1949).
219. GRESHAM, W. F. (DuPont): Brit. Pat. 638 754 (1950), C. A. **44**, 9473 (1950).
220. —, R. E. BROOKS and W. M. BRUNER (Du Pont): U.S. Pat. 2 549 454 (1951), C. A. **44**, 8552 (1951).

221. HAGEMEYER, H. J., and D. C. HULL (Eastman Kodak): U.S. Pat. 2 694 734 (1954), C. A. **49**, 15 947 (1955).
222. — — U. S. Pat. 2 694 735 (1954), C. A. **49**, 15 947 (1955).
223. NATTA, G., R. ERCOLI, e S. CASTELLANO (Montecatini): Ital. Pat. 516 716 (1955), C. A. **52**, 1221 (1958).
224. NIWA, A., Y. KIKUCHI, S. KAMIMURA u. M. ONISHI (Mitsubishi Chemical Industries Ltd.): Jap. Pat. 1107 (1957), C. A. **52**, 4680 (1958).
225. PINO, P., R. ERCOLI, e F. CALDERAZZO: Chim. e Ind. (Milan) **37**, 782 (1955).
226. —, C. PALEARI: Gazz. chim. ital. **81**, 646 (1951).
227. REPPE, W., u. H. FRIEDRICH (BASF): DBP 897 403 (1953), C. A. **50**, 16 830 (1956).
228. STAIB, J., W. R. F. GUYER, and O. C. SLOTTERBECK (ESSO Research and engineering Co.): U.S. Pat. 2 864 864 (1958), C. A. **53**, 9063 (1959).
229. BARRICH, P. L. (Du Pont): U.S. Pat. 2 542 747 (1951), C. A. **46**, 7584 (1951).
230. WENDER, I., J. FELDMANN, S. METLIN, B. H. GWYNN, and M. ORCHIN: J. Amer. chem. Soc. **77**, 5760 (1955).
231. ADKINS, H., and J. L. R. WILLIAMS: J. org. Chem. **17**, 980 (1952).
232. EL DAOUSHY, M. A. F.: Diss. T. H. Aachen 1964.
233. TAYLOR, A. W. C. (I.C.I.): Brit. Pat. 798 541 (1958), C. A. **53**, 2089 (1959).
234. HABESHAW, J., and L. S. THORNES (Anglo-Iranian Oil Co Ltd.): Brit. Pat. 702 195 (1954), C. A. **49**, 5513 (1955).
235. TAYLOR, A. W. C., and S. A. LAMB (I.C.I.): Brit. Pat. 684 673 (1952), C. A. **48**, 1421 (1954).
236. NIENBURG, H. J., A. GEMASSMER u. H. ECKARD (Chem. Verwertungsges. Oberhausen): DBP 888 687 (1942).
237. KNAP, J. E., N. R. COX, and W. R. PRIVETTE: Chem. Eng. Progress **62** (1966).
238. WENDER, I.: Petr. Refiner **35**, 197 (1956).
239. REPPE, W., u. H. VETTER: Liebigs Ann. Chem. **582**, 133 (1953).
240. v. KUTEPOW, N., u. H. KINDLER: Angew. Chemie **72**, 802 (1960).
241. HOLM, M. M., R. H. NAGEL, E. VAUGHAN u. E. H. REICHL: Fiat Report 1000, 31.
242. NIENBURG, H. (BASF): DBP 800 400 (1950), C. A. **45**, 1625 (1951).
243. BIRD, C. W.: Chem. Reviews **62**, 291 (1962).
244. HECK, R. F., and D. S. BRESLOW: J. Amer. chem. Soc. **83**, 1097 (1961).
245. HUSEBYE, S., u. H. B. JONASSEN: Acta Chimia Scandinavica **18**, 1581–1585 (1964).
246. JONASSEN, H. B., R. J. STEARNS, J. KENTTÄMAA, D. W. MOORE, and A. G. WHITTAKER: J. Amer. chem. Soc. **80**, 2586 (1958).
247. PRICHARD, W. W.: U.S. Reissue 24, 653 (1959).
248. ALDRIDGE, C. L., H. B. JONASSEN, and U. E. PULKKINEN: Chem. and Ind. **1960**, 374.
249. MOORE, D. W., H. B. JONASSEN and T. B. JOGNER: Chem. and Ind. **1960**, 1304.
250. MORIKAWA, M.: Bull. chem. Soc. Japan **37**, 379 (1964).
251. ASINGER, F.: Chemie und Technologie der Monoolefine, S. 655. Berlin: Akademie Verlag 1957.
252. MARTIN, E. V., u. H. BUSCH: Angew. Chemie **74**, 628 (1962).
253. FALBE, J. u. N. HUPPES: Brennstoff-Chemie **47**, 314 (1966).
254. — — Brennstoff-Chemie **48**, 183 (1967).
255. BÜCHNER, K. (Ruhrchemie AG): Brit. Pat. 765 742 (1957), C. A. **51**, 12 970 (1957).
256. Inventa AG: Niederl. Pat. 298 834; Fr. Pat. 1 371 085 (1964), C. A. **62**, 460 (1965).
257. NATTA, G.: Brennstoffchemie **36**, 176 (1955).
258. WILKE, G., u. W. PFOHL (Studienges. Kohle): DBP 1 059 904 (1959), C. A. **55**, 7321 (1961).
259. Inventa AG: Brit. Pat. 1 007 627.
260. GOETZ, R. W., and M. ORCHIN: J. Amer. chem. Soc. **85**, 2782 (1963).
261. NATTA, G., u. R. ERCOLI: Chim. and Ind. (Milan) **34**, 503–510 (1952).

262. DIELS, O. u. K. ALDER: Liebigs Ann. Chem. **460**, 98 (1928).
263. ALDER, K., u. G. STEIN: Liebigs Ann. Chem. **514**, 198 (1934).
264. STOCKHAUSEN F.: Diss. Universität Köln 1959.
265. IWANAGA, R., Y. MORI, and T. YOSLINDE (A]Inomoto Co.): Jap. Pat. 8177 (1957), C. A. **52**, 14661 (1958).
266. PINO P. u. L. PALEARI: Oxosynthese. Ullmanns Encyklopädie der technischen Chemie, Bd. 13 S. 65. München-Berlin: Urban & Schwarzenberg 1962.
267. HAGEMEYER, H. J., and D. C. HULL JR. (Eastman Kodak Co.): U.S. Pat. 2 610 203 (1952) C. A. **47** (1953).
268. STOLLE, M., u. P. BOLLE: Helv. Chim. Acta **21**, 1551 (1938).
269. GRESHAM W. F., R. E. BROOKS, and W. M. BRUNER (Du Pont): Brit. Pat. 614 010 (1948), C. A. **43**, 4685 (1949).
270. — — — U.S. Pat. 2 549 454 (1951), C. A. **45** 8552 (1951).
271. — — — U.S. Pat. 2 437 600 (1948), C. A. **42**, 4196 (1948).
272. — — U.S. Pat. 2 402 133 (1946), C. A. **40**, 6093 (1946).
273. Interne Arbeit BASF, zitiert in Houben Weyl VII, 1, S. 61. Stuttgart: Georg Thieme Verlag.
274. KATO, J., H. WAKAMATSU, T. KOMATSU: Kogyo Kagaku Zasshi **64**, 2139–2145 (1961), C. A. **57**, 2064 (1962).
275. — —, u. H. ISHIHARA (Asinomoto & Co., Inc.): Jap. Pat. 2 574 (1961), C. A. **56**, 9977 (1962); Brit. Pat. 838 737 (1960), C. A. **55**, 384 (1961): U.S. Pat. 2 978 481 (1961), C. A. **55**, 15351 (1961).
276. KODOMA, SH., J. TANIGUCHI, and Y. TAKEKAMI: Jap. Pat. 7770 (1957), C. A. **52**, 13777 (1958).
277. Noguchi Research Foundation: Fr. Pat. 1 370 004 (1964), C. A. **63**, 9823 (1965).
278. SCHREYER, R. C. (Du Pont): U.S. Pat. 2 564 131 (1951), C. A. **46**, 9583 (1952).
279. ORCHIN, M., and I. WENDER: Catalysis, I, 1. New York: Reinhold 1957.
280. FALBE, J., H. J. SCHULZE-STEINEN u. F. Korte: Chem. Ber. **98**, 886 (1965).
281. HULL, D. C., M. A. PERY, and H. J. HAGEMEYER JR. (Eastman Kodak): Fr. Pat. 1 400 958 (1965).
282. GRESHAM, W. F., and R. E. BROOKS (Du Pont): U.S. Pat. 2 497 303 (1950), C. A. **44**, 4492 (1950).
283. FALBE, J., u. F. KORTE: Chem. Ber. **97**, 1104 (1964).
284. ROSENTHAL, A., and D. ABSON: Can. J. chem. **42**, 1811 (1964).
285. —, and J. KOCH: Can. J. chem. **42**, 2025 (1964).
286. —, and D. ABSON: J. Amer. chem. Soc. **86**, 5396 (1964).
287. HABESHAW, J., and Che. J. GEACH (Anglo-Iranian Oil & Co. Ltd.): Brit. Pat. 702 206 (1954), C. A. **49**, 5514 (1955).
288. —, and R. W. RAE (Anglo-Iranian Oil & Co. Ltd.): Brit. Pat. 702 201 (1954), C. A. **49**, 5514 (1955).
289. MARKO, H., J. STRESINKA, V. MACHO u. F. GREGOR: Czech. Pat. 110 106 (1964), C. A. **61**, 3025 (1964).
290. RUDKOWSKII, D. M., N. S. IMYANITOV u. V. Y. GANKIM: C. A. **57**, 10989 (1962).
291. GUT, G., M. H. EL MAKHZANGI u. A. GUYER: Helv. Chim. Acta. **48**, 1151 (1965).
292. Lonza: Niederl. Pat. Anm. 6 406 299 (1964).
293. GREENFIELD, H., J. H. WOTIZ and I. WENDER: J. org. Chem. **22**, 542 (1957).
294. JARDINE, F. H., J. A. OSBORN, G. WILKINSON, and J. F. YOUNG: Chem. and Ind. **1965**, 560.
295. ORCHIN, M.: Advances in Catalysis, V, S. 401. New York: Acad. Press 1953.
296. HECK, R. F., and D. S. BRESLOW: Chem. and Ind. **1960**, 467.
297. TAKEGAMI, Y., C. YOKOKAWA, Y. WATANABE u. H. MASADA: Bull. chem. Soc. Japan **37**, 672 (1964).

298. YOKOKAWA, C., Y. WATANABE u. Y. TAGEGAMI: Bull. chem. Soc. Japan **37**, 677 (1964).
299. NIEDERHAUSER, W. D. (Rohm & Haas): U.S. Pat. 3 054 813 (1962), C. A. **58**, 3319 (1963).
300. — DBP 1 252 497 (1963), C. A. **50**, 3500 (1956).
301. HECK, R. F.: J. Amer. chem. Soc. **85**, 1460 (1963).
302. YOKOKAWA, C., Y. WATANABE u. Y. TAGEGAMI: Bull. chem. Soc. Japan **37**, 678 (1964).
303. TAKEGAMI, Y., C. YOKOKAWA u. Y. WATANABE: Bull. chem. Soc. Japan **38**, 787 (1965).
304. — — —, and H. MASADA: Bull. chem. Soc. Japan **38**, 1649 (1965).
305. ROOS, L., R. E. GOETZ and M. ORCHIN: J. org. Chem. **30**, 3023 (1965).
306. WITZEL, G., A. SCHEUERMANN, A. KOTSCHMAR u. K. EDER (BASF): DBP 843 876 (1941).
307. —, K. EDER u. A. SCHEUERMANN (BASF): DBP 867 849 (1941).
308. WENDER, I., R. LEVINE, and M. ORCHIN: J. Amer. chem. Soc. **71**, 4160 (1949).
309. PIEROLI, K. (BASF): DBP 875 802 (1941), Z **1953**, 8201.
310. MÜLLER-CUNRADI, M., K. PIEROLI, L. LORENZ u. H. BECKMANN (BASF): DBP 890 945 (1942), Z **1954**, 2048.
311. BIRD, C. W.: Chem. Reviews (1962). **62**, 283
312. BROOKS, R. E. (Du Pont): U.S. Pat. 2 457 204 (1948), C. A. **43**, 3443 (1949).
313. WENDER, I., R. A. FRIEDEL, and M. ORCHIN: Science **113**, 206 (1951).
314. ZIESECKE, K. H.: Brennstoff-Chemie **33**, 385 (1952).
315. KRÖPER, H., H. HAUBER u. W. HAGEN (BASF): DBP 921 936 (1955), C. A. **53**, 222 (1959).
316. MONKEMEYER, K. (Chem. Werke Hüls): U.S. Pat. 2 770 655 (1956), C. A. **51**, 5817 (1957).
317. WENDER, I., S. METLIN, and M. ORCHIN: J. Amer. chem. Soc. **73**, 5704 (1951).
318. —, H. GREENFIELD, S. METLIN, and M. ORCHIN: J. Amer. chem. Soc. **74**, 4079 (1952).
319. UCHIDA, H., u. A. MATSUDA: Bull. chem. Soc. Japan **36**, 1351 (1963).
320. BERTRAND, J. A., C. L. ALDRIDGE, S. HUSEBYE, and H. B JONASSEN: J. org. Chem. **29**, 790 (1964).
321. NARAGON, E. A., A. J. MILLENDORF, and J. H. VERGILIO (Texas Co.): U.S. Pat. 2 699 453 (1955), C. A. **50**, 1893 (1956).
322. NATTA, G., P. PINO, and R. ERCOLI: J. Amer. chem. Soc. **74**, 4496 (1952).
323. WENDER, I., R. LEVINE, and M. ORCHIN: J. Amer. chem. Soc. **72**, 4375 (1950).
324. BERTY, I., and L. MARKO: Acta Chimica **1952**, 177.
325. MARKO, L.: Proceedings Chem. Soc. **1962**, 67.
326. FALBE, J., N. HUPPES u. F. KORTE (Shell): DPA S. 96 135 vom 22. 3. 1965.
327. — — : DPA S. 98 107 vom 9. 7. 1965.
328. HEIL, B., u. L. MARKO: Chem. Ber. **99**, 1086 (1966).
329. FALBE, J.: unveröffentlicht.
330. NIENBURG, H. J., u. A. GEMASSMER (Chem. Verwertungsges.): DBP 902 491 (1954), C. A. **50**, 3501 (1956).
331. PARKER, P. T., and G. O. HILLARD (Standard Oil Dev. Co.): U.S. Pat. 2 571 160 (1951), C. A. **46**, 3555 (1952).
332. MARKO, L., u. P. SZABO: Ung. Mineralöl- und Erdgas-Versuchsanstalt, 296. Publ. 1963.
333. SCHUSTER, C., u. H. EILBRACHT (Chem. Verwertungsges. Oberhausen): DBP 888 842 (1942), ausgegeb. 3. 9. 1953, Z. **1955**, 3731.
334. HABESHAW, J., and CH. J. GEACH (Anglo-Iranian Oil Co.): Brit. Pat. 702 241 (1948), C. A. 5515 (1955).

335. TAYLOR, A. W. C. (I. C. I.): Brit. Pat. 740 541 (1955), C. A. **50**, 1683 (1956).
336. BÜCHNER, K., u. P. KÜHNEL (Ruhrchemie AG): DBP 879 837 (1953), C. A. **50**, 5019 (1956).
337. KOONTZ, J. D. (Standard Oil): U.S. Pat. 2 679 534 (1954), C. A. **48**, 10329 (1954).
338. CATTERALL, W. E. (Esso): U.S. Pat. 2 779 974 (1957), C. A. **51**, 9674 (1957).
339. I.C.I.: Fr. Pat. 1 277 098 (1960).
340. HOHENSCHUTZ, H.: European Chemical News, Large Plant Supplement, Sept. 1966, 7.
341. HATCH, L. F.: Higher Oxo Alcohols. New York: John Wiley 1957.
342. European Chemical News 1962, 25.
343. Nachrichten aus Chemie und Technik **11** (9), 160 (1963).
344. Chemische Industrie **1963**, 777.
345. REPPE, W.: Liebigs Ann. Chem. **582**, 1–37 (1953).
346. —, u. H. KRÖPER: Liebigs Ann. Chem. **582**, 38 (1953).
347. — —, N. v. KUTEPOW u. H. J. PISTOR: Liebigs Ann. Chem. **582**, 72 (1953).
348. — —, H. J. PISTOR u. O. WEISSBARTH: Liebigs Ann. Chem. **582**, 87 (1953).
349. — Neue Entwicklungen auf dem Gebiet der Chemie des Acetylens und Kohlenoxyds, S. 96–126. Berlin, Göttingen, Heidelberg: Springer 1949.
350. ZIEGLER, K.: Naturforschung und Medizin in Deutschland (1939–1946). Bd. 36, Präparative organische Chemie, Teil I. Wiesbaden: Dieterich'sche Verlagsbuchhandlung,
351. HECHT, O., u. H. KRÖPER: Naturforschung und Medizin in Deutschland (1939 bis 1946) Bd. 36, Präparative organische Chemie, Teil I, Wiesbaden: Dieterich'sche Verlagsbuchhandlung, Abschn. 1, S. 115–154.
352. KRÖPER, H.: Houben-Weyl Bd. IV/2, S. 385–415. Stuttgart: Georg Thieme.
353. BIRD, C. W.: Chem. Reviews **62**, 283 ff. (1962).
354. EIDUS, YA. T., u. K. V. PUZITSKII: Russ. Chem. Reviews **33**, 438ff. (1964).
355. YAMAMOTO, K., u. K. SATO (Mitsui Chemical Industries Co.): Jap. Pat. 212/53, C. A. **48**, 308 (1954).
356. BIRD, C. W., and J. HUDEC: Chem. and Ind. **1959**, 570.
357. ALMASI, M., L. SZABO, J. FARKAS e T. BOTA: Acad. sep. populare Romane acetari chim. **8**, 495 (1960), C. A. **55**, 19 427 (1961).
358. DAVISON, A., N. MCFARTANE, and L. PRATT: J. chem. Soc. (London) **1962**, 3652.
359. KRÖPER, H.: In: Houben-Weyl Bd. 4/2, S. 387. Stuttgart: Georg Thieme.
360. KRÜERKE, U., and W. HÜBEL: Chem. and Ind. **1960**, 1264.
361. HECK, R. F.: J. Amer. chem. Soc. **85**, 2013 (1963).
362. WENDER, I., H. W. STERNBERG, and M. ORCHIN: Catalysis V, S.98. New York: Reinhold & Co. 1957.
363. BEHRENS, H., u. F. LOHÖFER: Chem. Ber. **94**, 1391 (1961).
364. —, u. H. ZIELSPARGER: J. prakt. Chem. 4. Reihe, Bd. 14, 249 (1961).
365. EHRREICH, J. E., R. G. NICKERSON, and C. E. ZIEGLER: Ind. Eng. Chem. Process Design and Development **4**, 77 (1965).
366. THOMSON, H. W.: J. chem. Soc. (London) **1943**, 522, 1822.
367. JONES, E. R. H., T. Y. SHEN, and M. C. WHITING: J. chem. Soc. **1951**, 766.
368. TETTEROO, J. M. J.: Diss. T. H. Aachen (1965), S. 67.
369. JONES, E. R. H., T. Y. SHEN, and M. C. WHITING: J. chem. Soc. (London) **1951**, 763.
370. REPPE, W., N. v. KUTEPOW u. E. TITZENTHALER (BASF): DBP 922 231 (1952), C. A. **51**, 16517 (1957).
371. v. KUTEPOW, N., W. HIMMELE u. H. HOHENSCHUTZ: Chem. Ing. Techn. **37**, 383 (1965).
372. KRÖPER, H.: In: Houben-Weyl Bd. IV/2, S. 401. Stuttgart: Georg Thieme.
373. HIMMELE, W., u. N. v. KUTEPOW (BASF): DBP 1 104 938 (1959).
374. KRÖPER, H.: Carbonylierung. In: Ullmanns Encyklopädie der techn. Chemie, Bd. 5, S. 123. München-Berlin: Urban & Schwarzenberg 1954.

375. — Ausführung heterogener katalytischer Reaktionen II. In: Houben-Weyl Bd. IV/2 S. 400. Stuttgart: Georg Thieme.
376. NOBLE, M. L. (I. C. I.): Brit. Pat. 713 325 (1954), C. A. **50**, 6500 (1956).
377. REPPE, W., H. KRÖPER, u. H. J. PISTOR (BASF): DBP 763 693 (1941).
378. REPPE, W.: Liebigs Ann. Chem. **582**, 1–37 (1953).
379. BASF: Brit. Pat. 802 544 (1958), C. A. **53**, 7017 (1959).
380. HAGEMEYER JR., J. (Eastman Kodak Co.): U.S. Pat. 2 593 440 (1952).
381. SAMOW, G.: Diss. T. H. Aachen 1963.
382. STADLER, R., E. HENKEL u. E. RABER: Acrylsäure und Acrylester: In: Festschrift Carl Wurster, S. 65–70 BASF, Gesamtherstellung J. Weisbecker, Frankfurt 1960.
383. REPPE, W., F. REICHENEDER, G. STENGEL u. A. ZIEGER (BASF): DBP 1 076 672 (1956), Z. **1961**, 3150.
384. — DBP 888 099 (1950), Z. **1953**, 9194.
385. FRIEDRICH, H., u. H. HOFFMANN (BASF): DBP 1 042 572 (1958), Z. **1960**, 2005.
386. REPPE, W., u. A. MAGIN (BASF): DBP 1 173 458 (1961), Z. **1965**, 17–2432.
387. — — DBP 1 215 139 (1963).
388. NATTA, G., e P. PINO: Chim. e Ind. **31**, 245 (1949).
389. PINO, P., and A. MIGLIERINA: J. Amer. chem. Soc. **74**, 5551 (1952).
390. NATTA, G.: Chim. e Ind. **34**, 449 (1952).
391. PINO, P., E. PIETRA, e B. MONDELLO: Gazz. chim. ital. **84**, 453 (1954).
392. STERNBERG, H. W., I. G. SHUKYS, C. D. DONNE, R. MARKBY, R. A. FRIEDEL u. I. WENDER: J. Amer. chem. Soc. **81**, 2339 (1959).
393. NATTA, G., and P. PINO (Lonza): U.S. Pat. 2 851 486 (1958), C. A. **53**, 3153 (1959).
394. — — Schweiz. Pat. 291 730 (1953), C. A. **49**, 1789 (1955).
395. Lonza: Brit. Pat. 733 123 (1955), C. A. **50**, 8717 (1956).
396. — Fr. Pat. 1 148 924 (1957), Z. **1959**, 3643.
397. REPPE, W., H. ALBERTS u. H. H. FRIEDRICH (BASF): DBP 1 040 526 (1958), Z. **1959**, 4966.
398. PINO, P., A. MIGLIERINA, e E. PIETRA: Gazz. chim. ital. **84**, 453 (1954).
399. — — — Gazz. chim. ital. **84**, 443 (1954).
400. REPPE, W., u. A. MAGIN (BASF): DBP 870 698 (1944), Z. **1955**, 8032.
401. KRÖPER, H.: In: Houben-Weyl Bd. IV/2, S. 665. Stuttgart: Georg Thieme.
402. Lonza: Fr. Pat. 1 430 131 (1964).
403. REPPE, W., u. A. MAGIN (BASF): DBP 849 693 (1948), Z. **1953**, 1083.
404. — — DBP 880 297 (1948), Z. **1955**, 3486.
405. — — DBP 894 558 (1948), Z. **1954**, 9390.
406. V. KUTEPOW, N., K. BITTLER u. D. NEUBAUER (BASF): DAS 1 227 023 (1966).
407. —, u. H. KINDLER: Angew. Chemie, International Edit. in Englisch **1961**, 41–44.
408. REPPE, W., u. SCHWECKENDIEK (BASF): DBP 805 641 (1948), Z. **1951**, 2251.
409. — DBP 892 445 (1951), Z. **1954**, 5173.
410. —, H. KRÖPER, N. V. KUTEPOW u. H. J. PISTOR: Liebigs Ann. Chem. **582**, 79 (1953).
411. ANGST, R.: Diss. T. H. Zürich, Prom. Nr. 2336.
412. MIZIROKI, T., M. NAKAYAMA, Y. ANDO u. M. FURUMI: Kogyo Kagaku Zasshi **65**, 1049.
413. MIZIROKI, T. M. NAKAYAMA u. M. FURUMI: Kogyo Kagaku Zasshi **75**, 1054.
414. BERTY, J., L. MARKO u. D. KALLO: Chem. Techn. **8**, 260–266 (1956).
415. NATTA, G., R. ERCOLI, S. CASTELLANO, and F. H. BARBIERI: J. Amer. chem. Soc. **76**, 4049 (1954).
416. ROSENTHAL, R. W., and L. H. SCHWARTZMAN: J. org. Chem. **24**, 836 (1959).
417. BIRD, C. W., and J. HUDEC: Chem. and Ind. **1960**, 1264.
418. BAULD, N. L.: Tetrahedron Letters **1963**, 1841.

419. REPPE, W., u. N. v. KUTEPOW: DBP 893 499 (1950), Z. **1954**, 3106.
420. — —, u. E. TITZENTHALER (BASF): DBP 899 798 (1951), Z. **1954**, 8444.
421. OHASHI, K., S. SUZUKI, and H. ITO: J. chem. Soc. Japan **55**, 120 (1952).
422. — — — J. chem. Soc. Japan **55**, 607 (1952), C. A. **48**, 5793 (1954).
423. SUZUKI, S., K. UNO, M. YONEZAWA, and H. ITO: J. chem. Soc. Japan, Ind. chem. Sect. **55**, 718 (1952), C. A. **49**, 3006 (1955).
424. CALDWELL, J. R. (Eastman Codak): U.S. 2 739 158 (1956), C.A. **50**, 15 579 (1956).
425. JONES, E. R. H., T. Y. SHEN, and M. C. WHITING: J. chem. Soc. (London) **1951**, 48.
426. KRÖPER, H.: Carbonylierung. In: Houben-Weyl, Bd. IV/2, S. 414. Stuttgart: Georg Thieme.
427. DU PONT, G., P. PIGNANIOL, et J. VIALLE: Bull. Soc. chim. France **1948**, 529.
428. YAKUBOVICH, A. Y., u. E. V. VOLKOVA: Doklady Acad. Nauk SSSR **84**, 1183 (1952).
429. JONES, E. R. H., T. Y. SHEN, and M. C. WHITING: J. chem. Soc. (London) **1950**, 230.
430. MUELLER, G. P., and F. C. MACARTHUR: J. Amer. chem. Soc. **76**, 4621 (1954).
431. JONES, E. R. H., G. H. WHITHAM, and M. C. WHITING: J. chem. Soc. (London) **1954**, 1865.
432. SHELL, Netherl. Pat. Anm. 294 714 (1965), C.A. **63**, 13 442 (1965).
433. BERGMANN, E. D., and E. ZIMKIN: J. chem. Soc. (London) **1950**, 3455.
434. CHIUSOLI, G. P.: Gazz. chim. ital. **89**, 1331 (1959).
435. ASHWORTH, P. J., G. H. WHITHAM, and M. C. WHITING: J. chem. Soc. (London) **1957**, 4633.
436. JONES, E. R. H., G. H. WHITHAM, and M. C. WHITING: J. chem. Soc. (London) **1957**, 4628.
437. SCHWARTZMAN, L. H., and R. W. ROSENTHAL: Abs. A.C.S. Meeting, April 1959, 57.
438. CHIUSOLI, G. P.: Angew. Chemie **72**, 74 (1960).
439. — Chim e Ind. (Milan) **43**, 259, 638 (1961).
440. STERNBERG, H. W., R. MARKBY, and I. WENDER: J. Amer. chem. Soc. **82**, 3638 (1960).
441. —, I. G. SHUKYS, C. D. DONNE, R. MARKBY, R. A. FRIEDEL, and I. WENDER: J. Amer. chem. Soc. **81**, 2339 (1959).
442. CHIUSOLI, G. P., S. MERZONI, and G. MONDELLI: Tetrahedron Letters **1964**, 2777.
443. CHIUSOLI, G. P., u. L. CASSAR: Angew: Chemie **79**, 177–186 (1967).
444. HOWK, B. W., u. J. C. SAUER (Du Pont): DBP 1 135 486, Z. **1963**, 19 023.
445. REPPE, W. (BASF): DBP 874 910 (1951), Z. **1953**, 8459.
446. TSUJI, J., and T. NOGI: J. org. Chem. **31**, 2641 (1966).
447. JACOBSEN, G., u. H. SPÄTHE (Farbwerke Hoechst): DAS 1 138 760 (1960), Z. **1964**, 34–2395.
448. v. KUTEPOW, N., K. BITTLER u. D. NEUBAUER (BASF): DBP 1 221 224 (1966).
449. YAMAMOTO, K., u. K. SATO (Mitsui Chem. Ind. Co.): Japan. Pat. 3763 ('56), C. A. **51**, 14 788 (1957).
450. MAKI, M.: J. Fuel Soc. Japan **32**, 410–413 (1953), C. A. **49**, 851 (1955).
451. SMOLIN, E. M. (American Cyanamid Co.): U.S. Pat. 3 025 319 (1962), C. A. **57**, 11 027 (1962).
452. REPPE, W.: Liebigs Ann. Chem. **582**, 26 (1953).
453. DUNN, J. T. (Union Carbide Co.): Brit. Pat. 879 009 (1961), Z, **1964**, 9–2220.
454. DUNN, J. T. (Union Carbide Co.): U.S. Pat. 3 019 256 (1961), C. A. **56**, 12747 (1962).
455. REPPE, W.: Liebigs Ann. Chem. **582**, 25 (1953).
456. National Lead Co. Brit. Pat. 887 433 (1962), C. A. **57**, 11 027 (1962).
457. REPPE, W.: Liebigs Ann. Chem. **582**, 16 (1953).
458. TSUJI, J., and T. NOGI: J. Amer. chem. Soc. **88**, 1289 (1966).
459. SAUER, J. C. (Du Pont): U.S. Pat. 3 097 237 (1963).
460. v. KUTEPOW, N., K. BITTLER, D. NEUBAUER u. H. REIS (BASF): Deutsche Patentanm. unveröffentlicht.

461. RACZYNSKI, W. A. (Hercules Powder): U.S. Pat. 2 738 368 (1956), C. A. 50, 15 577 (1956).
462. REPPE, W.: Liebigs Ann. Chem. 582, 34 (1953).
463. v. KUTEPOW, N., K. BITTLER, D. NEUBAUER u. H. REIS (BASF): Dtsch. Patentanm. unveröffentlicht.
464. TSUJI, J., M. MORIKAWA, and N. IWAMOTO: J. Amer. chem. Soc. 86, 2095 (1964).
465. REPPE, W.: Liebigs Ann. Chem. 582, 13 (1953).
466. —, O. HECHT u. E. GASSENMEIER (BASF): DBP 851 339 (1939), Z. 1954, 1311.
467. — — — DBP 857 634 (1940).
468. — — — DBP 859 611 (1940).
469. v. KUTEPOW, N., K. BITTLER u. D. NEUBAUER: (BASF): DAS 1 229 089 (1966).
470. — — — Belg. Pat. 674 069 (1966).
471. — —, F. MEIER u. D. NEUBAUER: Belg. Pat. 679 611 (1966).
472. WIEDEMANN, O. (BASF): DBP 848 357 (1952), Z. 1953, 130,
473. MCKOY, J. W. H., and N. SWANSON (Dow Chemical Co.): U.S. Pat. 3 151 155 (1964) C. A. 62, 448 (1965).
474. TETTEROO, J. M. J.: Diss. T. H. Aachen 1965, S. 70.
475. KRÖPER, H.: Carbonylierung. In: Ullmanns Encyklopädie der techn. Chemie Bd. 5, S. 129. München-Berlin: Urban & Schwarzenberg 1954.
476. — Anlagerung von Kohlenmonoxyd und Wasserstoff an Olefine (Hydroformylierung). In: Houben-Weyl. Bd. IV/2, S. 387. Stuttgart: Georg Thieme.
477. LEVERING, D. R., and A. L. GLASERBROOK: J. org. Chem. 23, 1836 (1958).
478. GRESHAM, W. R., and R. E. BROOKS (Du Pont): U.S. Pat. 2 448 368, C. A. 43, 669 (1949).
479. — — Brit. Pat. 631 001 (1950), C. A. 44, 4493 (1950); U.S. Pat. 2 549 453 (1951), C. A. 45, 8551 (1951).
480. HAGEMEYER, H. J.: U.S. Pat. 2 739 169 (1952), C. A. 50, 16 835 (1956).
481. LARSON, A. T.: U.S. Pat. 2 448 375 (1945), C. A. 43, 670 (1949).
482. REPPE, E., u. H. KRÖPER: DBP 863 194 (1943), C. A. 48, 1425 (1954).
483. — — Liebigs Ann. Chem. 582, 38 (1953).
484. ERCOLI, R.: Chim. e Ind. (Milan) 37, 1029 (1955).
485. DUPONT, G., P. PIGNANIOL, et J. VIALLE: Bull. Soc. chim. France 1948, 529.
486. ROSENTHAL, R. W.: (Texas Co) U.S. Pat. 2 652 413 (1953), C. A. 48, 5209 (1954).
487. ERCOLI, R., G. SIGNORINI, e E. SANTABROGIO: Chim. e Ind. (Milan) 587 (1960).
488. REPPE, W., O. SCHLICHTING, K. KLAGER u. T. TOEPEL: Liebigs Ann. Chem. 560, 1 (1948).
489. BIRD, C. W., R. C. COOKSON, and J. HUDEC: J. Chem. and Ind. 20, (1960) und unveröffentlichte Ergebnisse.
490. BHATTACHARYYA, S. K., and J. SOURIRAJAN: J. Sci. Ind. Research (India) 11 B, 123 (1952), C. A. 47, 10 475 (1953).
491. DETZER, H., H. METZGER u. H. URBACH (BASF): Belg. Pat. 613 730.
492. RULL, T.: Mémoires présentes à la Société Chimique No 440, 2680 (1964).
493. REPPE, W., u. H. KRÖPER: Liebigs Ann. Chem. 582, 60 (1953).
494. IMYANITOV, N. S., B. L. KURAEV u. D. M. RUDKOVSKII: Zh. Prikl. Khim. 38 (11), 2558 (1965), C. A. 64, 6484 (1966).
495. —, u. D. M. RUDKOVSKII, Zh. Organ. Khim. 2 (2), 231 (1966).
496. Esso: U.S. Pat. 3 253 081 (1962).
497. Jap. Patentveröffentlichung Nr. 6575/1966 (13. 4. 1966), Gesetz Nr. 11 788/1963.
498. KEALY, T. J., and R. E. BENSON: J. org. Chem. 26, 3126 (1961).
499. REPPE, W., u. H. KRÖPER (BASF): DBP 861 243 (1943), Z. 1954, 2493.
500. BÜCHNER, K., O. ROELEN, J. MEIS u. H. LANGWALD (Ruhrchemie AG): DBP 1 109 661 (1959), Z. 1962, 2903.

501. REPPE, W., u. H. KRÖPER (BASF): DBP 868 149 (1942), Z. **1953**, 5255.
502. REPPE, W., N. v. KUTEPOW u. H. DETZER (BASF): DBP. 1 006 849 (1956).
503. REPPE, W. (BASF): DBP 888 099 (1950), Z. **1955**, 9194.
504. —, u. H. KRÖPER: Liebigs Ann. Chem. **582**, 44 (1953).
505. PINO, P., e R. ERCOLI: Chim. e Ind. (Milan) **36**, 536 (1954).
506. MATSUDA, A., and H. UCHIDA: Bull. chem. Soc. Japan **38**, 710 (1965).
507. KEMCHAH, P. P. (Esso): U. S. Pat. 3 064 040 (1962), C. A. **58**, 11 221 (1963).
508. TSUJI, J., S. HOSAKA, J. KIJI, and T. SUSUKI: Bull. chem. Soc. Japan **39**, 141 (1966).
509. —, and T. NOGI: Bull. chem. Soc. Japan **39**, 146 (1966).
510. Montecatini: Brit. Pat. 981 008 (1965), C. A. **62**, 7895 (1965).
511. TSUJI, J., and S. HOSAKA: J. chem. Soc. Japan **1965**, 4075.
512. JENNER, E. L., and R. V. LINDSEY JR. (Du Pont): U.S. Pat. 2 876 254 (1959), C. A. **53**, 17 906 (1959).
513. TSUJI, J., M. MORIKAWA, and J. KIJI: Tetrahedron Letters **1963**, 16, 1061.
514. — — — J. Amer. chem. Soc. **86**, 4851 (1964).
515. BLACKHAM, A. U. (National Distillers): U.S. Pat. 3 119 861 (1964), C. A. **60**, 14631 (1964).
516. TSUJI, J., M. MORIKAWA, and J. KIJI: Tetrahedron Letters No. 13, 817 (1965).
517. v. KUTEPOW, N., K. BITTLER, D. NEUBAUER u. H. REIS (BASF): Belg. Pat. 673 943 (1966).
518. CHATT, J., and F. G. MANN: J. chem. Soc. (London) **1939**, 1631.
519. BHATTACHARYYA, S. K., u. S. N. NAG: Brennstoff-Chemie **43**, 114–118 (1962).
520. Du Pont: Brit. Pat. 651 853 (1951), C. A. **46**, 5615 (1952).
521. KRÖPER, H., N. v. KUTEPOW, O. HUCHLER, W. KÖLSCH u. W. HIMMELE (BASF): DBP 920 244 (1954), Z. **1955**, 5896.
522. TSUJI, J., M. MORIKAWA, and J. KIJI: Tetrahedron Letters **1963**, 1437.
523. NATTA, G., P. PINO, and R. ERCOLI (Montecatini): U.S. Pat. 2 805 245 (1957), C. A. **52**, 6400 (1958).
524. REPPE, W., u. H. KRÖPER (BASF): DBP 879 987 (1953), Z. **1954**, 11047.
525. — — Liebigs Ann. Chem. **582**, 38–71 (1953).
526. NATTA, G., P. PINO, e E. MANTICA: Chim. e Ind. (Milan) **32**, 201 (1950).
527. BREWIS, S., and P. R. HUGHES: Chemical Communications (1965), 157.
528. — — Chemical Communications (1965), 489.
529. TSUJI, J., S. HOSAKA, J. KIJI, and T. SUZUKI: Bull. chem. Soc. Japan **39**, 141 (1966).
530. REPPE, W., u. H. KRÖPER: Liebigs Ann. Chem. **582**, 38 (1953).
531. ALDERSON, T., and V. A. ENGELHARDT (Du Pont): U.S. Pat. 3 065 242 (1962), C. A. **58**, 8912 (1963).
532. v. KUTEPOW, N., K. BITTLER, D. NEUBAUER u. H. REIS (BASF): DPA, unveröffentlicht.
533. REPPE, W., u. H. KRÖPER: Liebigs Ann. Chem. **582**, 61–63 (1953).
534. — — DBP 848 355 (1952), Z. **1954**, 8218.
535. — — DBP 862 748 (1953), C. A. **48**, 10059 (1954).
536. BROOKS, R. E., W. F. GRESHAM, J. V. HARDY u. J. N. LUPTON: Ind. Eng. Chem. **49**, 2004 (1957).
537. REPPE, W., u. H. KRÖPER: Liebigs Ann. Chem. **582**, 69 (1953).
538. PINO, P., e R. MAGRI: Chim. e Ind. (Milan) **34**, 1 (1952).
539. GROWE, B. F., and O. C. ELMER (Texas Co.): U.S. Pat. 2 742 502 (1956), C. A. **50**, 16 849 (1956).
540. NIENBURG, H. J., u. E. KEUNECKE (BASF): DBP 863 799 (1941), C. A. **48**, 1427 (1954).
541. REPPE, W., H. KRÖPER u. H. J. PISTOR (IG Farben): DRP 763 693 (1941), Z. **1954**, 4486.

542. HECHT, O., u. H. KRÖPER: Naturforschung und Medizin in Deutschland 1947. Bd. 36, Teil I, Präp. org. Chemie, S. 134. Herausgegeben von K. Ziegler. Wiesbaden: Dieterich'sche Verlagsbuchhandlung.
543. V. KUTEPOW, N., W. HIMMELE u. H. HOHENSCHUTZ: Chem. Ing. Techn. **37**, 383 (1965).
544. REPPE, W., N. v. KUTEPOW u. H. BILLE (BASF): U.S. Pat. 3 014 962 (1961), C. A. **57**, 667 (1962).
545. ALIEV, Y. Y., u. Y. J. ISAKOV: Issled. Mineral'n i Rast. Syr'ya Uzbekistana, Akad. Nauk USSR, Inst. Khim 1962, 95–105, C. A. **59**, 3767 (1963).
546. SOURIRAJAN, S.: Advances in Catalysis IX, S. 618. New York: Acad. Press 1957).
547. ADKINS, H., and R. W. ROSENTHAL: J. Amer. chem. Soc. **72**, 4550 (1950).
548. CODIGNOLA, F., e M. PIACENZA: Ital. Pat. 431 407, C. A. **44**, 1134 (1950).
549. BASF: Brit. Pat. 713 515 (1954), C. A. **50**, 6501 (1956).
550. TSUJI, J., J. KIJI, and M. MORIKAWA: Tetrahedron Letters No. 26, 1811 (1963).
551. PARSHALL, G. W.: Z. Naturforschung **18 b**, 772 (1963).
552. REPPE, W., H. KRÖPER, H. J. PISTOR u. O. WEISSBARTH: Liebigs Ann. Chem. **582**, 90 (1953).
553. — —, u. N. v. KUTEPOW (BASF): DBP 879 988 (1942), Z. **1955**, 5651.
554. EISENMANN, J. L., R. L. YAMARTINO u. J. F. HOWARD JR.: J. org. Chem. **26**, 2102 (1961).
555. REPPE, W., u. H. FRIEDRICH (BASF): U.S. Pat. 2 729 651 (1956), C. A. **50**, 13 081 (1956).
556. BHATTACHARYYA, S. K., and D. VIR: Advances in Catalysis IX New York: Acad. Press 1957.
557. KATO, J., R. IWANAGA, and H. WAKAMATSU (Ajinomoto Co): DBP 1 135 884 (1962), C. A. **58**, 4430 (1963).
558. HECK, R. F.: J. Amer. chem. Soc. **85**, 2013 (1963).
559. KRÖPER, H.: Anlagerung von Kohlenmonoxyd und Wasserstoff (Hydroformylierung). In: Houben-Weyl Bd. IV/2, S. 401. Stuttgart: Georg Thieme.
560. REPPE, W., H. KRÖPER, H. J. PISTOR u. O. WEISSBARTH: Liebigs Ann. Chem. **582**, 105 (1953).
561. HECHT, O., u. H. KRÖPER: Naturforschung und Medizin in Deutschland, Bd. 36, Teil I, Präp. org. Chemie, S. 139. Herausgegeben von K. Ziegler. Wiesbaden: Dieterich'sche Verlagsbuchhandlung.
562. CHIUSOLI, G. P., u. S. MERZONI: Z. Naturforschung **17 b**, 850 (1962).
563. DENT, W. T., R. LONG and G. W. WHITFIELD: J. chem. Soc. (London) **1964**, 1588.
564. CHIUSOLI, G. P.: Chim. e Ind. (Milan) **41**, 513 (1959).
565. ROSENTHAL, R. W.: J. org. Chem. **24**, 836 (1959).
566. TSUJI, J., and T. NOGI: Tetrahedron Letters **1966**, 1801–1804.
567. BAULD, N. L.: Tetrahedron Letters No. 27, 1841 (1963).
568. YAMAMOTO, K., and S. KATO: Jap. Pat. 2424, C. A. **48**, 2105 (1954).
569. PRICHARD, W. W., and G. E. TABET: U.S. Pat. 2 565 462 (1951), C. A. **46**, 2578 (1952).
570. KRÖPER, H., F. WIRTH u. O. HUCHLER: Angew. Chemie **1960**, 867.
571. — — — DBP 1 033 654 (1955), C. A. **54**, 12 069 (1960).
572. — — — DBP 1 052 974 (1955), Z. **1960**, 651.
573. — — — DBP 1 062 691 (1957), Z. **1960**, 7039.
574. — — — DBP 1 066 574 (1957), Z. **1960**, 8349.
575. — — — DBP 1 074 028 (1957), Z. **1960**, 11 820.
576. BLISS, H., and R. W. SOUTHWORTH: U.S. Pat. 2 565 461, C. A. **46**, 2577 (1952).
577. TABET, G. E.: U.S. Pat. 2 565 463, C. A. **46**, 2578 (1952).
578. Rohm & Haas: U.S. Pat. 2 582 911 (1952), C. A. **46**, 11 231 (1952).

579. Rohm & Haas: U.S. Pat. 2 582 299 (1952), C. A. **46**, 8671 (1952).
580. DAKLI, I., B. ARSIZOI, and L. CORSI (Montecatini): U.S. Pat. 2 881 205 (1959), C. A. **53**, 15 982 (1959).
581. REPPE, W, F. REICHENEDER, G. STENGEL u. A. ZIEGLER (BASF): U.S. Pat. 2925436 (1960), C. A. **54**, 17 270 (1960).
582. — Chemie und Technik der Acetylen — Druck-Reaktionen. Weinheim: Verlag Chemie 1952.
583. European Chemical News No. 131, 26 (17. 7. 1964).
584. SITTIG, M.: Acrylic Acid and Esters. Chem. Proc. Monograph, No. 13, S. 5–22. Park Bridge, New Jersey: Noyes Development Corp.
585. v. KUTEPOW, N., u. W. HIMMELE (BASF): DBP 1 026 297, Z. **1958**, 14172.
586. FORD, T. A.: U.S. Pat. 2 491 131 (1947).
587. ROLAND, I. R., I. D. C. WILSON II and W. E. HANFORD: J. Amer. chem. Soc. **72**, 2122 (1956).
588. KOCH, W., u. W. GILFERT: Teil der Arbeit von H. KOCH in: Brennstoff-Chemie **36**, 321 (1955).
589. HUISKEN, W.: Diplomarbeit Universität Bonn (1952).
590. KOCH, H., u. W. HAAF: Angew. Chemie **70**, 311 (1958).
591. — — Liebigs Ann. Chem. **618**, 251 (1958).
592. HAAF, W.: Brennstoff-Chemie **45**, 209 (1964).
593. KOCH, H.: Fette, Seifen, Anstrichmittel **59**, 493 (1957).
594. EIDUS, YA, T., K. W. PUZITSKII u. K. G. RYABOVA: Proc. Acad. Sci. USSR **120**, 323 (1958).
595. BALABAN, A. T., and C. D. NENITZESCU: Tetrahedron **10**, 55 (1960).
596. KOCH, H., u. K. E. MÖLLER (Studienges. Kohle): DAS 1 064 941 (1960), Z **1960**, 3380.
597. ANDERSON, J. E., and N. W. FRANKE (Gulf Research and Dev. Comp.): U.S. Pat. 3 167 585 (1960).
598. FRIEDMAN, B. S., and S. M. COTTON: J. org. Chem. **27**, 481 (1962).
599. MÖLLER, K. E.: Angew. Chemie **73**, 767 (1961).
600. — Brennstoff-Chemie **47**, 10 (1966).
601. EIDUS, YA. T., and T. A. KAAL: J. Gen. Chemistry **34**, 3447 (1964).
602. KOCH, H.: Riv. combustibili **10**, 77 (1956).
603. ROHLOFFS, G., u. ST. PAWLENKO (Schering AG): DAS 1 177 133 (1959).
604. PAWLENKO, ST. (Schering AG): DAS 1 211 621 (1961), C. A. **59**, 11 264 (1966).
605. — DAS 1 212 061 (1961), C. A. **59**, 11 264 (1963).
606. FRIEDMAN, B. S. (Sinclair Refining Co.): U.S. Pat. 2 874 186 (1959), C. A. **54**, 14153 (1960).
607. KOCH, H., u. W. HUISKEN (Studienges. Kohle): DBP 972 291, vgl. Brit. Pat. 798 065 (1958), C. A. **53**, 6083 (1959).
608. — — DBP 973 077, vgl. Brit. Pat. 798 065 (1958), C. A. **53**, 6083 (1959).
609. ROHLOFFS, G., and ST. PAWLENKO (Schering AG): U.S. Pat. 3 099 687, C. A. **58**, 4429 (1963).
610. Shell Int. Research: Fr. Pat. 1 252 675 (1965).
611. MÖLLER, K. E.: Brennstoff-Chemie **45**, 129 (1964).
612. HINE, J.: Reaktivität und Mechanismus in der organischen Chemie, S. 303. Stuttgart: Georg Thieme 1960.
613. MÖLLER, K. E.: Angew. Chemie **75**, 1098 (1963).
614. KOCH, H., W. HUISKEN, K. E. MÖLLER u. K. LOHBECK: Zusatzanmeldung zu DBP 942 987 unter St. 8534 IV b/120 vom 29. 7. 1954.
615. — Brennstoff-Chemie **36**, 321 (1955).
616. —, u. W. HUISKEN (Studienges. Kohle): DBP 942 987 (St. 8190 IV b/120), unter Nr. St. 8535 IV b/120 vom 29. 7. 1954, C. A. **52**, 16 204 (1956).

617. MÖLLER, K. E.: Diss. T. H. Aachen 1954.
618. HAAF, W.: Dipl. Arbeit, Universität Bonn, 1955.
619. — Chem. Ber. **99**, 1149 (1966).
620. SCHAUERTE, K. H.: Diss. T. H. Aachen, 1962.
621. Schering AG: Brit. Pat. 908 497 (1962); U.S. Pat. 3 099 687, C. A. **58**, 4429 (1963).
622. Shell Int. Res.: Brit. Pat. Anm. 883 142 (1959), C. A. **56**, 8570 (1962).
623. GENAS, M., et T. RULL: Bull. Soc. chim. France **1962**, 1837.
624. MÖLLER, K. E.: Angew. Chemie **75**, 1122 (1963).
625. VOS, I. M., and R. DE VRIES (Shell): U.S. Pat. 3 059 007 (1962), C. A. **58**, 5519 (1963).
626. KOCH, H., u. K. E. MÖLLER: Angew. Chemie **73**, 240 (1961).
627. KOCH, H. (Studienges. Kohle): DBP 942 987 (1956), Z. **1957**, 797.
628. —, u. K. E. MÖLLER: DBP 1 095 802 (1958), C. A. **56**, 8570 (1962).
629. ANDERSON, J. E., and N. F. FRANKE (Gulf Research): U.S. Pat. 3 167 585 (1965), C. A. **62**, 7642 (1965).
630. KOCH, H.: U.S. Pat. 3 061 621 (1962), C. A. **58**, 4430 (1963).
631. MÖLLER, K. E.: Brennstoff-Chemie **45**, 9 (1964).
632. KOCH, H., u. W. HAAF: Liebigs Ann. Chem. **638**, 111 (1960).
633. Studien u. Verwertungsges. Mülheim: Fr. Pat. 1 076 357 (1954), Z. **1956**, 7363.
634. ROE, E. T., and D. SWERN: J. Amer. Oil Chemist's Soc. **37**, 661 (1960).
635. WEINTRAUB, L., J. F. VITCHA and R. LIMON: Chem. and Ind. **1965**, 185.
636. FALBE, J., R. PAATZ u. F. KORTE: Chem. Ber. **97**, 3088 (1964).
637. PAATZ, R., F. KORTE u. G. WEISGERBER: Chem. Ber. **100** S. 984–990 (1967).
638. SCHNEIDER, A. (Sun Oil): U.S. Pat. 2 864 858 (1958), C. A. **53**, 9063 (1959).
639. — U.S. Pat. 2 864 859 (1958), C. A. **53**, 9156 (1959).
640. HAAF, W., u. H. KOCH: Liebigs Ann. Chem. **638**, 122 (1960).
641. PUZITSKII, K. V., YA. T. EIDUS u. K. G. RYABOVA: Zhurnal Obshchei Khimii **33**, 3278 (1963).
642. KOCH, H., u. W. HAAF: Angew. Chemie **72**, 628 (1960).
643. — — Chem. Ber. **94**, 1252 (1961).
644. CHRISTOL, H., A. LAURENT et M. MOUSSERON: Bull. chim. France **23**, 19 (1961).
645. LASSER, B. T.: Diss. T. H. Aachen 1962.
646. TAKEZAKI, Y., T. KAWATANI, N. SUGITA, M. OSUGI, S. YUASA u. Y. SUZUKI: Bull. Jap. Petrol. Inst. **2**, 94 (1960).
647. EIDUS, YA. T., K. V. PUZITSKII u. I. V. GUSEVA: Zh. Obshchei Khimii **32**, 2983 (1963).
648. PUZITSKII, K. V., YA. T. EIDUS u. K. G. RYABOVA: Doklady Akademii Nauk SSSR **141**, 636 (1961).
649. EIDUS, YA. T., u. T. A. KAAL: Zh. Obshch. Khimii **35**, 120 (1965).
650. TAKEZAKI, Y.: Kogyo Kagaku Zasshi **60**, 1038 (1957), C. A. **53**, 13 046 (1959).
651. HAAF, W.: Chem. Ber. **99**, 1149 (1966).
652. BENEDICTIS, A. D., and K. E. FURMAN: (Shell Dev. Co.): U.S. Pat. 2 913 489, C. A. **55**, 19 790 (1961).
653. HIMMELE, W. (BASF): unveröffentlicht.
654. CHRISTOL, H., et G. SOLLADIE: Bull. Soc. France **1966**, 1307.
655. EIDUS, YA. T., and T. A. KAAL: J. Gen. Chemistry **35**, 119 (1965).
656. HAAF, W.: Chem. Ber. **96**, 3359 (1963).
657. Chem. and Ind. **62**, 381 (1948).
658. LODER, D. J. (Du Pont): U.S. Pat. 2 152 852 (1939), C. A. **33**, 5006 (1939).
659. LARSEN, A. T. (Du Pont): U.S. Pat. 2 153 064 (1939), C. A. **33**, 5006 (1939).
660. HIMMELE, W. (BASF): DPA 1 192 178 (Auslegeschrift vom 6. 5. 1965).
661. — DAS 1 227 010 (20. 10. 1966).
662. — Privatmitteilung.

663. MÖLLER, K. E.: Brennstoff-Chemie **47**, 15 (1966).
664. V. DAM, J., e M. J. WAALE: Chim. e Ind. **90**, 511 (1963).
665. HERZBERG, S.: VI. FATIPEC-Kongreß (1962) S. 319–322. Verlag Chemie GmbH. Weinheim.
666. GOPPEL, J. M., P. BRUIN u. J. J. ZONSFELD: Farbe und Lacke **69**, 181 (1963).
667. BRUIN, P, H. A. OOSTERHAF, G. C. VEGTER u. E. J. W. VOGELZANG: VII. FATIPEC-Kongreß (1964) S. 49–60. Weinheim: Verlag Chemie GmbH. 1964.
668. FALBE, J.: Angew. Chemie **78**, 532–544 (1966); Angewandte Chemie, Int. Edit. in English, Vol. 5, 1966, No. 5, 435–446.
669. —, u. H. J. SCHULZE-STEINEN, unveröffentlicht.
670. HOLMQUIST, H. E., and J. E. CARNAHAN: J. org. Chem. **25**, 2240 (1960).
671. FALBE, J.: unveröffentlicht.
672. —, u. F. KORTE: Brennstoff-Chemie **46**, 276 (1965).
673. — — Chem. Ber. **95**, 2680 (1962).
674. — — Chem. Ber. **98**, 1928 (1965); FALBE, J., H. WEITKAMP u. F. KORTE: Tetrahedron Letters **31**, 2677 (1965).
675. — — Angew. Chemie **74**, 900 (1962); Angew. Chemie Int. Edit. **1**, 657 (1962).
676. HORIIE, S., u. S. MURAHASHI: Bull. chem. Soc. Japan **33**, 247 (1960).
677. ROSENTHAL, A., and J. GERVAY: Can. J. Chem. **42**, 1490 (1964).
678. HORIIE, S., and S. MURAHASHI: Bull. chem. Soc. Japan **33**, 88 (1960).
679. BREWIS, S, and P. R. HUGHES: Chem. Communications 1966, 6.
680. CHIUSOLI, G. P., E. G. BOTACCIO: Chim. e Ind. (Milan) **44**, 1129 (1962).
681. FALBE, J., u. F. KORTE: Vortragsreferat JUPAC Kongreß, London 1962.
682. — — Chem. Ing. Techn. **36**, 158 (1964).
683. — — Angew. Chemie **74**, 291 (1962); Angew. Chemie Int. Edit. **1**, 266 (1962).
684. FALBE, J., H. J. SCHULZE-STEINEN u. F. KORTE: Chem. Ber. **98**, 1923 (1965).
685. NICHOLSON, J. K., and B. L. SHAW: Proc. chem. Soc. (London) **1963**, 282.
686. PRICHARD, W. W. (Du Pont): U.S. Pat. 2 481 591 (1958), C. A. **52**, 20 197 (1958).
687. MURAHASHI, S., and S. HORIIE,: Ann. Rep. Sci. Works, Cac. Sci. Osaka Universität **7**, 89 (1959).
688. ROSENTHAL, A., and J. GERVAY: Chem. and Ind. **1963**, 1623.
689. ZILBERMANN, E. N., A. A. KALUGIN u. E. M. PEREPLETCHIKOVA: J. allg. Chem. (russ.) **1962**, 900, C. A. **58**, 1337 (1963).
690. ROSENTHAL, A., R. F. ASTBURY, and A. HUBSCHER: J. org. Chem. **23**, 1037 (1958).
691. —, and M. S. WEIR: Can. J. Chem. **40**, 610 (1962).
692. —, and M. YALPANI: Can. J. Chem. **43**, 3449 (1965).
693. —, and S. MILLWARD: Can. J. Chem. **41**, 2504 (1963).
694. O'CONNOR, R.: J. org. Chem. **26**, 4375 (1961).
695. BORSCHE, W., u. C. MERKWITZ: Chem. Ber. **37**, 3180 (1904).
696. MURAHASHI, S., and S. HORIIE: J. Amer. chem. Soc. **78**, 4816 (1956).
697. HORIIE, S., and S. MURAHASHI: Bull. chem. Soc. Japan **33**, 247 (1960).
698. KIM, P., and N. HAGIHARA: Bull. chem. Soc. Japan **38**, II, 2022.
699. KLEMCHUK, P. P.: U.S. Pat. 2 995 607 (1961).
700. HECK, R. F.: J. Amer. chem. Soc. **85**, 3116 (1963).
701. MULLINEAUX, R. D. (Shell): Belg. Pat. 603 820 (15. 1. 1961), Priorität US Anm. 16. 5. 1960.
702. SLAUGH, L. H., et R. D. MULLINEAUX (Shell): Belg. Pat. 606 408 (20. 6. 1961), Priorität US Anm. 22. 7. 1960.
703. — Belg. Pat. 619 344 (25. 6. 1962), Priorität US Anm. 26. 6. 1961.
704. GREENE, CH. R., et R. E. MEEKER (Shell): Belg. Pat. 621 833 (28. 8. 1962), Priorität US Anm. 30. 8. 1961, C. A. **59**, 11 259 (1963).
705. — Belg. Pat. 623 213 (4.10.1962), Priorität US Anm. 6. 10. 1961, C.A. **60**, 15 732 (1964).

706. — Belg. Pat. 627 365 (21. 1. 1963), Priorität US Anm. 23. 1. 1962, C. A. **60**, 9149 (1964).
707. — Belg. Pat. 627 371 (21. 1. 1963), Priorität US Anm. 23. 1. 1962, C. A. **60**, 6746 (1964).
708. Mertzweiler, J. K. (Esso): U.S. Pat. 3 094 564 (1960).
709. —, u. R. N. Watts (Esso): DAS 1 114 469 (1960), Z. **1962**, 10 636.
710. Aldridge, C. L. (Esso): U.S. Pat. 2 963 449 (1958).
711. Cull, N. L. (Esso): DAS 1 076 654 (1958), Z. **1961**, 299.
712. Esso: DAS 1 024 943 (1955), C. A. **51**, 10 859 (1960).
713. Esso: Brit. Pat. 761 024, C. A. **51**, 15 548 (1957).
714. Aldridge, C. L. (Esso): U.S. Pat. 2 942 034 (1957), C. A. **54**, 34 394 (1960).
715. Cull, N. L., C. L. Aldridge, and J. K. Mertzweiler (Esso): U.S. Pat. 2 845 465 (1958), C. A. **53**, 228 (1959).
716. Cull, N. L., C. L. Aldridge, and J. K. Mertzweiler (Esso): Brit. Pat. 867 799 (1959).
717. Esso: U.S. Pat. 2 811 567, C. A. **52**, 4677 (1958).
718. Chem. Eng. **68**, 25, S. 70–71.
719. Vickers, E. J., and R. J. W. Reynolds (ICI): Brit. Pat. 775 495 (1957), C. A. **52**, 1210 (1958).
720. Esso Research and Engineering Co.: DAS 1 011 410 (1954), C. A. **53**, 15 974 (1959).
721. Belg. Pat. 574 599 (1959).
722. I. C. I. (Fober): **46**, Nr. 9, 1206.
723. Taylor, A. W. C. (I. C. I.): DAS 1 027 194 (1958), C. A. **54**, 11 992 (1960).
724. I. C. I.: Fr. Pat. 1 224 115 (1959), Z. **1962**, 13 942.
725. Carpenter, G. B. (Du Pont): U.S. Pat. 1 924 763 (1932), Z. **1933**, 3194.
726. — U.S. Pat. 1 924 766 (1932), Z. **1933**, 3193.
727. — U.S. Pat. 1 924 767 (1932), Z. **1933**, 3193.
728. — U.S. Pat. 1 957 939 (1934), Z. **1934**, 1370.
729. Larson, A. T., and W. E. Vail (Du Pont): U.S. Pat. 1 924 765 (1932), Z. **1933**, 3194.
730. Vail, W. E. (Du Pont): U.S. Pat. 1 924 764 (1932), Z. **1933**, 3194.
731. Woodhouse, J. C. (Du Pont): U.S. Pat. 1 924 762 (1932), C. A. **27**, 5339 (1933).
732. Notwendige Schritte Deutscher Technik, Heft 3 (1953); Sonderheft: Industrielle Verwertung des Kohlenoxyds, von Prof. Dr. W. Fuchs.
733. Osumi, Y., H. Yamaguchi, T. Onoda u. M. Onishi (Mitsubishi Chem. Ind. Co. Ltd.): Jap. Pat. 22 735/65 (7. 10. 65), C. A. **64**, 4943 (1966).
734. Ajinomoto Co., Inc.: Jap. Pat. 1419/64 (14. 2. 1964).
735. Morikawa, M.: Bull. chem. Soc. Japan **37**, 379–380 (1964).
736. Ajinomoto Co. Inc.: Jap. Pat. 1575/65 (28. 1. 65).
737. Cannel, L. G., u. L. H. Slauch (Shell. Int.): DAS 1 186 455 (1965), C. A. **62**, 16 054 (1965).
738. Ajinomoto, Jap: Anm. 575/66 (21. 1. 66).
739. Mitsubishi Chem. Ind.: Jap. Anm. 653/66 (21. 1. 66).
740. Jap. Anm. 207/66 (11. 1. 66), Fortschrittsberichte **52**, 22 191/66.
741. Rehner jr., J. (Esso Res. and Eng. Co.): DAS 1 093 347; U.S. Pat. 3 003 938.
742. Slaugh, L. H., and R. D. Mullineaux (Shell Oil Comp.): U. S. Pat. 3 239 571 (1966), C. A. **65**, 618 (1966).
743. — — U.S. Pat. 3 239 566 (1966), C. A. **64**, 15 745 (1966).
744. Klempt, W. (Bergwerksverband zur Verwertung von Schutzrechten der Kohlentechnik GmbH): DRP 710 170 (1941), Z. **1941**, 2869; U.S. Pat. 2 153 852; Fr. Pat. 831 474.
745. Shattuck, M. T. (Du Pont): U.S. Pat. 2 443 482 (1948), C. A. **42**, 7324.

746. JOHNSON, R. (Du Pont): U.S. Pat. 2 273 269 (1942), C. A. 36, 3810.
747. GRESHAM, W. F. (Du Pont): U.S. Pat. 2 364 438 (1944), C. A. 39, 4632.
748. Europa Chemie 24/1966, Seite 9.
749. Standard Oil Dev. Comp.: DBP 944 728 (1956), C. A. 53, 3056 (1959).
750. DUBINI, M., G. P. CHIUSOLI u. F. MONTINO: Tetrahedron Letters 1963, 1591.
751. KOONTZ, J. D. (Standard Oil Dev. Co.): DBP 1 057 593 (1952), U.S. Pat. 2 679 534 (1954), C. A. 48, 10 329 (1954).
752. MERTZWEILER, J. K. (Esso): U.S. Pat. 2 841 617 (1958), C. A. 52, 17 109 (1958).
753. MUNGER, S. H. (Du Pont): U.S. Pat. 2 779 796 (1957), C. A. 51, 9674 (1957).
754. MERTZWEILER, J. K., H. E. TEMPLETON, and R. L. DAUSSAT (Esso): Brit. Pat. 735 352 (1952), Z. 1957, 4819.
755. GWYNN, B. H. (Gulf Research): Brit. Pat. 785 991 (1957), Z. 1959, 15 504.
756. NATTA, G., u. E. BEATI: Brit. Pat. 646 424 (1950), C. A. 45, 5714 (1951).
757. Esso: Brit. Pat. 912 974 (1962), Z. 1964, 44–2101
758. ALDRIDGE, C. L., and N. L. CULL (Esso): Brit. Pat. 907 027 (1962), Z. 1964 47–2250.
759. HECK, R. F.: Advances in Organometallic Chemistry, Vol. 4, 243–266 (1966).
760. ALMASI, M., L. SZABO: Acad. Rep. Populare Romane, Studii Ceretari Chim. 8, 531–536 (1960).
761. MARKO, L.: Ber. Ungarische Mineralöl- und Erdgas-Versuchsanstalt, 2 1961, 228–239.
762. NOYORI, G., M. HONDA, and T. KOGA (Zaidan-Hogin Noguchi Keukyusho): Jap. Pat. 41–6734 (1956).
763. ROELEN, O.: Fiat Review of German Science 1939–1946, Teil I, 167. Wiesbaden: Dieterich'sche Verlagsbuchhandlung 1948.
764. MAX, N. (Shell): Fr. Pat. 984 772 (1951), Schwed. Pat. 130 809 (1951), Z. 1952, 2256.
765. GANKIN, W. J.: USSR Pat. 137 509 (1960), Z. 1964, 2410.
766. Esso: Brit. Pat. 690 977 (1951), Z. 1955, 7781.
767. Esso: U.S. Pat. 2 757 200 (1956), Z. 1957, 7228.
768. BASF: Patentanmeldung B 21 745 (1952).
769. Esso: DAS 1 138 754 (1962), Z. 1964, 2388.
770. Gulf Research: Fr. Pat. 1 371 603 (1964), C. A. 62, 3692 (1965).
771. California Research Corp.: U.S. Pat. 2 547 178 (1948), Z. 1954, 1564.
772. Standard Oil: DBP. 977 576.
773. FIELD, E. (Standard Oil): U.S. Pat. 2 683 177 (1954), Z. 1955, 6848.
774. Gulf Publishing Company Publication: Petrol Refiner 31, 3 (1952), 149–150.
775. Standard Oil: Brit. Pat. 928 905 (1963), Z. 1965, 2–2651.
776. Agency of Industrial Science and Technology: Jap. Pat. 38–2986 (1963).
777. GUCCIONE, E.: Chem. Eng. 72, 90–92 (1965).
778. ASINGER, F.: Chemie und Technologie der Monoolefine, S. 700. Berlin: Akademie Verlag 1957,
779. REPPE, W., u. W. SCHLENK (BASF): DRP 753 618.
780. MEIS, J., u. H. TUMMES (Ruhrchemie AG): DAS 1 235 285 (1967).
781. RAMP, F. L., E. J. DEWITT, and L. E. TRAPASO: J. of Polymer Science, Part A-1, Vol. 4, 2267 (1966).
782. CULL, N. L., and C. L. ALDRIDGE (Esso): U.S. Pat. 3 118 948 (1964), C. A. 60, 9149 (1964).
783. CULL, N. L., and C. L. ALDRIDGE (Esso): U.S. Pat. 2 908 721 (1959), Z. 1961, 12644.
784. JAROS, S. E., and C. ROMING JR. (Esso): U.S. Pat. 3 119 876 (1964), Z. 1965, 21–2705.
785. CULL, N. L., and C. L. ALDRIDGE (Esso): U.S. Pat. 2 862 979 (1958), Z. 1961, 2439.
786. KATO, J., T. ITO, and Y. YABE: Kogyo Zasshi 65, 184–187 (1962), C. A. 58, 4420 (1963).
787. FAITH, W. L., D. B. KEYES, and R. L. CLARK: Industrial Chemicals 3rd Edit., 309, New York, London, Sydney: John Wiley & Sons, Inc. 1965.

788. Chemische Industrie **1964**, 636.
789. GUCCIONE, E.: Chem. Eng. **1965**, 90–92.
790. GREENE, C. R., and R. E. MEEKER (Shell): DAS 1 212 953 (1962), C. A. **59**, 11 259 (1963).
791. CANNELL, L. G., L. H. SLAUGH, and R. D. MULLINEAUX (Shell): DAS 1 186 455 (1965), Z. **1965**, 40-2557.
792. Ruhrchemie AG: bisher unveröffentlicht.
793. LAMOLA, A. A. (DuPont): DBP 1 219 400 (1963).
794. VICKERS, E. J., and R. J. W. REYNOLDS (ICI): Brit. Pat. 775 122 (1957), C. A. **51**, 17 236 (1957).
795. TSUDA, T., T. SHIMIZU, and Y. YAMASHITA (Universität Nagoya, Japan): Kogyo Kagaku Zasshi **67**, (10), 1661 (1964).
796. ELLIS, W. J., and C. RONNING: Hydrocarbon Processing **44**, 139 (1965).

Sachverzeichnis

Acceleratoren 17
Acetalbildung 58
Acetaldehyd 53
Acetale 26, 38, 39, 46, 52, 73
—, ungesättigte 47, 49
Acetamid 95
Acetanilid 16
Aceton 27, 51, 79, 82
Acetonitril 27
Acetophenonphenylhydrazon 162
1-Acetoxy-1-äthincyclohexan 86
4-Acetoxy-buten-1-carbonsäure-2 86
1-Acetoxybutin-3 86
γ-Acetoxy-butyraldehyd 44
α-(1-Acetoxycyclohexyl)-acrylsäure 86
3-Acetoxyhexen-1-carbonsäure-2 86
3-Acetoxyhexin-1 86
3-Acetoxy-3-phenylpropen-1-carbonsäure-2 87
2-Acetoxy-2-phenylpropin 87
3-Acetoxy-propen-1-carbonsäure-2 86
3-Acetoxy-propin 86
α-Acetoxypropionaldehyd 44
β-Acetoxypropionaldehyd 44
Acetylaceton 89
Acetylen 18, 50, 73, 79, 81, 83, 86, 93, 95, 146
Acetylene, halogenierte 87
Acetylen, Inhibitionswirkung bei der Hydroformylierung 18
Acetylencarbonsäureester 92
Acetylendicarbonsäureester 92
Acetylendikobalthexacarbonyle 18
Acetylenmetallkomplexe 96
Acrolein 38, 40, 41, 45, 49, 50, 157
Acrylamid 95, 152, 153, 170
Acrylamide, β-alkylsubstituierte 152
Acrylamide, β-arylsubstituierte 152
Acrylamide, N-monosubstituierte 152
Acrylanilid 95
Acrylester 25, 81
Acrylnitril 26, 45, 170
N-Acrylpyrrolidid 95
Acrylsäure 79, 81, 84, 86, 91, 94, 133, 146

Acrylsäureäthylester 41, 44, 93
Acrylsäure-2-äthyl-hexyl-ester 93
Acrylsäureanhydrid 94
Acrylsäurebutylester 81, 93
Acrylsäurechlorid 94
Acrylsäureester 8, 41, 42, 117
Acrylsäuremethylester 41, 91, 93
Acrylestersynthese 117, 118
Acrylsäuretetrahydrofurfurylester 93
Acrylsäurethiobenzylester 95
Acrylsäure-thiododecylester 95
Acrylsäurethiophenylester 95
Acrylsäure-thio-p-tolylester 95
S-Acryl-thioglykolsäure 95
Acyliumkationen 121, 125, 127, 142, 143, 147, 167
Acylkobaltcarbonyle 12, 51
Acylkobalttetracarbonyle 5, 7, 10, 100
Acylkobalttricarbonyle 5
Acylmanganpentacarbonyl 9
Adamantan 135
Adamantancarbonsäure 135
Adamantandicarbonsäure 135
1,4-Addition 100
Adipinsäure 101, 112, 113
Äthan 84
Äthan-1,2-diol 112
Äthanol 27, 50, 53, 82, 112
Äthantricarbonsäuremethylester 91
Äther 52, 73, 79, 82, 83, 110
Äther, acyclische 114
—, aromatische 26
—, cyclische 73, 114
—, ungesättigte 47
Ätherbildung 103
Äthersauerstoff 48
Äthoxycarbonylmethylacrylamid 153
β-Äthoxy-n-butyraldehyd 48
γ-Äthoxy-n-butyraldehyd 48
β-Äthoxyisobutyraldehyd 48
4-Äthoxy-4-methylpentansäure-1-äthylester 103
2-Äthoxy-1-naphthaldehydsemicarbazon 163

Sachverzeichnis

Äthyläther 27
Äthyl-allyl-äther 48
Äthylamin 95
Äthylbernsteinsäure 101
Äthylbenzol 112
2-Äthylbuttersäuremethylester 139
2-Äthylbutanal 142
2-Äthyl-butanol 30
2-Äthylbuten-1 30, 131
2-Äthylbuttersäure 132
α-Äthyl-γ-butyrolacton 44
Äthylchlorid 49
1-Äthyl-cyclohexancarbonsäure-1 129
1-Äthylcyclohexancarbonsäure 132
Äthyl-dimethylessigsäure 131
Äthylen 3, 7, 17, 29, 58, 60, 80, 84, 99, 104, 105, 110, 123, 128, 131
Äthylenglykol-di-acrylsäureester 93
Äthylenoxyd 52, 113
3-Äthylheptanol 31
2-Äthylheptansäure 99
2-Äthylhexanal 56
2-Äthylhexanol 56, 57, 69, 70
2-Äthylhexen-1 31, 99
2-Äthylhexen-2-al-1 143
Äthylmercaptan 95, 110
Äthyl-methyl-keton 27
2-Äthyl-4-methyl-pentanol 57
2-Äthyl-penten-1 132
N-Äthylpyrrolidon 154
α-Äthylsebacinsäure 133
3-Äthylvaleraldehyd 30
2-Äthylvaleriansäure 132
γ-Äthyl-δ-valerolacton 44
Aktivkohle 13
Aldehydacetate 27
n-Aldehyde 9
C_4-Aldehyde 70
C_6-Aldehyde 30
C_7-Aldehyde 70
C_9-Aldehyde 31
C_{10}-Aldehyde 70
C_{13}-Aldehyde 70
C_{19}-Aldehyde 31
Aldehyde, cycloaliphatische 143
Aldehyde, gesättigte 114
—, konjugiert ungesättigte 39
—, leicht siedende 67
—, ungesättigte 38
Aldehydgemische 7, 30
Aldehydhydrierung 63
Aldolkondensationen 58, 156

Adolkondensationen während der Hydroformylierung 56
Aldoxime, aliphatische 147
—, ungesättigte 147
Aldox-Verfahren 58
Alkalicarbonat 102
Alkine, halogenierte 87
Alkoholate 115
Alkohole 73, 74, 79, 83, 110, 135
—, gesättigte 120
—, primäre 82
—, sekundäre 82, 111
—, tertiäre 111
—, ungesättigte 46, 102, 111, 120, 146, 156
C_6-Alkohole 30
C_8-Alkohole 70
C_8-C_{10}-Alkohole 69
C_9-Alkohole 70
C_{10}-Alkohole 70
C_{13}-Alkohole 70
Alkohole als Wasserstofflieferanten 59
Alkoholbildung 123
Alkoholsynthese nach Reppe 33
N-tert.-Alkylacylamine 121
Alkyl-arylketoxime 160
Alkylchloride 135, 154
N-Alkylformamide 155
Alkylkobaltcarbonylverbindungen 5, 59, 114
Alkylkobalttetracarbonyle 25
γ-Alkylallylamine 155
Alkylnickelcarbonyle 114
Alkylnickeldicarbonylhalogenid 77
α-Alkylpyrrolidone 155
α-Alkylsuccinimide 152
Allen 102, 104, 106
Allencarbonsäure 88
Allensäuren 87
Allenyl-Verbindungen 34
Allylacetat 44
Allylacetessigsäureester 147
N-Allylacrylamid 153
Allyläther 90
Allylalkohol 46, 90, 111, 156
π-Allyl-analoge Komplexe 39
Allylamin 154
Allylbromid 116
Allylcarbinol 152, 168, 169
Allylchlorid 89, 104, 115, 116, 154, 168, 170
Allylcyanessigester 147
Allylcyanid 45
Allylester 90
Allylhalogenid 88, 141, 146, 152, 168

Sachverzeichnis

Allylhalogenverbindungen 89
Allylharnstoff 147
Allylmalonsäurediäthylester 147
N-Allylpyrrolidon-(2) 155
Allylurethane 147
Allyl-Wasserstoff-Verschiebung 12
Aluminium 13, 58
Aluminiumalkylverbindungen 150
Aluminiumchlorid 52
Aluminium-Kohlenstoff-Verbindungen 12
Ameisensäure 21, 81, 115, 121
Ameisensäureester 58, 114
Ameisensäuremethode 121, 127, 129, 133, 135, 141
Amide, aliphatische 16
—, aromatische 16
—, ungesättigte 146, 150, 152
Amine 14, 16, 17, 74, 93, 109
—, primäre 95, 154
—, sekundäre 95
—, tertiäre 19, 115
—, ungesättigte 146, 149, 154, 156
p-Aminobenzylalkohol 53
4-(Aminomethyl)-cyclohexen 155
Aminzusätze 16
Ammoniak 16, 17, 45, 74, 110
Amylalkohol 53, 70
Amyljodid 116
Anilin 16, 95, 110
Anisol 82
Anissäure 117
Antibiotika 170
Antimonpentafluorid 123
Aromaten 50
Atropansäure 86
Autoklaven, Edelstahl 171
—, geschüttelte 171
—, gerührte 171
—, Kupferauskleidung 171
—, Silberauskleidung 171
Autoklavenbunker 171
Automatische Rechenanlagen 68
Azine 146, 149, 160
Azobenzole 146, 164, 165
— mit Substituenten 1. Ordnung 164
— mit Substituenten 2. Ordnung 164
Azoform 163
Azoverbindungen 149, 150

Baukastenprinzip 171
Beckmann-Umlagerung 147
Benzaldehydphenylhydrazon 163

Benzaldehyd-(m-tolyl)-phenylhydrazon 163
Benzamid 154
Benzhydril-semicarbazone 164
Benzoesäure 116
Benzoesäuremethylester 116
Benzol 27, 50
Benzonitril 159, 160
Benzophenonazine 163
Benzophenonphenylhydrazon 162
Benzophenonsemicarbazone 163
Benzylalkohol 52, 53
—, relative Reaktionsgeschwindigkeiten bei Homologisierung 54
Benzylamin 160
Benzylbromid 116
Benzylchlorid 117
3-Benzyl-2-phenylphthalimidin 162
N-Benzylphthalimidin 159
3-Benzylphthalimidin-N-carboxanilid 162
Benzylmercaptan 95
N-Benzylsuccinimid 153
Bernsteinsäure 79, 112, 113, 133
Bernsteinsäuredichlorid 94
Bernsteinsäurediester 79
Bernsteinsäuredimethylester 91
Beschleunigung der Carbonylierung nach REPPE durch UV-Lichtbestrahlung 76
Bewegliche H-Atome 146
Bicyclo(2,2,1)-heptadien 99
Bicyclo(2,2,1)-heptan-2-carbonsäure 99
Bicycloheptan-(2,2,1)-tricarbonsäure-triäthylester-(1,2,4) 108
endo-Bicycloheptenaldehyd 40
exo-Bicycloheptenaldehyd 40
Bicyclo-(2,2,1)-hepten-5-carbonsäure 99
Bicyclo-(2,2,1)-hepten-(4)-dicarbonsäure-(1,2)-diäthylester 108
Bicyclohexylamin 95
Bicyclohexylketon 60
Bicyclo-(3,3,1)-non-2-en-9-on 167
Bildung von Ameisensäureestern 62
Biocide 170
endo, endo-2,5-Bis(hydroxymethyl)-bicyclo-2,2,1-heptan 40
endo, endo-2,6-Bis-(hydroxymethyl)-bicyclo-2,2,1-heptan 40
exo, endo-2,5-Bis(hydroxymethyl)-bicyclo-2,2,1-heptan 40
exo, endo-2,6-Bis-(hydroxymethyl)-bicyclo-2,2,1-heptan 40
exo, exo-2,5-Bis-(hydroxymethyl)-bicyclo-2,2,1-heptan 40

Sachverzeichnis

exo, exo-2,6-Bis-(hydroxymethyl)-bicyclo-
  2,2,1-heptan 40
Bis-(hydroxymethyl)-cycloaliphaten 35
Bis-(hydroxymethyl)-cyclohexan 46
Bis-(hydroxymethyl)-cyclooctan 36, 37
Bis-triphenyl-phosphin-palladium(II)-di-
  chlorid 92, 101, 103, 108, 111
Blei 13, 19, 58
Bor-Alkylverbindungen 150
Bor-Kohlenstoffverbindungen 12
Borsäure 96
Bortrifluorid 96, 120, 123, 124, 142
p-Brombenzoesäure 117
3-Bromcycloocten 116
1-Bromheptin-2 88
8-Bromocten-1 141
5-Brompenten-1-carbonsäure-2 87
5-Brompentin 87
Brompivalinsäure 141
α-Brompropionsäuremethylester 116
N-Bromsuccinimid 170
Butadien 35, 98, 100, 101, 103, 106, 110
Butadien-1,3 34, 100, 137
Butadien-2,3-säure-1 88
Butadien-2,3-säure-1-äthylester 116
Butandiol-1,3 112, 140
Butandiol-1,4 112
Butandioldiacrylsäureester 93
Butandiol-monoacrylsäureester 93
Butanol 53, 69, 112
n-Butanol 27, 51, 53, 57, 68, 70, 138
Butanol-2 60, 112, 135, 136, 138
tert.-Butanol 27, 52, 82, 135, 136, 137, 138
n-Buten 35, 69, 135
Buten-1 30, 32, 60, 99, 104, 105, 131
Buten-2 30, 104, 105, 131
Buten-1-carbonsäure-2 86
Buten-2-carbonsäure-1 100
Buten-2-carbonsäure-1-chlorid 110
Buten-2-carbonsäure-(1)-methylester 106
Buten-3-on-2 100
2-Butenoylkobalttricarbonylkomplex 34
Butin-1 86
Butin-1-ol-4 152, 168, 169
Butin-3-säure-1-äthylester 87
α-n-Butoxypropionaldehyd 47
n-Buttersäure 99, 112
Buttersäureäthylester 103
Buttersäureanilid 110
Buttersäureglykolester 105
Buttersäuremethylester 105
Buttersäurelaurylester 105

Buttersäurephenylester 105
N-Butylacrylamid 95, 153
N-Butylamin 16, 95
p-tert.-Butylalkohol 55
p-tert.-Butylbenzaldehyd 55
n-Butylbenzol 112
p-tert.-Butylbenzylalkohol 53
2-Butyl-butadien-2,3-säure-1 88
tert.-Butylcarboniumionen 135
Butylchlorid 141
n-Butylfumarsäure 87
tert.-Butylgruppenabspaltung 123
N-n-Butylmethacrylamid 153
2-Butyl-4-methylpentadien-2,3-säure-1 88
2-(p-tertiär-Butylphenyl)-äthanol 53
N-Butylsuccinimid 153
Butyltoluol, p-tertiär 53
Butylvinyläther 47
n-Butyraldehyd 30, 38, 51, 56, 57
Butyraldoxim 147
Butyramid 147
γ-Butyrolacton 44

Cadmium 58
Calcium 13, 22
Camphen 28, 29
Capronsäuremethylester 116
(Carbäthoxy)-äthansulfonsäurephenylester
  108
p-Carbäthoxybenzylalkohol 53, 55
3-Carbäthoxybuten-1-carbonsäure-2 87
β-Carbäthoxy-γ-butyrolacton 44
Carbäthoxydodecansäurethioäthylester 110
5-Carbäthoxy-hepten-1-carbonsäure-2 87
6-Carbäthoxyhepten-1-carbonsäure-2 87
4-Carbäthoxypenten-1-carbonsäure-2 87
Carbamate 147
2-Carbmethoxypropionylkobalt-tricarbo-
  nyltriphenylphosphin 8
Carboniumionen 53, 121, 123, 125, 133,
  134, 135, 141
—, Stabilisierung durch Resonanz 54
—, tertiäre 125, 127, 142
Carbonsäureamide 93, 109, 115, 147
—, aromatische 154
—, ungesättigte 95
—, β,γ-ungesättigte 154
Carbonsäureanhydride 26, 93
Carbonsäureester 110, 121
Carbonsäurcester, gesättigte 102
—, ungesättigte 120
Carbonsäurehalogenide 93

Carbonsäuren 67, 74, 109
—, ungesättigte 102, 132
Carbonsäuresynthese nach KOCH 141
Carbonylierung, katalytisches Verfahren 117
— mit Kobaltkatalysatoren 82
— mit Metallcarbonylkatalysatoren
— — Allgemeines 73
— nach KOCH 120
— nach KOCH, technische Durchführung 144
— nach REPPE, Lösungsmittel 82
—, stöchiometrisches Verfahren 117
Carbonylierungen,
technische Durchführung 117
— von Nitrilen 159
N-Carboxyanilidophthalimidine 161
(Carboxycyclohexyl)-propionsäuren 99
2-(Carboxycyclohexyl)-propionsäure 100
C-Atome, quarternäre 153
Ceten-1 106
Chinoline 16
p-Chinon 80
α-Chloracrolein 99
p-Chloranisol 117
p-Chlorbenzaldehyd 55
m-Chlorbenzoesäuremethylester 116
o-Chlorbenzoesäure 117
p-Chlorbenzoesäure 116
p-Chlorbenzoesäuremethylester 116
Chlorbenzol 116
p-Chlorbenzylalkohol 53, 55
3-Chlorbuten-1 116
3-Chlorbuten-3-säure-1-methylester 116
1-Chlorbutin-2 88
3-Chlorbutin-1 88
6-Chlor-3-(p-chlorphenyl)-2,4-dioxo-1,2,3,4-tetra-hydrochinazolin 165
1-Chlor-4-cyanbuten-2 116
2-Chlor-cyclohexancarbonsäure-1-methylester 104
2-Chlorcyclooocten-4-carbonsäure-(1)-äthylester 107
Chloressigsäure 92
α-Chloressigsäuremethylester 116
1-Chlorheptin-2 88
3-Chlorhexin-1 88
γ-Chlor-β-hydroxypropionsäureäthylester 113
m-Chlor-jodbenzol 116
3-Chlor-3-methylbutin-1 88
α-Chlormethylnaphthalin 116
1-Chlor-2-methylpropen-2 116

2-Chlor-2-methyloctin-3 88
1-Chlornaphthalin 117
1-Chloroctan 116
2-(p-Chlorphenyl)-äthanol 53
6-Chlor-2-phenyl-2,4-dioxo-1,2,3,4-tetra-hydrochinazolin 165
5-Chlor-2-phenylindazolon 165
3-Chlor-3-phenylpropin-1 88
Chlorpivalinsäure 141, 145
3-Chlorpropin-1 88
α-Chlorpropionsäureäthylester 108
β-Chlorpropionylchlorid 94, 104
p-Chlortoluol 53, 116
Chlorverbindungen, aromatische 50
Chlorwasserstoff 90, 94, 109, 110
Chrom 13, 22
Chrom-Nickel-Stähle 65
β-Citronellylbromid 141
β-Citronellylchlorid 141
C—N-Doppelbindungen 149
Crackung von Paraffinen 69
Crotonaldehyd 38, 41, 51
Crotonsäure 116
Crotonsäureäthylester 41, 44
Crotonsäureallylester 111
Crotonsäureamid 152
Crotonsäurebutylester 41
Crotonsäureester 11, 42
Crotonsäuremethylester 44
Crotylalkohol 156
Crotylchlorid 116
Cumulene 166
γ-Cyanobutyraldehyd 45
5-Cyano-2,2-dimethylpentanal-1 45
6-Cyano-3-methylhexanal 45
5-Cyano-2-methylpenten-1 45
5-Cyanopenten-1-carbonsäure-2 87
5-Cyano-pentin-1 87
β-Cyanopropionaldehyddiacetal 45
Cyclobutan 134
Cyclobutane 133, 134
Cyclodecatrien-1,5,9 100, 131
Cyclodecen-9-dicarbonsäurediäthylester 108
Cyclodecen-9-dicarbonsäure-1,5-dimethyl-ester 108
Cyclododecadien-1,5 131
Cyclododeca-5,9-dicarbonsäure 100
Cyclododeca-5,9-diencarbonsäureäthylester 108
Cyclododeca-5,9-diencarbonsäure-1-methylester 108

Sachverzeichnis

Cyclododecancarbonsäureäthylester 107
Cyclododecandicarbonsäure 99, 100
Cyclododecatrien-1,5,9 37, 99, 100, 103, 108
Cyclododecantricarbonsäureester 103
Cyclododecen 107
Cyclododecen-9-dicarbonsäure-1,5 100
Cycloheptatrien 37
Cyclohepten 28
Cyclohexan 133, 136
Cyclohexancarbonsäure 99 127, 130, 136
Cyclohexancarbonsäureamid 110
Cyclohexancarbonsäureisopropylester 60
Cyclohexanol 27, 53, 127
Cyclohexanon 79
Cyclohexen 26, 28, 29, 60, 97, 99, 104, 106, 110, 126, 130, 132, 136
Cyclohexencarbonsäureäthylester 44
Cyclohexenoxyd 52, 113
α-[Cyclohexen-(3)-yl-(1)]-propionsäuremethylester 107
Cyclohexylcarbinol 53, 60
3-Cyclohexyl-2-methylpropionsäure 112
3-Cyclohexyl-propanol 112
Cyclooctadien-1,3 107
Cyclooctadien-1,5 35, 37, 99, 100, 101, 103, 107, 167
Cyclooctanaldehyd 38
Cyclooctancarbonsäure 99, 100, 129
Cyclooctancarbonsäuremethylester 107
Cyclooctandicarbonsäure-1,5 99
Cyclooctandicarbonsäuredimethylester 107
Cyclooctatrien 38
Cyclooctcen 28, 29, 99, 107, 129, 132
Cyclooctenaldehyd 37
Cycloocten-4-carbonsäure-1 99
Cycloocten-2-carbonsäure-1-äthylester 107, 116
Cycloocten-2-carbonsäuremethylester 107
Cycloocten-4-carbonsäuremethylester 107
Cycloolefine 129, 130
Cycloparaffine 14, 148
—, reaktive 121
Cyclopentadien 34, 40, 107
Cyclopentan 133
Cyclopentanaldehyd 34
Cyclopentancarbonsäure 112, 132
Cyclopentancarbonsäureester 130
Cyclopentanol 112
Cyclopentanon 91
Cyclopenten 7, 28, 29, 129, 130, 132
Cyclopentencarbonsäure 129

Cyclopent-2-en-carbonsäuremethylester 107
Cyclopentenon 91
Cyclopropane 104, 133, 134

Decahydro-1-naphthensäure 112
trans-Decalin 136
Decalincarbonsäure 131
Decalincarbonsäure-9 136, 137, 139
cis-Decalincarbonsäure 132
β-Decalol 139
Decalol-2 112
Decan-1,10-dicarbonsäure 112
Decandiol-1,10 112, 139, 140
Decen-1 28
Decen-5-carbonsäure-5 86
Decin-5 86
Dekobaltierungsreaktor 65
Dekobaltierungsturm 20
Depolymerisationsreaktionen 134
Desoxybenzoinphenylhydrazon 162
Deuterium 34
1,4-Diacctoxybuten-2-carbonsäure-2 86
1,4-Diacetoxybutin-2 86
Diacetylene 85
Diacrylsäure 79
Diaden-Verfahren 63
Diäthylamin 16
Diäthylessigsäure 131
Diäthylketon 3, 58, 59, 60
1,1-Diäthylpropanol 139
Diäthylsulfat 116
Dialdehyde 34, 35, 37, 38, 39
N,N-Dialkylamide, ungesättigte 154
Diallylamin 155
Diarylketoxime 160
Dibenzonitrilpalladiumdichlorid 103
Dibenzylharnstoff 165
p-Dibrombenzol 117
Dibutylketon 34
C_{14}-Dicarbonsäure 137
Dicarbonsäureester 103
Dicarbonsäuren 85, 91, 98, 101, 102, 111, 131, 132, 135, 140
C_8-Dicarbonsäuren 139
Dicarboxylierung von konjugierten Diolefinen 100
Dichloräthan 49
1,1-Dichloräthylen 49
m-Dichlorbenzol 116
o-Dichlorbenzol 117
p-Dichlorbenzol 116

α,α-Dichlor-p-xylol 116
Dicyclopentadien 37, 38
Diels-Alder-Reaktion 40, 85, 98
Diene 34, 50, 60, 120, 128, 146, 166
—, cyclische 107
—, konjugierte 37, 44, 98, 131
— mit isolierten Doppelbindungen 35
Diester 83
Dihydrodicyclopentadien 132
Dihydrofuran 100
Dihydromuconsäuremononitril 116
trans-4,5-Dihydroxyoctatrien-2,4,6-disäure-1,4; 8,5-dilacton 79
5,6-Dihydro-4-H-pyran 150
Dihydropyrane 48, 50
Diisobuten 31, 132, 134, 144
p-Diisopropylbenzol 107
Diisopropylketon 60
Dijodo-bis-(tributyl-phosphin)-palladium-(II) 167
Dikobaltoctacarbonyl 13, 14, 20, 22, 36, 57, 98, 110, 166
Dimerisierung 128, 131, 135, 142
— von 2-Methylbuten 129
— von Olefinen 123
β,β-Dimethyl-acrylamid 152, 153
β,β-Dimethylacrylsäuremethylester 44
2,5-Dimethyladipinsäure 113
Dimethyläther 113
Dimethyl-äthylessigsäure 112
m-Dimethylaminobenzaldehyd 150
p-Dimethylaminobenzaldehyd 150
6-Dimethylamino-3-phenyl-2,4-dioxo-1,2,3,4-tetra-hydrochinazolin 165
5-Dimethylamino-2-phenylindazolon 165
2,2-Dimethyl-7-bromheptan-säure-1 141
2,3-Dimethylbutadien-1,3 34, 107
2,3-Dimethylbutan 136
2,3-Dimethybutanol 30
2,2-Dimethylbutanol-1 138
2,3-Dimethyl-buten-1 30, 34, 131
3,3-Dimethylbuten-1 30
2,3-Dimethylbuten-2 28, 30, 34
2,2-Dimethylbuttersäure 131, 132, 134, 136, 137, 138
2,2-Dimethylbuttersäuremethylester 137, 139
α,β-Dimethyl-γ-butyrolacton 44
2,2-Dimethylcapronsäure 138
1,4-Dimethylcyclohexancarbonsäure 137
2,5-Dimethylcyclopentanon 167

2,4-Dimethylcyclopenten-3-on 167
1,1-Dimethylcyclopropan 34
2,9-Dimethyldecandiol-2,9 139
2,6-Dimethyl-5,6-dihydro-4-H-pyran 153
2,11-Dimethyldodecadien-1,11 131, 132
2,5-Dimethylfuran 51
3,5-Dimethyl-4-heptanon 60
2,6-Dimethylhepten-3 28
2,5-Dimethyl-hexadien-1,5 35, 132
2,5-Dimethylhexadien-2,4 34
2,5-Dimethylhexandiol-1,5 140
2,5-Dimethyl-2,5-hexandiol 139
2-Diphenyl-methyl-3-phenylindon 166
3,6-Dimethyloctandiol-1,8 35
3,4-Dimethylpentanal 34
2,2-Dimethylpentanol 138
2,4-Dimethylpentanol 30
3,4-Dimethylpentanol 30, 32, 34, 53
4,4-Dimethylpentanol 30
3,4-Dimethylpent-(3)-en-säuremethylester 107
2,2-Dimethyl-propanol-1 138
1,2-Dimethylpropen-(1)-dicarbonsäure-(1,3)-diäthylester 92
α,α-Dimethyl-β-propiolacton 145
α,α-Dimethylsebacinsäure 133
2,5-Dimethyltetrahydrofuran 113
2,5-Dimethyl-3-tetrahydrofurfurylalkohole 50
2,2-Dimethylvaleriansäure 132, 134, 138, 141
α,α-Dimethyl-δ-valerolacton 44
α,β-Dimethyl-δ-valerolacton 44
Dimethyl-vinylessigsäureäthylester 44
Di-n-buten 31
Diole 37, 121, 135
—, ditertiäre 140
—, primäre 140
Diolefine 131, 132
—, cyclische 35
Dioxan 27, 79, 113, 152
2,4-Dioxo-1,2,3,4-tetrahydrochinazoline 146, 164, 165
Diphenylacetylen 50, 86, 90, 93
N-Diphenylacrylamid 95
1,2-Diphenyläthan 50
Diphenylamin 95
α,β-Diphenyl-γ-crotonolacton 93
Diphenylmaleinsäurediäthylester 93
1,3-Diphenyl-2-propanonphenylhydrazon 163
2-(β,β-Diphenyl-vinyl)-3-phenylindon 166

Direktsynthese von Lactonen 43
Disproportionierungsreaktion 128, 134, 142
Dissoziationsgeschwindigkeiten 10
Disulfide 18
Dodecancarbonsäurediäthylester 108
Dodecandicarbonsäure 100
Dodecan-1,12-dicarbonsäure 112
Dodecan-1,12-diol 112
Dodecan-1,12-säure 100
Dodecansäurediamid 110
Dodecen-1 99
Dodecylmercaptan 95
Doppelbindung 11
—, polarisierte 9
Doppelbindungswanderung 7, 12
Dreiturmverfahren 65
Druckrohre 171
Durchmischung von Gas und Flüssigkeit 22

Einschub von Kohlenmonoxyd in N—N-Bindungen 161
Einstufenalkoholsynthese 63, 64
Eisen 13, 78, 96, 103, 115, 148
Eisencarbonyl 79, 80, 90, 111, 151, 171
Eisenhydrocarbonyl 21
Eisenpentacarbonyl 33, 56, 91
Elektronendichte am Kobaltatom 10
Elektronenüberschuß 150
Elektronische Effekte 9
Energiegewinnung aus Abgas 66
Enthalogenierungsreaktion 87
Entkobalter 66
Entkobaltung durch chemische Behandlung 21
— durch heißes Wasser 20
— durch Hydrierung 20
— durch Reaktion mit Säuren 21
— durch Wasserdampf 20
— mit Chlor 21
Epichlorhydrin 52, 113
Epoxyde 51, 73, 79, 114
Essigsäure 21, 81, 82, 112, 113, 115, 119, 135, 138
Essigsäureäthylester 27, 53
Essigsäureanhydrid 27, 113
Essigsäuremethylester 53, 113, 116
Essigsäuresynthese 117, 118
Ester 26, 52, 79, 82, 83, 113
—, ungesättigte 7, 41, 82, 101
Explosive Wasserstoff-Luft-Gemische 171

Extraktive Absorption 67
— Destillation 66

Fischer-Tropsch-Synthese 3, 13
Fluorwasserstoff 123, 135
Formaldehyd 114, 115, 142, 145
Formaldehyd-dimethylacetal 52
Formamid 1, 110
Formylbernsteinsäurediäthylester 41
α-Formylcarbonsäureester 149
α-Formylbuttersäureester 42
β-Formylbuttersäureester 42
γ-Formylbuttersäureester 42
α-Formylbuttersäurebutylester 41
β-Formylbuttersäurebutylester 41
γ-Formylbuttersäurebutylester 41
α-Formylisobuttersäureester 42
Formylmethylbernsteinsäureäthylester 41
N-Formylpiperidine 50
α-Formylpropionsäureäthylester 41, 42
β-Formylpropionsäureäthylester 41, 42
β-Formylpropionsäuremethylester 41
2-Formyl-2,6,6-trimethyl-bicyclo(3,1,1)-heptan 31
Formylundecansäuremethylester 41
Fumarsäure 21
Fumarsäurediäthylester 41
Fumarsäuredichlorid 94
Fumarsäuredimethylester 44, 91
Furan 50

Gasdruck, Einfluß auf die Carbonylierung nach Koch 125
—, Einfluß auf die Hydroformylierung 22
—, Einfluß auf das Isomerenverhältnis bei der Hydroformylierung 24
Gaswäsche mit Ausgangsprodukt 21
Gleichgewichtseinstellung 25
Gold 13
Glutarimide 152, 154
Glutarsäureimid 152
Glykolmonomethyläther 52
Glykolsäure 114, 115, 142
Glykolsäureproduktion 145

Halogenide 74, 114, 115
—, gesättigte 121
—, ungesättigte 121
Halogenverbindungen 140
—, ungesättigte 49
Halogenwasserstoffe 93
Halogenwasserstoffsäuren 171

Halogenzusätze 98
Harnstoff 95
Harnstoffe, ungesättigte 147
Harze 145
Heptadecandicarbonsäure 117
Heptadecandicarbonsäuredimethylester 108
Heptadien-2,3-säure-1 88
n-Heptanal 34, 50
Heptancarbonsäure-2 127
Heptancarbonsäure-3 127
Heptancarbonsäure-4 127
Heptandial 35
Heptanol 112
Heptanol-2 112, 127
Heptansäure 99
Heptatrien-2,4,6-säureester-1 79
Hepten-1 28, 32, 132, 136
Hepten-2 28, 132
Hepten-3 28, 132
Heptin-6-säure-1-äthylester 87
n-Heptylaldehyd 30
Heterocyclen 50
Hexadecanol 70
Hexadien-1,5 35, 100, 107
Hexafluorpropan 49
Hexafluorpropylen 49
Hexahydrobenzoesäureäthylester 106
Hexahydrobenzylalkohol 46
Hexahydrosalicylaldehyd 52
n-Hexan 136
Hexanal 34, 50, 57
Hexan-1,6-diol, 112
Hexandiol 139
Hexanol 30, 112
Hexen-1 28, 30, 97, 98, 99, 104, 128, 132
Hexen-2 28, 128, 132
Hexen-3 128
Hexen-1-carbonsäure-2 86
Hexenolide 80
Hexin-1 86
Hexin-1-säure-1 87
Hexin-5-säure-1-äthylester 87
Hexylacetylen 93
N-Hexylacrylamid 153
tert. Hexylformiat 141
N-Hexylsuccinimid 153
Hochdruckreaktoren 118
Homologisierung 111
— von cyclischen Alkoholen 52

Hydrazobenzol 165
Hydridacceptor 135
Hydrid-Charakter 7
Hydriddonatoren 134
Hydridübertragung 121, 135
Hydridverschiebung 131
Hydrierung 12
— durch Wasserstoff-
  übertragungsreaktion 157
—, homogene 19, 61
—, selektive 131
— von Aldehydgruppen unter Hydro-
  formylierungsbedingungen 61
— von Doppelbindungen 167
cis-Hydrindancarbonsäure-8 139
Hydrindanol-5 139
Hydrocarbonyle 4
Hydrocarbonylbildung 98
Hydrocarboxylierung 73, 77, 85
Hydrocarboxylierung von Alkinen 93
Hydrochinon 80, 91
Hydroformylierung, Abhängigkeit der
  Reaktionsgeschwindigkeit von der
  Temperatur 23
—, Abnahme der Reaktionsgeschwindig-
  keit mit steigendem Molekulargewicht 29
—, Abtrennung und Rückgewinnung 63
—, Allgemeines 3
—, Aufschlüsselung der einzelnen Pro-
  duktionszentren 72
—, Behinderung durch Schwefel 17
—, bei Normaltemperatur 22
—, bicyclischer Moleküle mit Methylen-
  brücke 40
—, Druckabhängigkeit 22
—, Einfluß des Lösungsmittels auf die
  Reaktionsgeschwindigkeit, 26
—, Färbung der Reaktionsprodukte bei
  ungenügender Katalysatorabtrennung 20
—, Gesamtweltproduktion 71
—, Hemmung durch Acetylen 18
—, Hemmung durch Amine 16
—, höhersiedende Nebenprodukte 15
—, Isomerenverteilung in Abhängigkeit
  vom Druck 33
—, Isomerenverteilung in Abhängigkeit
  von der Temperatur 33
—, jährliche Steigerung der Weltproduk-
  tion 71
—, Katalysatoren 21

Sachverzeichnis

Hydroformylierung, Katalysatorvorbereitung 63
—, Kinetik 22
—, Lösungsmittel 26, 27
—, Nebenreaktionen 21, 23
—, Reaktionswärme 65
Hydroformylierungsreaktor 66, 67
Hydroformylierungsprozesse 117
Hydroformylierungsreaktoreninnenkühler 65
—, Technik 63
—, Verminderung der Reaktionsgeschwindigkeit durch Wasserzusatz 27
— — von Hochpolymeren 29
— von Olefinen 28
— — —, Abhängigkeit der Reaktionsgeschwindigkeit von der Olefinstruktur 28
— von verzweigten Olefinen 31
Hydrogenolytische Spaltung 161, 163
Hydrophile Gruppen 83
Hydrozimtester 41
1-Hydroxybutin-3 86
3-Hydroxybutin-1 86
β-Hydroxybuttersäuremethylester 113
γ-Hydroxybutyraldehyd 46
β-Hydroxy-n-butyraldehyd 51
Hydroxycarbonsäuren 102, 114, 142
2-Hydroxy-cyclohexancarbonsäure-1-äthylester 113
Hydroxyester 42
β-Hydroxy-isobutyraldehyd 46, 51
Hydroxymethylbenzylalkohol 53
p-Hydroxymethylbenzylalkohol 55
2-Hydroxymethylcyclohexancarbonsäure-γ-lacton 44
1-Hydroxymethylcyclohexen-3 156
Hydroxymethylcyclooctan 36, 37
cis-8-Hydroxymethylhydrindan 139
1-Hydroxymethyl-1-methylcyclohexan 139
1-Hydroxymethyl-1-methylcyclopentan 139
2-Hydroxy-2-methylpentin-4 86
4-Hydroxypenten-2-carbonsäure-2 86
5-Hydroxypenten-1-carbonsäure-2-p-toluolsulfonsäureester 86
1-Hydroxypentin-4 87
2-Hydroxypentin-3 86
1-Hydroxypentin-4-p-toluolsulfonsäureester 86
2-Hydroxypentin-4 86
3-Hydroxy-3-phenylpropen-1-carbonsäure-2 87

1-Hydroxy-1-phenylpropin 87
β-Hydroxypropionsäure 79
β-Hydroxypropionsäureäthylester 113
ω-Hydroxysäuren 140
4-(2 Hydroxytetrahydropyranyl)buten-1 carbonsäure-2 86
4-(2 Hydroxytetrahydropyranyl)butin-1 86

Imide 146, 152
Indazolone 146, 161, 164
Indone 146, 166
Induktionsperiode 14
Induktionszeit, bei Carbonylierung mit Nickeltetracarbonyl 76
Innenständige Kohlenstoffdoppelbindung 11
Innere Weichmacher für PVC 145
Ionisationskonstante 16
Iridium 13, 22
Isoamylalkohol 53
Isobutanol 51, 53, 57, 70, 112
Isobuttersäure 99, 112, 128, 131, 134, 136, 138
Isobuttersäureäthylester 105
Isobuttersäureanilid 110
Isobuttersäureglykolester 105
Isobutylen 8, 30, 31, 33, 98, 99, 104, 106, 123, 131, 144, 153
Isobutyraldehyd 30, 51, 57, 60
Isobutyrylkobalttetracarbonyl 8
Isodecanol 70
Isodecen 129
Isohepten 31
Isomerengemische 78, 82
Isomerenverteilung 12, 15, 124
Isomerisierung, intermediärer Komplexe 153
—, — π-Komplexe 101
Isomerisierungen 11, 12, 96, 123, 124, 125, 140, 142, 146, 150
— des Kohlenstoffgerüsts 123, 128
— durch Metallcarbonyl-Katalysatoren 155
—, ungesättigte Alkohole 156
—, Unterwanderung von Alkylgruppen 123
— von Doppelbindungen
Isomerisierung von Epoxyden 51
Isononanol 31
Isononansäure 132
Isooctanol 31, 70
Isoocten 106
Isoparaffine 121, 134

Isopelargonsäureäthylester 106
Isopentan 136
Isopentanol 153
Isopentylverbindungen 33
Isophthalsäure 116
Isopren 103, 106
Isopren, dimer 34
Isopropanol, als Wasserstofflieferant, 60
Isopropylalkohol 60, 136, 138
Isopropylbenzol 31
α-Isopropyl-γ-butyrolacton 44
Isovaleraldehyd 30, 34, 53
Isovaleriansäure 99, 112
Isovaleriansäuremethylester 106
Itaconsäurediäthylester 41
Itaconsäuremethylester 116

Jodbenzol 90, 116
Jodderivate, aromatische 90
1-Jodheptin-2 88
1-Jodnaphthalin 117
1-Jodoctan 116
2-Jodoctan 116
Jodzusatz 97, 98, 111

Kaliumformiat 1
Kalium-Nickelcyanid 80
Kapazität von Oxo-Anlagen 69
Katalysatoraufbau 10
Katalysatorabtrennung durch Flashdestillation 20
—, durch thermische Zersetzung der Carbonyle, 20
Katalysatoren 123
—, REPPE Carbonylierung 78
— der Ringschlußreaktion 151
—, technische Anwendung bei Carbonylierung nach KOCH 124
Katalysatoren Hydroformylierung, Abtrennung und Rückgewinnung 19
—, Allgemeines 13
Katalysatorgifte 15, 81
Katalysatorkonzentration 15, 33
Katalysatorrückgewinnung 119
— durch Einblasen von heißem Produkt 66
— durch Einblasen von Wasserdampf 66
— durch Säuren 65
Katalysatortransport 26
2-Keto-3-methylcyclopentylessigsäuremethylester 107
Ketonbildung 58
Ketone 26, 52, 59, 60, 82, 83, 166

—, cyclische 60, 98, 101, 147
—, gesättigte 39, 166
—, konjugiert ungesättigte 39
—, ungesättigte 38, 49, 143, 146
cis-4-Ketopenten-2-carbonsäure-2 87
trans-4-Ketopenten-2-carbonsäure-2 87
γ-Ketopimelinsäuredimethylester 91
2-Keto-octen-3-carbonsäure-4 87
Ketosäuren 87
γ-Ketosäuren 90
Ketosäuren, cyclische 152
γ-Ketosäuren, α,β-ungesättigte 90
Ketoxime 160
—, aromatische 146
Kieselgur 13
Kobalt 10, 13, 78, 115, 148
—, als heterogener Katalysator 15
Kobaltacetylacetonat 13
Kobaltcarbonat 13
Kobaltcarbonyl 79, 90, 103, 151
Kobaltcarbonyle, thermische Zersetzung 65
Kobaltchlorid 21
Kobaltdeuterocarbonyl 34
Kobalthydrocarbonyle 4, 7, 8, 13, 14, 20, 21, 22, 42, 52, 59, 98, 100, 103, 167
Kobalthydrocarbonyl, Transport in Gasform 65
Kobalthydrotricarbonyl 11, 149, 150
Kobalthydroxyd 13
Kobaltjodid 77
Kobaltkatalysatoren 4, 15, 17, 23, 29, 31, 33, 41, 91, 96, 102
Kobalt-Kohlenstoff-Bindungen 7
Kobaltmetall 15
Kobalt-Rhodiumgemische 33
Kobaltsalzlösungen, wasserhaltige 13
Kobalt-Schwefelverbindungen 18
Kobalt-Seife 13
Kobaltspiegel an den Reaktorwänden 20
Kobaltsulfat 13
Kobaltsulfid 18
Kohlenmonoxyd, Dimerisation von Propen und Buten 69
Kohlenmonoxyd, Einfluß auf die Hydriergeschwindigkeit von Aldehyden 62
—, Einfluß auf Zusammensetzung der Reaktionsprodukte bei der Carbonylierung nach KOCH 125
—, Reaktionshemmung bei Carbonylierung nach Reppe 82
Kohlenmonoxyd-Partialdruck 79
Kohlenmonoxyd, ^{14}C-markiertes, 9

Sachverzeichnis

Kohlenoxysulfid 18
Kohlensäure 21
Kohlenstoffdoppelbindungen 7
Kohlenstoff-Metallbindung 12
Kohlenwasserstoffe, aromatische 83
π-Komplex 5, 11, 149, 167
Komplexbildner 19
Kompressoren 172
Kondensationsbeschleuniger 58
Kondensationsreaktion 20, 26
Kontrolleinrichtung 171
Korrosion 171
Korrosionsprobleme 120
Kreisgas 21
Kresole 140
Kupfer 22, 58, 78
Kupferbromid 79
Kupferhalogenid 52
Kupferoxyd 52

Laboratoriumsmaßstab 171
Laborkleinversuche 172
Laborversuche, kontinuierliche 171
Lacke 145
Lactame 26, 146, 154, 155
Lactone 26, 74, 88, 102, 140, 143, 146, 152, 156, 168
—, ungesättigte 143
δ-Lactone 44
γ-Lactone 142
—, β-γ-ungesättigte 90
Lactonsynthese 170
Lävulinsäure 100
Liganden 8
Ligandenfeld 10
Lösungsmittel 26, 68, 128, 170
— der Koch-Reaktion 127
— der Ringschlußreaktion 151
Lösungsvermittler 83
Lutidine 16

Magnesium 13, 22
Magnesiummethylat 56, 57
Magnesiumoxyd 13
Maischeverfahren 13
Maleinsäure 21
Maleinsäureanhydride 87
Maleinsäurediäthylester 41, 44
Malonsäureester 149
Malonsäuremethylester 116
Mangan 9, 13, 22
Markownikoff-Addition 85 123, 128

Mechanismus der homogenen Hydrierung von Aldehydgruppen unter Hydroformylierungsbedingungen 61
Mechanismus, der Hydrierung von Olefinen bei der Hydroformylierung 12
— der Ringschlußreaktion, Phenolbildung 168
Mercaptale 18
Mercaptane 18, 74, 77, 93, 94
Metallcarbonyle 4, 74, 172
Metallhalogenide 96
Metallhydrocarbonyle 148, 150
Metallorganische Zwischenstufen 4
Methacrolein 48, 51
Methacrylamid 153
Methacrylamide, N-monosubstituierte 152
Methacrylsäure 86, 102
Methacrylsäureäthylester 93
Methacrylsäureester 42, 104
Methacrylsäuremethylester 43, 44, 106
Methallylalkohol 156
β-Methylallylamine, N-alkylierte 155
Methallylbromid 141
Methallylchlorid 140, 141, 145
Methan 53
Methanol 27, 53, 112, 138
2-Methylacetessigsäure 100
Methylacetylen 93, 168
Methylacrylat 27
2-Methyladipinsäure 113
α-Methyl-α-äthylazelainsäure 133
2-Methyl-2-äthyl-6-bromhexan-säure-1 141
2-Methyl-2-äthylbuttersäure 131, 132, 134 138
2-Methyl-2-äthylvaleriansäure 138
Methylallylamin 150, 170
N-Methylaniline 16
m-Methylbenzaldehyd 55
p-Methylbenzoesäuremethylester 53
4-Methyl-benzophenonphenylhydrazon 161, 162
m-Methylbenzotrifluorid 53
m-Methylbenzylalkohol 53, 55
p-Methylbenzylalkohol 53, 55
Methylbernsteinsäuredimethylester 108
2-Methyl-butadien-1,3 34
2-Methyl-butadien-2,3-säure-1 88
2-Methylbutan 137
2-Methylbutanal 60
3-Methylbutanal 31
2-Methyl-butancarbonsäure-2 127

2-Methylbutanol-1 112
2-Methylbutanol-2 112, 138
3-Methylbutan-1-ol 30
2-Methylbuten-1 30, 129, 131
2-Methyl-buten-2 30, 97, 98
3-Methylbuten-1 30
2-Methylbutencarbonsäure-2 129
3-Methylbut-3-enoylchlorid 116
Methylbutinin 92
2-Methylbuttersäure 112, 131, 134, 135, 136, 138, 141
2-Methylbuttersäuremethylester 105
α-Methyl-α-n-butylpimelinsäure 133
α-Methylbutyraldehyd 38
α-Methyl-γ-butyrolacton 44, 113, 169
β-Methyl-γ-butyrolacton 44
2-Methylcapronsäure 132
α-Methylcaprylsäuremethylester 116
α-Methylcaprylsäurethioäthylester 110
α-Methylcrotonaldehyd 38
Methylcyclobutan 134
1-Methyl-cycloheptancarbonsäure-1 129, 137
Methylcyclohexan 137
1-Methyl-cyclohexancarbonsäure-1 136, 137, 139, 140
4-Methylcyclohexancarbonsäure 112
1-Methylcyclohexancarbonsäuremethylester 137
1-Methylcyclohexanol-1 140
4-Methylcyclohexanol 112
Methylcyclohexen 136
4-Methyl-cyclohexen-1 28
Methylcyclohexenoncarbonsäure 168
Methylcyclooctan 36
Methylcyclopentan 136
1-Methylcyclopentancarbonsäure-1 127 136
1-Methylcyclopentencarbonsäure 132
Methylcyclopropan 134
6-Methyl-5,6-dihydro-4H-pyrancarbonsäure-(2)-methylester 48
2-Methyldodecansäure 99
α-Methylen-γ-butyrolacton 86, 169, 170
α-Methylen-γ-dimethyl-γ-butyrolacton 86
α-Methylen-γ-methyl-γ-butyrolacton 86
α-Methylen-δ-valerolacton 87
Methylglutarsäure 101, 112
α-Methylglutarsäure 113
β-Methylglutarsäureimid 152
3-Methylheptadiencarbonsäureäthylester 107
2-Methylheptansäure 112

3-Methylheptatrien-(1,4,6) 107
2-Methyl-hepten-2-on-6 143
2-Methylhexanal 50
4-Methylhexanal 31
2-Methylhexan-carbonsäure-2 127
3-Methylhexancarbonsäure-3 127
3-Methylhexanol 30
5-Methylhexanol 30
2-Methylhexansäure 99, 112
2-Methylhexen-5-säure-1 100
2-Methyl-hexylaldehyd 30
Methyljodid 116
Methylmalonsäuremethylester 116
Methylmanganpentacarbonyl 9
Methyl-(1-naphthyl)-acetaldehyd 31
2-Methyloctadecansäure 99
3-Methyl-octanon 60
2-Methyloctansäure 99, 112
3-Methylpentadien-1,3 34
2-Methylpentan 136
2-Methylpentanal 142
2-Methylpentancarbonsäure-2 129
4-Methyl-pentadien-2,3-säure-1 88
2-Methylpentanal-1 50
2-Methylpentanol 30
4-Methylpentanol 30
2-Methylpenten-2-al-1 143
2-Methylpenten-1 28, 30, 132
2-Methylpenten-2 28
2-Methyl-penten-3 30
3-Methylpenten-1 31
3-Methylpenten-2 132
4-Methyl-penten-1 28
4-Methylpenten-2 28
4-Methyl-penten-3-säure-1-äthylester 103
4-Methylpent-(3)-en-säuremethylester 106
Methylphenylacetaldehyd 31
Methylphenylacetylen 93
2-(m-Methylphenyl)-äthanol 53
2-(p-Methylphenyl)-äthanol 53
6-Methyl-3-phenyl-2,4-dioxo-1,2,3,4-tetrahydrochinazolin 165
7-Methyl-3-phenyl-2,4-dioxo-1,2,3,4-tetrahydrochinazolin 165
5-Methyl-2-phenylindazolon 165
3-Methyl-N-phenylphthalimidin 162
3-Methyl-phthalimidin-N-carboxanilid 162
2-Methylpropanol 135
Methyl-n-propylessigsäure 131
α-Methyl-α-n-propylkorksäure 133
β-Methylpyrrolidone 155

Sachverzeichnis

α-Methylstearinsäureäthylester 106
α-Methylstearinsäurethioäthylester 110
α-Methylstyrol 31
α-Methylsuccinimid 152, 153
2-Methyltetrahydrofuran 113
Methyl-p-toluolsulfat 116
6-Methyl-3-(p-tolyl)-2,4-dioxo-1,2,3,4-tetra-hydrochinazolin 165
α-Methylundecandisäuren 133
α-Methylvaleriansäure 112
2-Methylvaleriansäure 132, 134
α-Methyl-δ-valerolacton 44
β-Methyl-δ-valerolacton 44
Methylvinyläther 48
α-Methylzimtsäure 86
α-Methylzimtsäureäthylester 93
Methoxyacetaldehyddimethylacetat 52
p-Methoxyacetophenon 54
m-Methoxybenzaldehyd 55, 150
p-Methoxybenzaldehyd 150
m-Methoxy-benzylalkohol 53, 55
p-Methoxy-benzylalkohol 53, 55
6-Methoxy-3-(p-methoxyphenyl)-2,4-dioxo-1,2,3,4-tetra-hydrochinazolin 165
2-(m-Methoxyphenyl)-äthanol 53
2-(p-Methoxyphenyl)-propanol-1 54
β-Methoxy-propionaldehyd 48
p-Methoxy-toluol 53
Mindest-CO-Partialdrucke 14, 22
Mineralsäuren 21, 96
Minimaltemperatur der homogenen Hydrierung von Aldehydgruppen 61
Mischcarbonyle 19
Mondprozeß 1
Monocarbonsäuren, cyclische 140
—, tertiäre 131
—, ungesättigte 101, 103
Monochloressigsäure 81
Monochlorpivalinsäure 140
α-Monochlorpropionaldehyd 49
Monoole 111
trans,trans-Muconsäuredichlorid 94

2-Naphthaldehyd 151
1-Naphthaldehydanil 159
2-Naphthaldehydanil 159, 161
Naphthaldehyde 159
1-Naphthaldehydphenylhydrazon 163
Naphthalincarbonsäure-1 117
Naphthalincarbonsäure-1-methylester 117
Naphthketoxime 160

α-Naphthylessigsäuremethylester 116
Natrium 13, 22
Natriumalkoholat 103
N-Acetylacrylamid 95
N-Acrylharnstoff 95
N-Äthylacrylamid 95
N-Äthylallylamin 154
N-Allylsuccinimid 153
N-Alkyl-allylamine 154
N-Alkylpyrrolidone 154
N-Benzylacrylamid 153
N-Benzylidenanilin 158
N-Benzylmethacrylamid 153
N-Bicyclohexylacrylamid 95
N-(p-Chlorphenyl)-acrylamid 153
N-(p-Chlorphenyl)-succinimid 153
N-(2,6-Dichlorphenyl)-succinimid 153
N-Dodecylacrylamid 153
N-Dodecylallylamin 154
N-Dodecylpyrrolidon 154
N-Dodecylsuccinimid 153
Nebenreaktionen 111, 129
negative Teilladung 11
Neopentylalkohol 30, 53, 112, 135, 153
Neopentylverbindungen 33
Neosäuren 145
N-Hydroxymethylphthalimidine 161
N-Hydroxyphthalimidine 160
Nickel 78, 115, 148
Nickelacetat 97
Nickelbromid 79, 81
Nickelbromidtriphenylphosphinallylbromid 78
Nickelcarbonyl 80
—, Rückgewinnung bei Reppe-Synthesen 74
Nickelhalogenide 78, 102
Nickelhydrocarbonyl 75
Nickeljodid 81
Nickelkatalysatoren 67, 109, 110, 168
Nickelsalze 74
Nickeltetracarbonyl 74, 76, 78, 81, 94, 168
Nitrile 26, 83, 146
—, aromatische 158
—, ungesättigte 45
Nitrobenzole 81
p-Nitrobenzylalkohol 53, 55
Nitrogruppen 158
N-Isobutylacrylamid 153
N-Isobutylallylamin 154
N-Isobutylpyrrolidon 154

N-Isobutylsuccinimid 153
¹⁵N-markierte Verbindungen 162
N-Methoxymethylphthalimidine 161
N-Methylacrylamid 150, 153
N-Methylallylamin 154
N-Methyl-α-methylsuccinimid 153
N-Methyl-2-pyrrolidon 16, 154, 170
N-Methylsuccinimid 153
N,N-Dimethylformamid 16
N-Octylallylamin 154
N-Octylpyrrolidon 154
Nonanol 31, 34, 35, 70
5-Nonanon 60
Nonansäure 99
Nonansäureanilid 110
Nonen-2-carbonsäure-2 86
Nonin-2 85, 86
N-Phenylacrylamid 153
N-Phenylallylamin 154
N-Phenylphthalimidin 161, 163
N-Phenylsuccinimid 153
N-Propenylpyrrolidon-(2) 155
N-,n-Propylpyrrolidin 80
N-tert.-Alkyl-Acylamine 141, 142
N-(m-Tolyl)-phthalimidin 163
Nucleophiler Angriff 147
— — am Acylkation 150

Octadecancarbonsäuremethylester 106
Octadecen 31, 110
Octadecen-1 99, 106
Octanal 57
Octancarbonsäureäthylester 106
Octancarbonsäure-1-phenylester 106
Octancarbonsäure-2-phenylester 106
Octandial 35
Octanol 112
Octanol-2 112
Octen 110
Octen-1 28, 31, 99, 106
Octen-2 28
Octen-1-carbonsäure-2 86
Octen-1-carbonsäure-2-äthylester 93
(cis-n)-Octen-4 31
(trans-n)-Octen-4 31
(n)-Octin 77, 81, 85, 90
Octin-1 86
Ölsäure 83, 132
Ölsäuremethylester 41, 108
Olefindimerisierung 128
Olefine 23, 73
—, alkylsubstituierte 29

—, asymmetrisch disubstituierte 9
—, cyclische 29
—, endständige 7
—, perfluorierte 50
monoalkylsubstituierte Olefine 9
Olefin-Metallcarbonyl-Addukt 12
Olefinspaltung 128
Oligomerisierung 58, 128
— von Olefinen 123
Orthoameisensäureäthylester 23
Orthoester 26
Osmium 13, 22
Oxalsäure 21
Oxime 149
Oxoanlage der BASF 66
— der Ruhrchemie, 66
— von Mitsubishi, 66
Oxo-Reaktion 3
Oxydationsreaktion 20
oxydierende Gase 15

Palladium 92, 94, 96, 100, 103, 110, 111
    115, 151
Palladiumchlorid 94, 103, 104
Palladiumjodid 80
Palladiumkatalysatoren 101, 103
Palladiumzeolith 13
Paraffine 83, 128, 133, 134
Paraffinbildung durch Hydrierung der
    Ausgangsolefine 33
Partialdrucke 15
Pelargonsäuremethylester 116
Pentadien-1,3 106
Pentadien-1,4 35
Pentadien-2,3-säure-1 88
Pentancarbonsäure-2 127
Pentancarbonsäure-3 127
Pentan-1,5-diol 112
Pentanol-1 138, 139
Pentanol-2 127, 137, 138
Pentanole 69, 112, 135
Penten-1 28, 30, 97, 98, 104
Penten-2 28, 30, 97, 98, 126, 127
Penten-3-säure-1 103, 116
3-Pentensäurechlorid 116
Pentin-1 50
Pentin-3-on-2 87
Pentin-4-säure-1-äthylester 87
Perhydro-acenaphthencarbonsäuren 131
Perhydrotrimellitsäure-triäthylester 108
Pharmaceutika 170
Phenole 90, 146, 152, 168

Sachverzeichnis

Phenylacetylen 50, 85, 86, 93, 95
α-Phenylacrylanilid 95
α-Phenylacrylsäureäthylester 93
α-Phenylacrylsäurethioäthylester 95
2-Phenyl-äthanol 53, 112
2-Phenyl-(benz)-e-isoindolin-1-on 163
1-Phenyl-butadien-1,3 34
4-Phenyl-butadien-2,3-säure-1 88
1-Phenylbutan 34
4-Phenylbutanol 112
β-Phenyl-γ-butyrolacton 44
Phenylchlorid 108
α-Phenyl-crotonsäure 86
1-Phenyldecadiencarbonsäuremethylester 108
1-Phenyldecatrien-(1,4,8) 108
p-Phenyldiessigsäuredimethylester 116
3-Phenyl-2,4-dioxo-1,2,3,4-tetrahydrochinazolin 164, 165
p,p-Phenylen-β,β-diäthanol 53
p-Phenylen-di-(2)-isobuttersäurediäthylester 107
Phenylessigsäureanilid 117
Phenylessigsäuremethylester 116
2-Phenylindazolon 165
α-Phenyl-trans-zimtsäure 86, 90
3-Phenyl-6-methylphthalimidin-N-carboxanilid 162
Phenylphthalimidine 164
2-Phenylphthalimidin 158
3-Phenylphthalimidin 162
3-Phenylphthalimidin-N-carboxanilid 162
3-Phenylpropanol 112
1-Phenyl-propin-1 85, 86
3-Phenylpropionaldehyd 38
α-Phenylpropionsäure 100
α-Phenylpropionsäureäthylester 107
N-Phenylpyrrolidon 154
Phenylsubstitution 149
α-Phenylsuccinimid 152, 153
Phenylhomologe 150
Phenylhydrazone 146, 149, 151, 160, 161, 162, 163
Phosgen 94
Phosphine 10, 19, 33
Phosphin-Kobalthydrocarbonyle 19
Phosphinliganden 22, 78
Phosphite 19
Phosphorsäure 81, 82, 91, 120, 123, 124, 142
Phthalimidine 146, 158, 160, 163, 164
Bis-Phthalimidine 159
Phthalsäure 117

Phthalsäurediesterproduktion 69
Pikoline 16
Pimelinsäure 112, 113
Pinakol 53
Pinakolylalkohol 53
Pinakonol 53
α-Pinen 31
Piperidine 16, 50
Piperidin-triphenylphosphin-palladiumdichlorid 109
Piperidone 155
Pivalaldehyd 31, 53
Pivalinsäure 92, 99, 112, 128, 129, 131, 134, 135, 136, 137, 138, 141, 144
Pivalinsäureäthylester 106
Platin 13, 22
Platinchlorid 104
Polyene 34
Polyesterfasern 35, 145
Polyketone 80
Polymerisationen 58, 145
Produktionsanlagen, BASF, Essigsäure 119
Produktionsziffern von Oxoanlagen 69
Produktion von alkoholfreien Aldehyden 19
Promotoren 13, 21, 78
Propan 66
Propanal 70
Propanol 80, 112, 138
Propanol-1 53
Propanol-2 112
Propargylalkohol 85
Propargylchlorid 116
Propin 86
Propionaldehyd 3, 38, 46, 49, 50, 53, 58
Propionamid 110
Propionitril 45
Propionsäure 21, 80, 84, 99, 110, 112, 117, 128, 131
Propionsäureanhydrid 80, 109, 110
Propionsäureäthylester 105
Propionsäuresynthese 109
Propionsäurebutylester 105
Propionsäureisopropylester 105
Propionsäuremethylester 105, 116
Propionsäurethiophenolester 110
Propionylchlorid 110
Propionylpropionsäure 80
Propylamin 45
α-n-Propylazelainsäure 133
n-Propylbenzol 112
β-Propyl-γ-butyrolacton 44
n-Propylcyclopropan 134

2-Propyl-3,5-diäthylpropin 147
Propylen 3, 30, 56, 57, 60, 66, 69, 99, 104, 105, 110, 123, 128, 131, 136, 157
Propylenoxyd 51, 52, 113
Protonisierung von Alkinen 74
PVC-Weichmacher 68
Pyridine 16, 17, 50, 56, 57, 76, 82, 98, 100, 101
Pyridinzusätze 103
Pyrrolidin 95
Pyrrolidon-(2) 155

Quarternäre Kohlenstoffatome 31
quarternäre Phosphonium-nickelhalogenide 81
Quecksilber 19, 58
Quecksilbersalze 13

Raney-Kobalt 18
Raumzeitausbeute 21
Reaktionsgefäße, Hastelloyauskleidung 171
Reaktionsmechanismus, der Carbonylierung nach KOCH 74, 121
—, der Carbonylierung von Halogeniden 115
—, Grenzfälle mit ungeklärtem 169
—, Hydroformylierung 4
—, Isomerisierung bei der Hydroformylierung 11
—, von Ringschlußreaktionen mit Kohlenoxyd 147
Reaktionsrohre 65
Reaktionstemperatur, Einfluß auf das Isomerenverhältnis bei der Hydroformylierung 24
—, Einfluß auf die Carbonylierung nach KOCH 125
—, Einfluß auf die Hydroformylierung 22
Reaktorauskleidungen, Hastelloy B 118
—, Hastelloy-C 118
—, Platin 118
—, Tantal 118
—, Titan 118
Regeln für die Carbonylierung nach KOCH 129
— von KEULEMANS 4, 42
Reppe-Reaktion 73, 169
Reppe-Synthese 151
Resonanzenergie von Crotonaldehyd 41
Rhenium 13, 22
Rhodium 10, 13, 21, 78, 103, 115, 148, 151

Rhodiumchlorid 63
Rhodiumkatalysatoren 10, 29, 33, 35, 36, 37, 40, 41, 42, 44, 50, 63, 96, 101
Rhodiumoxyd 63
Rhodiumtrichlorid 94
Ringschlußreaktion 147
Ringspannung 129
Roelen-Reaktion 3, 33
Rührgeschwindigkeit, Einfluß auf die Ausbeute bei der Ameisensäuremethode 127
Ruthenium 13, 22, 78, 110
Rutheniumcarbonyl 104
Rutheniumchlorid 157
Rutheniumkatalysatoren 96, 102

Säurechloride 109, 115
C_6-Säuren 112, 127
C_7-Säuren 132, 136
C_8-Säuren 136, 139
C_9-Säuren 132, 138
C_{10}-Säuren 132
C_{11}-Säuren 129, 138
C_{15}-Säuren 139
Säuren, ungesättigte 147
—, α,β-ungesättigte 102
—, ω-ungesättigte 140
Salzsäure 81, 82, 96, 120
Sauerstoff 16, 81
Schiffsche Basen 146, 149, 150, 158
Schutzwände 171
Schwefel 17, 76
schwefelhaltige Crackolefine 18
Schwefelkohlenstoff 18
Schwefelsäure 21, 81, 120, 121, 123, 133, 134, 135, 142
Schwefelverbindungen 146
Schwefelwasserstoff 18, 95
Schwermetalle 19
Schwermetallionen 19
Sechsringimidbildung 153
Selen 76, 78
Semicarbazone 146, 149, 160, 163
Shell-Hydroformylierungsverfahren 19 22, 33, 58, 62, 64
Sicherheitsvorkehrungen 118
Silber 78
Silberoxyd 52
Silicium-Alkylverbindungen 150
Silicium-Kohlenstoff-Verbindungen 12
Sonderstähle 118
Sorbinsäureäthylester 44

Spaltung, hydrogenolytische 147
Sprengung von C—C-Bindungen 134
Spülen mit Inertgas 76
Stabilität von Kobaltcarbonyl 14
Stahlflasche 172
Sterische Faktoren 9
Sterische Hinderung 10, 59, 161
Sterisch kontrollierte Hydroformylierung 10
Stickstoffbasen 16, 100
cis-Stilben 50
Stöchiometrische Carbonylierung 84
Stöchiometrische Carbonylierung von Olefinen 82
Stuart Briegleb Kalotten 159
Styrol 31, 100, 107
Styroloxyd 52
Suberinsäure 112
Succinimid 152, 153, 170
Succinimide, α-substituierte 152
Succinimide, N-substituierte 152
Succinimidoessigsäureäthylester 153
Sulfate 115
Sulfonamide, ungesättigte, 147
Sulfonate 115
Synthesegas 16
Synthetische Schmieröle 68
Synthetische Waschmittel 69

Technische Oxo-Prozesse 15
Technischer Überwachungsverein 171
Tellur 76
Terephthalsäure 116, 117
Terephthalsäuremethylester 116
Tetrachlorkohlenstoff 81, 126, 128
Tetradecan-1,14-dicarbonsäure 112
Tetradecan-1,14-diol 112
Tetradecen-1 28
Tetrahydrobenzaldehyd 39
Tetrahydrobenzylalkohol 46
Tetrahydrofuran 27, 79, 113, 152
Tetrahydrofurancarbonsäure 100
2-Tetrahydrofurfurylalkohol 50
Tetrahydrophthalsäureäthylester 108
Tetrahydrophthalsäurediäthylester 108
Tetrahydropyran 113
Tetrahydrothiophen 50
2,2,5,5-Tetramethyladipinsäure 132
Tetramethyläthylen 32, 120, 123
1,2,3,5-Tetramethylbenzol 53
Tetraphenylbutadien 90
Tetramethylbuttersäure 139

2,2,7,7-Tetramethylkorksäure 139, 140
2,2,4,4-Tetramethylpentansäure-1 128
Tetraphenylallen 166
Tetraphenylalline 146
Tetraphenylbutatrien 166
Thioacrylsäure 95
Thioalkohole 93
Thioäther, gesättigte 18
—, ungesättigte 18
Thioester 93, 94, 95
Thioglykolsäure 95
p-Thiokresol 95
Thiolactone 146
Thiolcarbonsäureester 109
Thiole 109, 146
—, ungesättigte 147
Thiophen 18, 50
Thiophenole 93, 95, 110
Thorium 58
Thoriumoxyd 13
Tiglinsäure 140
Tiglinsäureäthylester 44
Tischtschenko-Reaktionen 58, 156
Titan 58
Toluidine 16
Toluol 27, 50, 53
p-Toluolsulfonsäureheptin-2-ol-1-ester 88
p-Toluylsäure 116
3-(p-Tolyl)-phthalimidin-N-carboxanilid 162
Trennung von Butadien und Buten 170
— von Aromaten und Aliphaten 170
Triacrylsäure 79
Trialkylessigsäure 98
Trialkylphosphin-Kobalthydrocarbonyl 62
Triäthylamin 16
Tributylphosphin 42
Tricyclododecandialdehyd 37
exo-Tricyclo-(5,2,1,0)-decan-2-carbonsäure 132
Tridecanol 70
Tridecansäure 99
Triene 103
m-Trifluormethylbenzaldehyd 55
m-Trifluormethylbenzylalkohol 53, 58
Triisobutylen 135
Trimerisation von Propen 69
Trimethylacetyl-Kobalttetracarbonyl 5
α,β,β-Trimethylacrylsäureäthylester 44
2,4,6 Trimethylbenzylalkohol 53, 55

2,2,6-Trimethyl-8-bromoctan-säure-1 141
2,3,3-Trimethylbutanol-2 139
2,3,3-Trimethylbuten-1 28
2,2,3-Trimethylbuttersäure 131, 136
2,4,4-Trimethylbutyrolacton 139
α,α,β Trimethyl-γ-butyrolacton 44
2,2,6-Trimethyl-8-chloroctan-säure-1 141
Trimethylessigsäure siehe auch Pivalinsäure
Trimethylessigsäuremethylester 8
3,5,5-Trimethylhexanol 31
2,4,4-Trimethylpenten-1 28
2,4,4-Trimethylpenten-2 28
2-(2,4,6-Trimethylphenyl)äthanol 53
Trinkwassergewinnung aus Meerwasser 68
1,1,3-Triphenylinden 166
2,2,4-Triphenylnaphthalinon 166
Triphenylphosphin 8, 79, 81
Triphenylphosphit 19
Tris-[tri-(p-fluorphenyl)-phosphin]-platin 111

Umlagerung des Kohlenstoffgerüstes 140
— des Ringgerüstes 129
Umlaufrohre 118
Undecansäureester 106
Undecylensäure 100, 110, 132, 133
Undecylensäureäthylester 108, 110
Undecylensäuremethylester 41
Unfallverhütung 171
Unfallverhütungsvorschrifetn der Berufsgenossenschaften 171
Urethane, ungesättigte, 147
UV-Bestrahlung 98

n-Valeraldehyd 30, 34, 60
n-Valeriansäure 99, 113
Valeriansäuremethylester 105
δ-Valerolacton 44, 113, 169
Verbindungen mit vinylständigem Chlor 50
Verdünnungsmittel 26
Vergasung von Kohle 1
Verkrustungen 20
Versatic-Säuren 144
Verseifbarkeit 145
Verringerte Elektronendichte 147
Vinylacetylene 85
Vinyläther 47
Vinylchlorid 49, 104
Vinylcyclohexen 37, 98

1-Vinylcyclohexen-3 99, 107
Vinylessigsäureallylester 111
Vinylessigsäureäthylester 44
Vinylessigsäurechlorid 116
Vinylessigsäureester 11
Vinylessigsäuremethylester 108, 116
Vinylester 145
1-Vinylnaphtalin 31
Vinylsulfonsäurephenylester 108, 109

Warneinrichtung 171
Waschmittelalkohole 32
Waschmittelrohstoffe 68
Wasser 74, 79, 83, 92, 111, 121, 124
— als Verdünnungsmittel 27
— als Wasserstofflieferant bei der Alkoholsynthese nach Reppe 33
Wasserabspaltung 114, 157
Wassergasbildung, Hemmung durch größere Wassermengen 111
Wassergasreaktionen 83
Wasserstoff 98
Wasserstoffliefernde Verbindungen 14
Wasserstoffpartialdruck 22
Wasserstofftransport 12
Wasserstoffübertragung 147
Wasserstoffübertragungsreaktion 155
Wechselreaktoren 65
Weichmacheralkohole 32, 56
Wertprodukte 15
Wirtschaftlichkeit, von Produktionsanlagen 20
Wismut 13, 19

Xylenole 140
Xylidine 16
Xylol 50
m-Xylol 53
p-Xylol 53

Zentralatom 10
Ziegler-Alkohole 68
Zimtaldehyd 38
Zimtsäureamid 152, 153
Zimtsäureäthylester 44
Zimtsäureester 41
Zink 13, 19, 58, 78
Zinkchlorid 120
Zinn 58
Zinnchlorid 104
Zirkon 58
Zweiturmverfahren 20

Organische Chemie in Einzeldarstellungen

2. Band Clar: **Aromatische Kohlenwasserstoffe**

Polycyclische Systeme

Zweite, verbesserte Auflage. Mit einem Geleitwort von J. W. Cook.
Mit 138 Abbildungen. XXII, 481 Seiten Gr.-8°. 1952
Gebunden DM 69,—; US $ 17.25

4. Band Henecka: **Chemie der Beta-Dicarbonyl-Verbindungen**

Mit 10 Abbildungen. VI, 409 Seiten Gr.-8°. 1950
Geheftet DM 49,60; US $ 12.40. Gebunden DM 52,60; US $ 13.15

5. Band Schramm: **Die Biochemie der Viren**

Mit 67 Abbildungen. VIII, 276 Seiten Gr.-8°. 1954
Gebunden DM 36,—; US $ 9.00

6. Band Schönberg: **Präparative organische Photochemie**

Mit einem Beitrag „Allgemeine Gesichtspunkte für die präparative Durchführung photochemischer Reaktionen" von G. O. Schenck

Mit 15 Abbildungen. XII, 274 Seiten Gr.-8°. 1958
Gebunden DM 58,—; US $ 14.50

7. Band Meier: **Die Photochemie der organischen Farbstoffe**

Mit 168 Abbildungen. XVI, 471 Seiten Gr.-8°. 1963
Gebunden DM 79,—; US $ 19.75

8. Band Suhr: **Anwendungen der kernmagnetischen Resonanz in der organischen Chemie**

Mit 123 Abbildungen. VIII, 424 Seiten Gr.-8°. 1965
Gebunden DM 68,—; US $ 17.00

9. Band Schmitz: **Dreiringe mit zwei Heteroatomen**

Oxaziridine. Diaziridine. Cyclische Diazoverbindungen

Mit 4 Abbildungen. XII, 180 Seiten Gr.-8°. 1967
Gebunden etwa DM 58,—; etwa US $ 14.50

MIX
Papier aus verantwortungsvollen Quellen
Paper from responsible sources
FSC® C105338

If you have any concerns about our products,
you can contact us on
ProductSafety@springernature.com

In case Publisher is established outside the EU,
the EU authorized representative is:
**Springer Nature Customer Service Center GmbH
Europaplatz 3, 69115 Heidelberg, Germany**

Printed by Libri Plureos GmbH
in Hamburg, Germany